環境化学概論

増島　博

藤井國博

松丸恒夫
――著

朝倉書店

はじめに

環境化学の目的と方法

　環境化学とは，われわれを取り巻く環境の化学的特性とわれわれの生活との相互作用を研究する分野である．その目的は，未来世代に対してその生存環境を保証する化学的条件を明確にすることである．

　いまから40億年前，地球上に誕生した生物は，環境から熱，大気，水，栄養など生命維持に必要な資源の供給を受けて生活し，増殖し，進化してきた．一方，生物が行う物質循環も，地球環境に影響を与え，これを改変し続けてきた．また，天体としての地球の環境変化も，生物と環境との相互作用に大きな影響を与え，ときには多くの生物種を絶滅に導いた．近年は，とくに人間活動による環境へのインパクトが顕著になり，それが生物種としてのヒト自身の未来をあやういものにしている．ヒトはどこまで環境に対して能動的でありうるのか．持続的環境利用とはどのようなことなのか．

　この本では，まず基礎的な部分として地球環境の生い立ち，生物の進化と環境変化の関係，水域-陸域-地域-地球の各レベルでの生態系と環境要素との相互作用について学ぶ．ついで，主として人口増加に起因する環境へのインパクトが，環境破壊となってわれわれの生活をおびやかす実態を考察する．最後に，それらの問題解決のための現在のシステムを概観する．未来社会の環境については読者・受講者皆で考えてみたい．

　なお，この本は主として生物系学部学生を対象として，環境化学の概要を学ぶために編集されたが，一般社会人向けの教養書としても機能するよう配慮されている．

　2003年1月

増島　博
藤井國博
松丸恒夫

目　　次

1. **地球環境と生物の生い立ち** ……………………〔増島　博〕… 1
    1.1　初期地球の環境変化 ……………………………………………… 1
    1.2　地球における生物の起源 ………………………………………… 3
    1.3　第四紀の環境変化 ………………………………………………… 7
    1.4　人類の時代 ………………………………………………………… 8

2. **物　質　循　環** ……………………………………〔増島　博〕… 10
    2.1　生態系における物質循環 ………………………………………… 10
    2.2　水　の　循　環 …………………………………………………… 13
    2.3　炭素の循環 ………………………………………………………… 16
        2.3.1　生態系における炭素の循環 ……………………………… 16
        2.3.2　植物による生産 …………………………………………… 17
        2.3.3　炭素化合物からのエネルギー利用 ……………………… 18
    2.4　窒素の循環 ………………………………………………………… 19
        2.4.1　生物における窒素の機能 ………………………………… 19
        2.4.2　地球における窒素循環 …………………………………… 21
        2.4.3　窒素固定 …………………………………………………… 23
        2.4.4　硝酸化成 …………………………………………………… 24
        2.4.5　脱　窒 ……………………………………………………… 25
        2.4.6　窒素循環と農業 …………………………………………… 26
    2.5　その他元素の循環 ………………………………………………… 27
        2.5.1　生元素 ……………………………………………………… 27
        2.5.2　リンの循環 ………………………………………………… 28
        2.5.3　硫黄の循環 ………………………………………………… 30
        2.5.4　金属イオンの循環 ………………………………………… 32

3. **地球環境問題の化学** ………………………………〔松丸恒夫〕… 35
    3.1　地球温暖化 ………………………………………………………… 35
        3.1.1　CO_2濃度の上昇と地球温暖化（global warming） ……… 35

3.1.2	地球温暖化のメカニズム	37
3.1.3	温室効果ガスの種類	38
3.1.4	地球温暖化と炭素循環	46
3.1.5	温暖化の農業生態系への影響	47

3.2 オゾン層破壊 …………………………………………………… 52
 3.2.1 成層圏のオゾン層破壊 …………………………………… 52
 3.2.2 フロンと代替フロン ……………………………………… 55
 3.2.3 オゾン層破壊のメカニズム ……………………………… 56
 3.2.4 オゾン層破壊と紫外線増加 ……………………………… 58
 3.2.5 紫外線増加が植物に及ぼす影響 ………………………… 60

3.3 酸性降下物 ……………………………………………………… 62
 3.3.1 酸性降下物とは …………………………………………… 62
 3.3.2 雨水の化学組成 …………………………………………… 64
 3.3.3 酸性降下物原因物質の発生メカニズム ………………… 65
 3.3.4 わが国における酸性降下物の現況 ……………………… 67
 3.3.5 酸性降下物の植物への影響 ……………………………… 68
 3.3.6 酸性降下物の土壌への影響 ……………………………… 73
 3.3.7 森林衰退とその原因 ……………………………………… 74

4. 水圏環境の化学 〔藤井國博〕… 78

4.1 水 の 特 性 ……………………………………………………… 78
4.2 水質と水生生物 ………………………………………………… 87
 4.2.1 水質と水質指標 …………………………………………… 88
 4.2.2 水域における有機物の生産と分解 ……………………… 88
 4.2.3 河川の水質区分と指標生物 ……………………………… 93
 4.2.4 指標生物 …………………………………………………… 94
 4.2.5 淡水域における水質と水生生物 ………………………… 94
 4.2.6 海域における水質と水生生物 …………………………… 96

4.3 富 栄 養 化 ……………………………………………………… 98
4.4 硝酸性窒素および亜硝酸性窒素による水域の汚染 ………… 102

5. 有害物質による環境汚染 …………………………………… 110

5.1 大気の汚染 ………………………………………〔松丸恒夫〕… 110
 5.1.1 大気汚染物質と植物被害 ………………………………… 111
 5.1.2 二酸化硫黄 ………………………………………………… 113

5.1.3	フッ化水素	116
5.1.4	光化学オキシダント	117
5.1.5	その他の汚染ガス	121
5.1.6	被害の判定方法	122
5.1.7	大気汚染の被害対策	123

5.2 水質の汚濁 〔藤井國博〕… 123
  5.2.1 水質汚濁に係る環境基準 124
  5.2.2 水質汚濁の状況 125
  5.2.3 水質汚濁防止のための施策 126
  5.2.4 生活排水対策 130
  5.2.5 地下水汚染 131
  5.2.6 水道水源水域の水質保全 133
  5.2.7 健全な水循環の確保 133

5.3 土壌の汚染 〔藤井國博〕… 134
  5.3.1 土壌環境基準 135
  5.3.2 土壌汚染の現状と対策 136
  5.3.3 土壌管理基準 137
  5.3.4 重金属類による農用地土壌の汚染と農作物の生育 139

5.4 ダイオキシン類 〔藤井國博〕… 142
  5.4.1 性質と環境中の挙動 142
  5.4.2 わが国におけるリスク 144
  5.4.3 わが国における対策 146

5.5 外因性内分泌かく乱化学物質 〔藤井國博〕… 147
  5.5.1 外因性内分泌かく乱化学物質とは 147
  5.5.2 背景 148
  5.5.3 作用メカニズム 148
  5.5.4 対策 150

6. 環境放射線 〔増島 博〕… 155
6.1 放射線の種類 155
6.2 放射能の単位 157
6.3 放射線障害 157
6.4 原子力発電の事故 159

7. 環境管理 …………………………………………………………… 162
7.1 環境保全に関する国の施策 ……………………………〔藤井國博〕… 162
- 7.1.1 環境基本法 ……………………………………………… 162
- 7.1.2 環境基本計画 …………………………………………… 164
- 7.1.3 環境基準 ………………………………………………… 164

7.2 環境管理手法としてのアセスメント ……………………………… 166
- 7.2.1 リスク・アセスメント ………………………………… 166
- 7.2.2 環境アセスメント ……………………………………… 169
- 7.2.3 環境マネジメントシステム …………………………… 173
- 7.2.4 ライフサイクル・アセスメント ……………………… 175

7.3 循環型社会の構築に向けて――廃棄物とリサイクル―― ………… 176
- 7.3.1 深刻化する廃棄物問題 ………………………………… 177
- 7.3.2 動き出す廃棄物のリサイクル――循環型社会を目指して―― ……… 177
- 7.3.3 循環型社会と農業 ……………………………〔増島 博〕… 181

付　表 …………………………………………………………………… 187
参考図書 ………………………………………………………………… 200
索　引 …………………………………………………………………… 203

BOX

1	ガイア仮説　2		11	バイオレメディエーション　132
2	6500万年前の大事件　6		12	IT産業と環境汚染 ――携帯電話はクリーンな製品か――　142
3	魚付き林　15			
4	化石燃料　31			
5	水俣病　34		13	本態性多種化学物質過敏状態　154
6	分子の振動と赤外線吸収　40			
7	大気中においた水のpH　63		14	核融合炉　156
8	メタンハイドレート　81		15	PRTR　163
9	超臨界水　87		16	環境と貿易　174
10	カナートとマンボ　109		17	コンパートメント・モデル　185

1. 地球環境と生物の生い立ち

　いまから40億年前，地球上に誕生した生物は，環境から熱，大気，水，栄養など生命維持に必要な資源の供給を受けて生活し，増殖し，進化してきた．一方，生物が行う物質循環も，地球環境に影響を与え，これを改変し続けてきた．また，天体としての地球の環境変化も，生物と環境との相互作用に大きな影響を与え，ときには生物圏の拡大に寄与し，ときには多くの生物種を絶滅させた．地球は水惑星ともいわれるが，水の存在が生物の発生を可能にし，他の惑星とは著しく異なった特異な環境を生み出している．

1.1　初期地球の環境変化

　太陽系に属している惑星のなかで，生命体の存在が確認できるのは地球だけである．惑星は太陽系星雲の公転面に分散していた無数の微惑星が，衝突を繰り返し集積したものと考えられている．微惑星を構成する物質は，太陽に近いところではケイ酸塩や金属鉄が，遠いところでは氷粒が主体であった．これを反映して，水星，金星，地球，火星および小惑星はいずれも中心部に金属の核があり，ケイ酸塩鉱物の岩石が地表を覆っている．これらを地球型惑星と呼ぶ．木星より外側の土星，天王星，海王星，冥王星はいずれも中心部に岩石核があり，その周りを水素，水，メタンなどの軽い物質が厚く覆っている．

　核，マントル，マグマ，大気からなる地球の基本的成層構造ができたのは，45.5億年前で，これを地球の誕生としている．

　隣り合う3個の地球型惑星，金星，地球，火星の環境特性を表1.1に示した．地球以外の2惑星の大気はCO_2が主体であるが，地球大気にはCO_2は少ない．地球型惑星の大気は，微惑星が集積して惑星となる際に，材料の微惑星から分離気化したものと考えられる．とすれば，初期地球の大気も，金星，火星と同様にCO_2が主体であるはずである．現在の地球地殻中の炭素がすべてCO_2であった

表 1.1 地球型惑星の環境特性（理科年表 2002年版などによる）

	金星	地球	火星
質量（$\times 10^{23}$ kg）	48.7	59.8	6.43
表面気圧（bar）	90	1	0.006
太陽からの輻射量（地球＝1）	1.91	1	0.43
表面温度（K）	735	280	180
大気組成（％）			
N_2	3.4	78	2.70
O_2	0.0069	21	0.13
CO_2	96	0.032	95
H_2O	0.14	2.5	0.03
Ar	0.0019	0.93	1.6

とすれば，初期地球大気には，およそ60気圧の CO_2 と200気圧の水蒸気が存在したと考えられる．この段階では，地球全体は微惑星の衝突エネルギーによって溶融したマグマオーシャンになっていた．この時，火星くらいの惑星が地球に衝突して月が分離された（ジャイアント・インパクトという）．

太陽系の微惑星がいくつかの惑星に集約された期間はおよそ1億年以内といわれている．その後は衝突の回数もだんだん少なくなり，惑星の温度は低下した．地球の表面温度が水の沸点より下がると，大気中の多量の水蒸気は豪雨となって地表に降り注ぎ，40～45億年前に，原始海洋を形成した．原始海洋には大気中の CO_2 が溶解し，炭酸カルシウムの沈殿を作って海底に堆積したので，大気中の CO_2 は10気圧以下まで低下した．これは大気中の CO_2 がもつ温室効果（3.1節参照）を減少させ，地球の表面温度は急速に低下した．ある試算によれ

BOX 1

ガイア仮説

太陽のような主系列星に属する恒星は，その年齢とともに熱放射を増す．地球誕生時の太陽輝度は現在より25％も少なかった．それにもかかわらず，当時の気温が現在と大差なかったのは，大気中に多量にあった CO_2 の温室効果によるものである．その後太陽の輝度が増すにつれ，生物が CO_2 を大量に取り入れた．海洋の動物プランクトンはその甲殻の主成分である炭酸カルシウムに，植物は植物体を構成する有機物に，CO_2 を固定してしまった．その結果，大気中の CO_2 濃度は低下し，温室効果は減少して，太陽放射が増しても気温は上昇しなかった．生物圏は地球のホメオスタシス（homeostasis：恒常性維持機能）を形成するコントロールシステムである．Lovelock（1974）は，このような地球システム全体を1個の生命体と見立てて，これをガイア（Gaea）と呼んだ．ガイアとはギリシャ神話に出てくる大地を表す女神（ギリシャ語ではGaia）である．

ば，1000℃以上の高温から1000年の間に，130℃まで下がったという．

この段階でもCO_2が大気の主成分である状況は変わらなかった．現在の地球大気にはあまりにもCO_2が少ない．この理由は地球の特異性——生命の発生にかかわっている．現在，H_2Oが液体で存在できる表面温度をもつのは地球だけである．金星には液体の水は存在しない．金星は太陽に近いため，大気中の水蒸気は太陽エネルギーによって水素と酸素に分解され，宇宙空間に失われたと考えられる．一方，火星は太陽から遠いため，水は極環や永久凍土に固定され，火星形成の当初を除いて，液体としての水は存在しなかったと考えられる．生命にかかわるすべての反応は水を溶媒として行われる．液体H_2Oの存在は生命の起源として絶対的必要条件である．この条件は，太陽系では地球だけに存在する．

1.2 地球における生物の起源

生命，生命体，生物の定義はいまだにさほど明確ではない．ここでは，外界と区別する境界をもち，物質代謝を行い，自己増殖機能をもつものを生物とする．生命の起源についての最初の化学的仮説は，1936年にモスクワ大学のOparinによって提案された．彼は無生物から生物に変わる境界物質として，コアツェルバートと呼ぶ膠質物質を想定した．

生命の発生には，まず生命体の材料となる有機物の存在が必要である．現在の地球では，有機物は生物によって作られる．生命の起源においては，アミノ酸，核酸塩基，糖などの生物体の材料が，原始大気に存在したと考えられるCH_4などの簡単な化合物から無生物的に合成されなければならない．シカゴ大学のMillerは1953年に，初期の地球大気の構成成分と考えられていたH_2，CH_4，NH_3の3種の気体をH_2Oとともに密閉容器に入れて，1週間高圧放電を続けた（図1.1）．その結果，水溶液中に7種のアミノ酸と10種類以上の有機酸が検出された．そのアミノ酸は実験途中の中間生成物であるシアン化水素（HCN）とホル

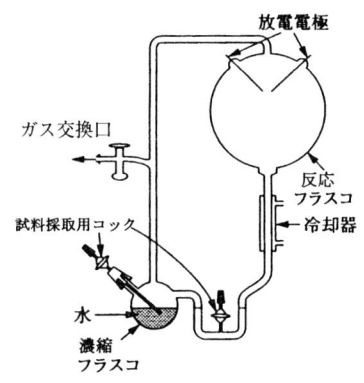

図1.1 Millerの実験

ムアルデヒド（HCHO）から合成されたこともわかった．そののち横浜国立大学の小林は，H_2O，N_2，H_2 に CO_2 または CO を組み合わせた混合気体に，宇宙線を想定した高速の陽子，He，電子を加速器を使って照射し，アミノ酸や核酸塩基が生成することを確かめている．

　ここで一つ問題になるのは，地球上の生物に存在するアミノ酸はすべて L 型であるということである．グリシン以外の α アミノ酸では $-NH_2$ 基がついた C は不斉炭素原子であるので，D 型と L 型の 2 種の立体異性が存在することになるが，生物体中には L 型しか存在しない．原始海洋で無生物的に生成したアミノ酸は当然 DL の混合物であったと考えられる．逆に糖の場合，生物は D 型だけを利用する．初期の生物でこの立体異性の選択がどのように行われたかについてはまだわかっていない．

　このようにして生成した有機物は，原始海洋に濃縮され，高濃度・高温条件下で重合し，複雑な構造をもった高分子に成長し，同種の高分子を複製する機能を獲得して，原始生命（自己複製機能をもった有機物集合体）が発生したと考えられる．いまから約 40 億年前のことである．この原始生命は RNA（ribonucleic acid）だけでできていた可能性が高く，DNA（deoxyribonucleic acid）を遺伝物質とした生物は，その後の進化の過程でできたと考えられている．なぜなら，上記のような原始大気物質と思われる気体にエネルギーを加える実験では，リボースはホルムアルデヒドから誘導されるが，デオキシリボースは生成しないからである．

　炭素には ^{12}C と ^{13}C の 2 つの同位体がある．普通両者の比は 98.93：1.07 である．生物が炭素を取り込む際には ^{12}C をより多く取り込むため，生体試料では ^{13}C の比率がやや低くなる．グリーンランドの 39 億年前の岩石から，生物による同位体の分別が行われたとみられる炭化物の化石が発見されている．生物の形態をとどめた最古の化石は，西オーストラリアの 35 億年前の堆積岩から発見されたフィラメント状バクテリアのものである．そこには海底の熱水噴出口の跡が認められている．この生物はその熱水からエネルギーを得ていたと考えられる．

　初期生物のエネルギー利用については，2.3 節で述べる．初期生物が水の中だけを活動域としていて上陸できなかったことは，大気中に遊離の O_2 が存在しなかったことから容易に推定される．大気中に O_2 がなければ，紫外線を吸収する O_3 も存在せず，生物は太陽からの紫外線に対する防御ができないからである．

表1.2 地球環境年表

		億年前	主なできごと，出現生物など
始生代		45.5	地球の基本構造（核，マントル，マグマオーシャン，大気）ができる
		45	海洋の形成
		43	マグマオーシャンの消失，アミノ酸の生成
		40	生命（遺伝子類似の自己増殖分子）の誕生
			大陸地殻の形成が始まる，プレート・テクトニクスの開始
		39	化学化石（炭素同位体比の低い炭化物の化石）
		35	最古の化石（オーストラリア，ノースポール産，原核細胞の繊維状集合体，中央海嶺の熱水噴出口からエネルギーを得る）
		27	磁場の発生，浅海域で光合成生物の発生，大気中に100 ppmv程度のO_2出現
			ストロマトライト（藍藻と石灰の球形堆積物）
原生代		25	大気中のO_2の増加が始まる
		21	真核生物
		20	藍藻類の増殖，大気中のO_2は1%程度となる，縞状鉄鉱層の大量生成
		12	多細胞生物，動物と植物の分化
		10	緑藻類
		7.5	海水の塩分濃度上昇
	ベンド紀	6	エディアカラ生物群（薄いシート状の体）
			クラウディナ（石灰質殻をもつ）
		5.45	V/C境界　大量絶滅
古生代	カンブリア紀		化石の多様化，生痕化石
	オルドビス紀	5	脊索動物，現在の門はすべて出揃う
			植物の進化が進む，マツバランの類（シダ類）が上陸
	シルル紀	4.4	寒冷化によりオウムガイ，三葉虫などが死滅
			ウミサソリ（節足動物-肉食），カブトウオ類（下等な魚）
	デボン紀	4.2	魚の時代（シーラカンス），脊椎動物が陸に上がる（両生類），裸子植物
	石炭紀	3.7	隕石の衝突により原始的な魚類などが死滅
			シダ類・松柏類の大森林，は虫類
	ペルム紀	2.9	ほ乳類型は虫類
		2.5	P/T境界　長期酸欠状態によってアンモナイト，フズリナ，サンゴの一部死滅
中生代	三畳紀		恐竜
	ジュラ紀	2.1	隕石の衝突によってほ乳類型は虫類のすべて，二枚貝などが死滅
			鳥類・ほ乳類
	白亜紀	1.4	被子植物，昆虫と顕花植物の共進化
		0.65	K/T境界　隕石の衝突によって恐竜，有孔虫の大半が死滅
新生代	古第三紀		ほ乳類の時代の始まり
	新第三紀	0.24	
		0.044	ラミダス猿人（二足歩行）*Australopithecus*
	第四紀	0.020	人類の時代
		0.017	*Homo habilis*
			H. erectus
		0.002	*H. sapiens neanderthalensis*
		0.001	新人　*H. sapiens sapiens*

大気中のO_2は光合成生物による炭酸同化の結果である．当初は光合成に必要な太陽光のとどく浅海域には，高エネルギーの宇宙線が到達しており，生物は生息できなかった．したがって，光合成が行われることもなかった．現在地表で電荷をもった粒子線が避けられるのは，地球に磁場があるからであり，磁場の発生

BOX 2

6500万年前の大事件

白亜紀と第三紀の境界を，両者のドイツ語の頭文字をとってK/T境界という．K/T境界における恐竜絶滅の理由については，恐竜の卵がほ乳類のえじきになった，気候が寒冷化した，火山活動が活発になったなど諸説があった．なかでも化学生態学的に興味深い説は，急速に進化した顕花植物がもつ有毒なアルカロイドを恐竜は認識できず，まず草食性の恐竜がいなくなり，ついで肉食恐竜が絶滅したというものである．しかし，いずれも証拠に乏しかった．

地球に巨大隕石が衝突すると，クレーターが生じ，微粒子が大気圏に舞い上がり，長期間にわたる気候変動が起こる．1979年，Walter Alvarez（アメリカ）はイタリアのK/T境界層を調査して，境界部は化石を含まない粘土で，その上下では含まれる有孔虫の形が完全に違うことを発見した．Walterの父Luis Alvarez（共鳴粒子の研究で1968年ノーベル物理学賞受賞）は，世界に広く分布するK/T境界粘土は，どこでも白金，イリジウムなどの白金族元素をその上下層の100倍も多く含んでいることを明らかにした．白金族元素は比重が重く，地球では中心核に存在し，地殻にはきわめて少ない．しかし，隕石には多い．K/T境界に巨大隕石の衝突があったことが推定された．

インドネシアのクラカトア火山の噴火（1883）では，噴出物の$4\,km^3$が成層圏に及び，2年半にわたって気象に影響を及ぼした．直径6～10 kmの隕石が衝突すれば（このクラスの隕石が地球に衝突する確率は3000万年に1回），直径200 kmのクレーターができ，成層圏にあがった粒子の量はクラカトア噴火の1000倍に達し，数ヶ月間は日中でも満月の10％の明るさしかない．植物の光合成は止まり，数年のうちには，恐竜の絶滅につながる．

調査の結果，世界中から衝撃変成石英（ショックドクオーツ），テクタイト（ガラス質鉱物），炭化物，津波の跡などの証拠が見つかったが，いくつかの候補クレーターはいずれも年代が合わず，否定された．

1981年，メキシコのユカタン半島で石油探査中に，重力異常が発見された．この地下にあった岩石の元素組成が，各地でみつかったK/T境界層のテクタイトの元素組成と一致した．1991年，これが問題のクレーターと同定された．

はいまから27億年前とされている．最古の光合成能をもった生物の化石は，西オーストラリアで発見されたシアノバクテリアの球状集合体であるストロマトライト（stromatolite）で，27億年前のものである．

地球の歴史における化学的環境にかかわる主なイベントを表1.2に年表形式で示した．

1.3　第四紀の環境変化

第四紀における環境変化の特徴が寒冷期と温暖期の繰り返しであることは，地層中の海水面の跡からもたどることができるが，岩盤自身の隆起と沈降もあって，海面の絶対標高の変動を読みとることはむずかしい．酸素は99.8％の^{16}Oと0.2％の^{18}Oおよび0.038％の^{17}Oからなり，水分子中の酸素も同様である．存在量の少ない^{17}Oを無視して考えると，水が蒸発するときは$H_2^{18}O$より軽い$H_2^{16}O$の方がやや蒸発しやすい．したがって，氷河期の陸上の氷床には^{18}Oの少ない雪が降り積もって圧密される．一方，残された海水の^{18}Oは高く，それから作られるプランクトン（有孔虫）の殻の炭酸塩中の^{18}Oも高くなる．さらに有孔虫は海水温が低いほど相対的に^{18}Oを多く取り込む性質がある．すなわち，氷期の堆積物中の^{18}Oの同位体比は高く，逆に間氷期では低くなる．

これまでのたくさんの海底堆積物コアサンプルの同位体分析からは，70万年前から10万年周期で7回の氷期があったことがわかっている．後半4回の氷期にはギュンツ，ミンデル，リス，ウルムの名前がつけられている（いずれもヨーロッパの地名であり，アメリカ大陸ではそれぞれネブラスカ，カンザス，イリノイ，ウィスコンシンと呼ばれる）．それ以前にも細かい周期の変動が250万年前から始まっている．これが周氷河時代の始まりである．もちろん直接氷床中の氷の同位体比を使っても氷床の消長を推定できる．この方が時間軸の分解能は細かいが，古い時代まではさかのぼれない．酸素同位体比からは10万年のほかに4万1000年，2万3000年，1万9000年の周期が重なっており，どの氷期も小さな変動を伴いながら，数万年かけて徐々に寒冷化が進み，その後1万年程度の短時間で温暖化が進み，一気に氷期を終了する特徴がみられる．酸素同位体比の変化を地球上の氷体の総量の変化におき換えて示したものが図1.2である．現在はウルム氷期後の急速温暖化が1万年ほど続いたところで，過去の周期からすると

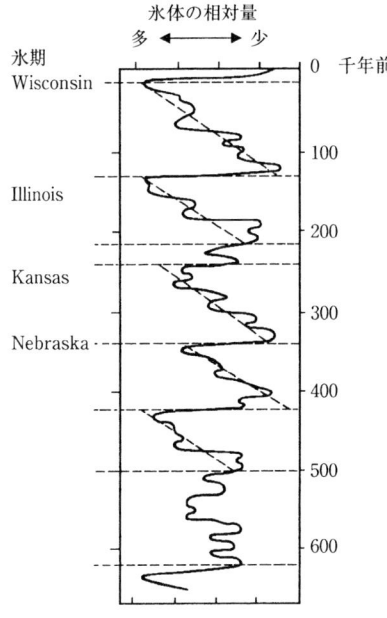

図1.2 過去60万年間の地球上氷体総量の変動（Broecker and Denton, 1990より）

ゆっくり寒冷化に向かう時点である．

ユーゴスラビアの天文学者Milankovitch（1930）は，このような第四紀における気候変動は，太陽の周りを回る地球軌道の離心率，黄道傾斜角，近日点経度の3つの要素の，それぞれ周期の異なる変動の合成波で説明できるとした．きわめて解析的な研究であったが，その後，先に述べた酸素同位体比の測定が進むと，必ずしもMilankovitchの推定と一致しない部分も出てきた．周期的な気候変動の的確な説明は，太陽と地球との幾何学的な位置関係だけでなく，海洋深層水の流れ，大気のCO_2濃度など，地球側の内部要素も含めた今後の研究に残されている．

1.4 人類の時代

第四紀は人類が急速に進化した時代である．人類の祖先は約500万年前にアフリカ類人猿から分かれたとされている．アフリカ大地溝帯では1950年代から猿人（*Australopithecus*）の化石が発見されており，当時最古とされていたのは1975年に発見された300万年前のもので，彼らの石器も発見されている．しかし1992年にエチオピアのアラミス遺跡で440万年前のラミダス猿人化石が発見され，最古の猿人化石となり，500万年前の分岐は確実とみられることになった．*Australopithecus*の脳容積は$0.5 \sim 0.7\,L$である．アラミスを含む猿人の段階は150万年前くらいに終わり，原人（*Homo erectus*）の段階が20万年前まで続く．ジャワ原人，北京原人などである．脳容積はジャワ原人で$0.85\,L$，北京原人で$1\,L$で，文化的には前期旧石器時代である．

旧人（*Homo sapiens neanderthalensis*）は20万年前に現れ，現代人とほぼ同じ

脳容積（1.3〜1.6 L）をもち，埋葬や献花など，高度の精神文化の跡が認められている．この時代は中期旧石器時代である．新人（*Homo sapiens sapiens*）は4万年前に現れ，現代人に直結し，後期旧石器時代から新石器時代に至る．旧人から新人への交代がどのように行われたかは，まだ十分に解明されていない．

　これらの人類の急速な進化は，第四紀の気候変動と無縁とは思えない．図1.2にみられるような，徐々におとずれる氷期は，火の利用や食糧確保など自ら生活環境を開発する余裕を与えたであろう．

2. 物質循環

　物質循環 (matter cycle) とは，ある系の中での物質の動きである．ここでいう系は生物圏に限らない．地圏，水圏，気圏にまたがることが多い．物質は時間経過とともに多くのステージを通過して，元のステージに戻るので，循環という言葉が使われるが，その循環経路の一部分だけを取り上げて物質循環（部分循環）と呼ぶ場合もある．各ステージにおける滞留時間も流れの道筋も多様である．プレート・テクトニクスのような地球規模の大循環もあるが，生態系における物質循環に比べて移動速度はきわめて遅く，現世の生態系への影響はほとんど無視される．一方，生物の進化を考える場合には，大陸移動の時間スケールでの考察が必要になる．循環はいろいろな物質について考えられるが，水以外の物質では，化合物の間での移動が多く，結局は元素の循環に集約される．循環は環（わ）の概念としてはとらえにくい．現実には複雑な循環網である．

2.1　生態系における物質循環

　生態系における物質循環は，生物が生活するために摂取した元素が，生態系の階層ごとに次から次へと利用されていき，再び最初の階層に戻るサイクルである．生態系における炭素，窒素，リンなどいわゆる生元素の循環では，生態系の階層ごとに物質の要求割合は異なり，その化学的動態も異なる．物質循環の経路には，生物の活動（主として摂食）に従って移動する部分 (biotic parts) と無生物の媒体（水，大気および土壌）間を無生物的に移動する部分 (abiotic patrs) がある．この両者を合わせて地球生化学的循環 (biogeochemical cycle) という．

　生物圏における移動部分には，無機物を同化して有機物を生産する階層の生物（独立栄養生物：autotrophic biota ＝生産者：producer）と，自らは有機物を生産できず，独立栄養生物が生産した有機物を餌として生活する生物（従属栄養生物：heterotrophic biota ＝消費者：consumer）が介在する．生産者の主体は，

表 2.1 世界の生態系の一次生産量と植物現存量 (Whittaker and Likens, 1975)

	面積 (10^6 km^2)	純生産量（乾量）		現存量（乾量）	
		平均 (t/ha·y)	総量 (10^9 t/y)	平均 (t/ha)	総量 (10^9 t)
熱帯多雨林	17.0	22	37.4	450	765
熱帯季節林	7.5	16	12.0	350	260
温帯常緑林	5.0	13	6.5	350	175
温帯落葉林	7.0	12	8.4	300	210
亜寒帯林	12.0	8	9.6	200	240
疎林・低木林	8.5	7	6.0	60	50
サバナ	15.0	9	13.5	40	60
温帯草原	9.0	6	5.4	16	14
ツンドラ・高山草原	8.0	1.4	1.1	6	5
砂漠・半砂漠の低木林	18.0	0.9	1.6	7	13
真の砂漠（岩石, 砂, 氷）	24.0	0.03	0.07	0.2	0.5
耕地	14.0	6.5	9.1	10	14
沼地・沼沢	2.0	30	6.0	150	30
湖沼・河川	2.0	4	0.8	0.2	0.05
〔陸地の合計〕	149	7.82	117.5	122	1,837
外洋	332.0	1.25	41.5	0.03	1.0
湧昇流域	0.4	5	0.2	0.2	0.008
大陸棚	26.6	3.6	9.6	0.01	0.27
付着藻類・サンゴ礁	0.6	25	1.6	20	1.2
入江	1.4	16	2.1	10	1.4
〔海洋の合計〕	361	1.55	55.0	0.1	3.9
〔地球全体〕	510	3.36	172.5	36	1,841

光合成によって有機物を生産する植物である．独立栄養生物による有機物生産を一次生産 (primary production) という．主な生態系における一次生産量と植物現存量を表2.1（世界）と表2.2（日本）に示した．消費者は，独立栄養生物が生産した有機物を食べる一次消費者（草食動物）と，一次消費者を餌とする二次消費者（肉食動物），さらに高次の消費者（猛禽類など）と階層を作っており，こうした食物連鎖 (food chain) を通じて物質循環が行われる．この階層を栄養段階 (trophic level) という．段階の数は，陸上生態系で 5～6 といわれる．消費者が栄養として摂取した物質は，排せつ物や遺体の形で，消費者である微生物（分解者：decomposer）によって無機化され，再び独立栄養生物の栄養となる．

このような物質循環によって，物質の出入りのない閉鎖系では存在する元素量は不変であるという物質不滅の法則から，生物にとって必要な元素の一定量が存在すれば，ある範囲の光と温度の条件の中で，一定の生物現存量 (biomass) を

表2.2 日本における植生区分別植物現存量（乾重）と純生産量（乾重）
（岩城，1981）

	植生区分	植物現存量 ($\times 10^3$ t)	(%)	純生産量 ($\times 10^3$ t/y)	(%)
1	常緑広葉樹林	53	3.8	22,760	5.8
2	ブナ林	160,300	11.5	23,595	6.1
3	カバ林	34,746	2.5	6,507	1.7
4	ナラ林	305,079	21.9	62,166	16.0
5	天然性針葉樹林	266,483	19.1	35,196	9.0
6	マツ林	136,518	9.8	53,922	13.8
7	スギ・ヒノキ林	292,703	21.0	66,739	17.1
8	落葉針葉樹林	3,592	2.6	10,303	2.6
9	高山低木林	2,118	0.2	530	0.1
10	亜熱帯低木林	375	0.0	100	0.0
11	低山常緑低木林	5	0.0	2	0.0
12	低山落葉低木林	1,965	0.1	782	0.2
13	竹林	314	0.0	206	0.1
14	常緑果樹園	5,186	0.4	2,593	0.7
15	茶畑	724	0.1	253	0.1
16	落葉果樹園	4,674	0.3	1,558	0.4
17	桑畑	2,315	0.2	923	0.2
18	畑地	21,245	1.5	25,494	6.5
19	水田	47,515	3.4	52,267	13.4
20	休耕田	56	0.0	72	0.0
21	ササ草原	2,341	0.2	3,117	0.8
22	禾本草原	5,440	0.4	7,253	1.9
23	両生的草原	1,598	0.1	2,175	0.6
24	水中草原	5	0.0	6	0.0
25	特殊草原	49	0.0	47	0.0
26	大型植物群	614	0.0	770	0.2
27	小型植物群	54	0.0	55	0.0
28	人工草原	2,576	0.2	6,864	1.8
29	都市緑地	8,788	0.6	2,197	0.6
30	その他	1,195	0.1	1,191	0.3
	合計	1,393,990	100.0	389,640	100.0

有する生態系が持続することになる．小さな密封されたフラスコの中でも持続的生態系の存在は可能である．地球上の生物の生存に必要な元素量は地殻が形成されて以来ほとんど変わっていないので，その分布に偏りが生じない限り，地域規模の生態系もまた持続的であるはずである．

　しかし，この物質循環は永久運動ではない．その物質を循環させるエネルギーの源の大部分は太陽エネルギーであるが，生産者である植物が太陽エネルギーを使って光合成する場合も，人間を含む消費者が摂取した食物エネルギーを使って

活動する場合も，すべての反応においてエントロピーは増大する．このエントロピーを捨てる機構がないと物質循環は停止し，すべての生態系は熱的死を迎えることになる．エントロピーは熱か物質に付随する量的因子である．フラスコのような小さな閉鎖系では，ガラスを通して熱を周囲の空気に伝達することによってエントロピーを捨てることができる．地球全体で増大したエントロピーは，蒸発散によって蒸発した水蒸気が，最終的に大気圏上層に達して氷粒になるとき発生する凝集熱（長波長放射）として宇宙空間に捨てられる．つまり地球全体の物質循環の持続性は，蒸発した水が雲となり，雨となって地表を潤し，植物が吸収して蒸散し，余った分は流れ下って海となり，再び蒸発するといった水の大循環が根本にあることによって成り立っている．

2.2 水の循環

地球上において水は基本的に，大気圏→降水→土壌水→地下水→地表水→海洋→大気圏という循環系を形成している（図2.1）．地球上に存在する水の総量は約 1.38×10^9 km^3 で，その97％までは海水であり，淡水は3％にすぎない．その淡水も大部分は極地にある氷床で，河川，湖沼，地下水の淡水域にあるものは0.8％である（表2.3）．

世界の年平均降水量は約 1000 mm である．海域ではこれより少なく，陸地の沿岸域ではこれより多い．大気中に存在する水蒸気の分圧は水柱換算で 25 mm であるから，大気中の水分子は年間 40 回の割合で入れ替わっていることになる．すなわち大気中の水の平均滞留時間は約 9 日となる．

地球の海の平均深度は 3729 m で，陸地を水平に均すと，地球の全表面は深さ 2200 m の海で覆われることになる．これから年間 1000 mm の水が蒸発し，降下するとすれば，海における水の平均滞留時間は 2200 年となる．

生態系では，水は生体を構成する主要成分である．脊椎動物は生体重当たり 70～80％の水を含む．人は成人で66％で，老人でそれより少なく，若年ほど多いことは直感的にとらえられるとおりである．体重 60 kg の成人では約 40 L の水を保有することになるが，1日の水収支は約 2.5 L でバランスしている．これから計算すると人体での水の滞留時間は 16 日となり，大気中の滞留時間より長い．

図 2.1 水循環概念図（環境庁，1998）

表 2.3 地球上の水の総量（Nace, 1969）

	存在量(10^{21} g)	
海　水	1,350.400	海の平均深さ 3,729 m
氷　河	26.000	
地下水	7.000	
その他	0.600	湖沼，河川など
大気中の水蒸気	0.013	降水量換算 25 mm
計	1,384.000	

植物による光合成の基本式（後出の式 (1)）では同化する CO_2 と等モルの H_2O が使われるが，植物の生活ではそれ以上に水を必要とする．それは植物が

葉からの蒸散（transpiration）によって植物体の温度上昇を防ぐためと，蒸散による水の移動（蒸散流）に伴って養分を吸収移送するためである．植物が乾物1gを生産するために必要な蒸散量（g）を要水量という．要水量には顕著な種間差があり，トウモロコシやサトウキビなどのC_4植物では200～400であるのに，イネやホウレンソウなどのC_3植物では300～1000と大きい．

　生態系全体としても，水の循環は水以外の物質の移送経路として重要である．陸域は常に降水による侵食を受け，止水域は絶えず河川から流入した物質を堆積している．河川水の水質は流域の地球化学的特性のような自然的要因と，土地利用のような社会的要因によって大きな影響を受ける．流域の地質から供給されるカリウムの多い河川水をかんがいする水田では，カリ肥料の施肥量が少なくて済むことや，ケイ酸濃度の低い河川水をかんがいする水田ではイネのケイ酸吸収が少なく，ワラの強度が弱いことなどは経験的に知られていた．また，陸域から供給される栄養塩類は，水域における一次生産者である植物プランクトンの増殖を促し，水域生態系の形成に寄与する．このことは人為的な水質汚濁があれば，流域住民の水利用を大きく制限する事態にも発展することを示している．この問題は第4章および第5章で論じられる．

BOX 3

魚付き林

　水域生態系が陸域生態系と密接に関係する例をあげよう．森林を伐採すると侵食や土砂崩壊による土粒子の流出が激増し，もともと生物生産力の高い沿岸域の海底を覆って，魚介の生産が打撃を受ける．たとえば，沖縄の赤色土は土粒子間の結合力が弱く，侵食に弱いため，森林が伐採され，植被率の少ない畑が開発されると，赤土の流出によって沿岸サンゴ礁の生態系が破壊される問題が起きている．

　また近年，北日本の沿岸域では石灰藻の繁殖によって，他の水産藻類の生育が抑えられる現象がみられるようになった．この原因は陸域の森林伐採によって河川からのフルボ酸鉄の供給が減少したためとされた．

　昔から，大雨で一気に流出水が発生すると，濁水や低温の淡水が一気に海域に流入して水産生物に被害を与えることから，漁業者が内陸の地権者と共同して，河川沿岸にピーク流量を緩和するための保安林を設ける例があった．これを「魚付き林」と呼んでいる．

2.3 炭素の循環

2.3.1 生態系における炭素の循環

　地球における最大の炭素のシンクは堆積岩中に存在する炭酸塩である．もともと地球型惑星の大気は CO_2 が主体であって，地球の生成当初の大気も CO_2 と水蒸気が主成分であったと考えられている．地表が冷えて，水蒸気が液体の水となって存在するようになると，CO_2 は原始海洋に溶解し，大気中の CO_2 濃度は加速度的に低下した．それ以降の炭酸塩の堆積には，炭酸同化能をもった生物の発生が深く関与したと考えられる．それによって，地球大気は CO_2 濃度を減少させ，O_2 濃度を高めてきた．

　現在の地球大気中には，容積にして約 0.036％の CO_2（C 量として 750 Gt）が存在し，緑色植物はここから CO_2 を取り込み，根から吸い上げた水を使って，光合成によって炭水化物を生産する．陸上の植物による年間の CO_2-C 固定量（光合成量から呼吸による消耗を差し引いた純生産量）は，年間約 60 Gt で，大気中の CO_2-C 存在量の約 8％に相当する．海洋生態系では陸上生態系より CO_2 固定量がやや少ないので，地球全体としては大気中の CO_2 存在量の約 12％が年間に生態系に取り込まれている（図 3.9）．すなわち，大気中の CO_2 の平均滞留時間は 8.3 年である．植物の光合成にとって大気中の CO_2 濃度は制限要因であり，光合成速度は大気中の CO_2 濃度に比例する．

　生態系に取り込まれた炭素は，生物の呼吸によって CO_2 として再び大気中に放出される．また，生物の遺体や排せつ物は分解者によって分解され，やはり CO_2 として放出される．この段階での主な制限要因は温度であり，熱帯ではバイオマスが土壌圏にとどまる時間は短く，逆に寒帯や高地では泥炭やツンドラを形成して土壌圏に滞留する．更新した森林のような発達中の若い生態系では，炭素の固定量は放出量よりも大きく，植物体や土壌有機物として蓄積される．一方，極相に近い十分に成熟した生態系では，固定量と放出量がほぼ釣り合い，生態系に含まれる有機炭素の量は長い年月にわたってほぼ一定に保たれる．

　地球全体としては，生態系の成熟度はさまざまであるが，山火事や災害によって遷移が中断される極相林もあるので，年間を通して，大気圏から生物圏に取り込まれる CO_2 量と放出される CO_2 量は，少なくとも 10^3 年程度の時間スケールでは，ほぼ釣り合っており，大気中の CO_2 濃度は有史以降ほぼ一定に維持され

てきた．

　地球生態系における炭素の機能は，大気中でCO_2がもつ赤外線吸収効果（いわゆる温室効果）による地球表面温度の調節である．しかし近年，化石燃料や現世の林木の燃料としての燃焼量の増加などにより，CO_2放出量が増大したため，大気中のCO_2濃度は長い間の均衡を破って，上昇しつつある．CO_2濃度の増加は赤外線吸収効果による気温の上昇（地球温暖化）の原因となり，地球環境に重大な影響を及ぼすことが懸念される．

2.3.2 植物による生産

　独立栄養生物はCO_2を炭素源として生活する生物である．独立栄養生物には化学反応によってエネルギーを得る化学独立栄養生物（chemo-autotroph）と光エネルギーによってCO_2を利用する光独立栄養生物（photo-autotroph）があるが，生物量としては後者が圧倒的に多く，とくに葉緑体をもつ植物は生態系における一次生産者の主体である．

　植物はクロロフィルに吸収された光エネルギーによって，CO_2の還元と有機物の合成を行う．その基本形式は次式で表される．

$$CO_2 + H_2O \xrightarrow{h\nu\downarrow} [CH_2O] + O_2 \qquad (1)$$

ここで$h\nu$は光エネルギーを，$[CH_2O]$は炭水化物を表す．この時使われる光は，波長400〜700 nmの可視域である．光合成は光エネルギーがクロロフィルに吸収され，化学エネルギー（ATP）に変わる明反応と，この化学エネルギーを使ってCO_2を還元して有機物に変える暗反応の2段階で進む．

　明反応の段階は，光化学系Ⅰと光化学系Ⅱの独立した2つの反応中心によって行われる．式(1)右辺のO_2はCO_2ではなく，H_2Oに由来することがわかっている．H_2Oを分解して電子を得て，O_2を発生するのは，光化学系Ⅱである．

　光合成細菌は光化学系Ⅱをもたないので，O_2を発生しない．光化学系Ⅱをもたない光合成細菌はH_2S, S, Fe^{2+}などの還元性物質から電子を得てCO_2の還元を行っている．

　光合成形式は，暗反応で炭素3個の3-フォスホグリセリン酸を生成するC_3型，炭素4個のオキザロ酢酸を生成するC_4型，基本的にはC_4型であるが，夜間にCO_2を吸収して固定するCAM型の3タイプがある．イネ，ホウレンソウなどは

表2.4 森林・草原・耕地の純生産力と太陽エネルギー利用効率（岩城，1990）

	生産力 (t/ha·y)	エネルギー利用効率（%）
落葉広葉樹林	8.7	0.5
常緑針葉樹林	13.5	0.7
マツ林	14.8	0.7
常緑広葉樹林	18.1	0.8
スギ林	18.1	0.9
熱帯降雨林*	28.6	0.9
ススキ草地	8.9	0.5
人工草地	9.4	0.5
水稲**	11.3	0.9
コムギ**	7.3	0.4
オオムギ**	9.7	0.5

* タイ国
** 1972年の値

C_3型，トウモロコシ，サトウキビなどはC_4型，サボテン，パイナップルなどはCAM型である．C_4型は光合成能率が高く，C_4植物の葉面積当たりのCO_2固定速度はC_3植物に比べて2倍前後であり（表3.5の最大光合成能力），窒素利用効率も高く，成長が早い．CAM植物のCO_2固定速度はC_3植物の1/10程度と非常に遅い．C_4型は熱帯の植物が高照度，高温，低CO_2環境に適応した結果であり，それに低水分環境が加わってCAM型ができたと考えられている．

　この純生産量によって，発達中の若い生態系では炭素が植物体や土壌有機物として蓄積される．しかし，十分発達した生態系では固定量と放出量はほぼ均衡を保っており，生態系に保持される有機炭素の量は一定に保たれる．

　地球全体の炭水化物の年間純生産量は172.5×10^{12} kgで，炭素換算では約69×10^{12} kgとなる．これは化石燃料としての炭素消費量5×10^{12} kgより1桁，人の食料としての炭素消費量0.55×10^{12} kgと比べて2桁大きい量である．

2.3.3 炭素化合物からのエネルギー利用

　栄養段階の底辺に位置する独立栄養生物は，CO_2を同化して有機炭素化合物を合成するが，その時使われるエネルギーは熱または光エネルギーである．日本の主な植物群集の純生産力と太陽エネルギーの利用効率を表2.4に示す．太陽エネルギーの利用効率は意外に低く，1%を超えるものはない．

　一方，すべての生物は自身または他の生物が生産した有機物を分解して得られるエネルギーによって生命活動を維持している．動物を含む好気性の生物はグルコースを酸化（燃焼）してエネルギーを得る．

$$\underset{\text{グルコース}}{C_6H_{12}O_6} + 6O_2 \longrightarrow 6CO_2 + 6H_2O + 2773 \text{ kJ}$$

しかし，第1章で述べたように生命体が発生した当初の地球には遊離のO_2は存

在しなかったので，上記の酸化反応の電子受容体として O_2 は利用できない．そこでは生物は発酵形式によってエネルギーを得ていたと考えられる．たとえば，酵母によるアルコール発酵では次のようである．

$$C_6H_{12}O_6 \longrightarrow 2C_2H_5OH + 2CO_2 + 226\,\text{kJ}$$
グルコース　　　　エタノール

2.4 窒素の循環

2.4.1 生物における窒素の機能

窒素は周期律表では炭素と酸素の間にあり，酸素の方が電気陰性度（電子を引きつける傾向）が強く，多くの元素の酸化物は窒化物より安定である．また，窒素は炭素より電気陽性度（電子を放出して酸化数が増える傾向）は低いが，+5 から -3 までの幅広い酸化数をとりうる特徴をもっている．生物体内では窒素はたんぱく質や核酸の成分として重要な存在である．たんぱく質の平均窒素含有率は約 16% であり，DNA では約 18% である．DNA では 2 本鎖間の核酸塩基対の形成に窒素が重要な役割を演じている（図 2.2）．塩基間の架橋となっているのはアデニンとチミンの間に 2 本，グアニンとシトシンの間に 3 本ある水素結合であるが，それぞれそのうちの 1 本は，窒素と水素の間の水素結合であり，他の 3 本は普通のたんぱく質の構造にも存在する水素と酸素の間の水素結合である．DNA の 2 本鎖は，細胞分裂の際には転写される．ここが共有結合であれば，転写は不可能である．生命現象とは窒素原子の結合様式が示す属性の一つの形態であるともいえる．

たんぱく質は生物種ごとに特異性をもっている．しかし，すべての生物のたんぱく質を構成するアミノ酸は表 2.5 に示す 20 種に限られている．たんぱく質中のアミノ酸の並び方は，DNA の塩基配列に遺伝情報として書き込まれている．この塩基配列は DNA からメッセンジャー RNA（mRNA）に転写され

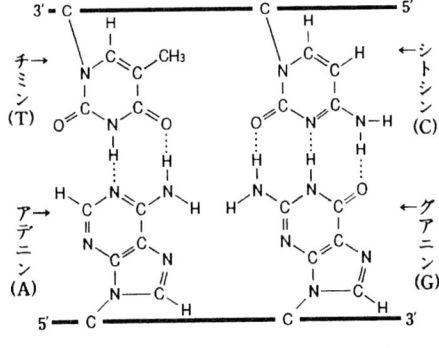

図 2.2　DNA の 2 本鎖間の水素結合（点線）

表2.5 生物を構成するアミノ酸

アミノ酸	略号	構造式(R)**	分子量	等電点
疎水性アミノ酸				
グリシン	Gly	H–	75	5.97
アラニン	Ala	CH$_3$–	89	6.00
バリン*	Val	(CH$_3$)$_2$CH–	117	5.96
ロイシン*	Leu	(CH$_3$)$_2$CHCH$_2$–	131	5.98
イソロイシン*	Ile	CH$_3$CH$_2$CH(CH$_3$)–	131	6.02
メチオニン*	Met	CH$_3$–S–CH$_2$CH$_2$–	149	5.74
プロリン	Pro	(環状構造 N$^+$H$_2$–COO$^-$)	115	6.30
フェニルアラニン*	Phe	C$_6$H$_5$–CH$_2$–	165	5.48
トリプトファン*	Trp	(インドール)–CH$_2$–	204	5.89
親水性アミノ酸				
中性アミノ酸				
セリン	Ser	HO–CH$_2$–	105	5.68
トレオニン*	Thr	CH$_3$CH(OH)–	119	6.16
システイン	Cys	HS–CH$_2$–	121	5.07
チロシン	Tyr	HO–C$_6$H$_4$–CH$_2$–	181	5.66
アスパラギン	Asn	H$_2$NCOCH$_2$–	132	5.41
グルタミン	Gln	H$_2$NCOCH$_2$CH$_2$–	146	5.65
酸性アミノ酸				
アスパラギン酸	Asp	$^-$OOCCH$_2$–	133	2.77
グルタミン酸	Glu	$^-$OOCCH$_2$CH$_2$–	147	3.22
塩基性アミノ酸				
リジン*	Lys	H$_3$$^+NCH_2CH_2CH_2CH_2$–	46	9.74
アルギニン	Arg	H$_2$NC(=$^+$NH$_2$)NHCH$_2$CH$_2$CH$_2$–	174	10.76
ヒスチジン	His	(イミダゾール)–CH$_2$–	155	7.59

* ヒト不可欠アミノ酸(幼児ではさらに Arg, His が加わる)
** R・CH(NH$_2$)COOH

る．mRNA は 3 個一組の塩基配列をアミノ酸の種類に翻訳して，たんぱく質の合成を開始する．この 3 個の塩基配列（コドン）とアミノ酸との対応は，原核生物から真核生物まですべての生物に共通で，遺伝子暗号表と呼ばれる（表2.6）．生物圏での物質循環は，物質そのものの動きと同時に，それをコントロールする

表 2.6 遺伝子暗号表

1番目の塩基	2番目の塩基 U	2番目の塩基 C	2番目の塩基 A	2番目の塩基 G	3番目の塩基
U	UUU, UUC } Phe UUA, UUG } Leu	UCU, UCC, UCA, UCG } Ser	UAU, UAC } Tyr UAA, UAG } 停止	UGU, UGC } Cys UGA 停止 UGG Trp	U C A G
C	CUU, CUC, CUA, CUG } Leu	CCU, CCC, CCA, CCG } Pro	CAU, CAC } His CAA, CAG } Gln	CGU, CGC, CGA, CGG } Arg	U C A G
A	AUU, AUC, AUA } Ile AUG Met（開始）	ACU, ACC, ACA, ACG } Thr	AAU, AAC } Asn AAA, AAG } Lys	AGU, AGC } Ser AGA, AGG } Arg	U C A G
G	GUU, GUC, GUA, GUG } Val	GCU, GCC, GCA, GCG } Ala	GAU, GAC } Asp GAA, GAG } Glu	GGU, GGC, GGA, GGG } Gly	U C A G

A：adenine, C：cytosine, G：guanine, U：uracil

情報の仕組みを理解することが重要である．

2.4.2 地球における窒素循環

地球における窒素循環（nitrogen‐cycle）を図2.3に示した．地表で最大の窒素の貯蔵庫は大気である．生物圏に属する窒素のおよそ1万倍が大気圏に存在する（図2.4）．しかし，大気中の窒素（N_2）をそのまま利用できる生物は *Azotobacter* や *Rhizobium*（根粒菌）などの一部の菌類（原核生物）に限られている．これらによる窒素固定（nitrogen fixation）を通じて，他の生物は NH_4^+，NO_3^- などの無機窒素化合物，またはアミノ酸，たんぱく質などの有機窒素化合物を取り込み，利用する．自然界で大気から固定される窒素の90％はこれらの生物の働きによるものであり，空中放電などによる非生物的固定は10％程度にすぎない．また，自然界では固定される窒素とほぼ同量の窒素が，脱窒菌の作用によって N_2 として大気中に戻されると推定される．

生物体を構成する窒素は，やがて排せつ物や遺体中の有機体窒素として環境に放出される．それらは微生物によって分解され，アンモニウムイオンとなる．これを無機化（mineralization）という．化学肥料で施肥されたものも含めて，ア

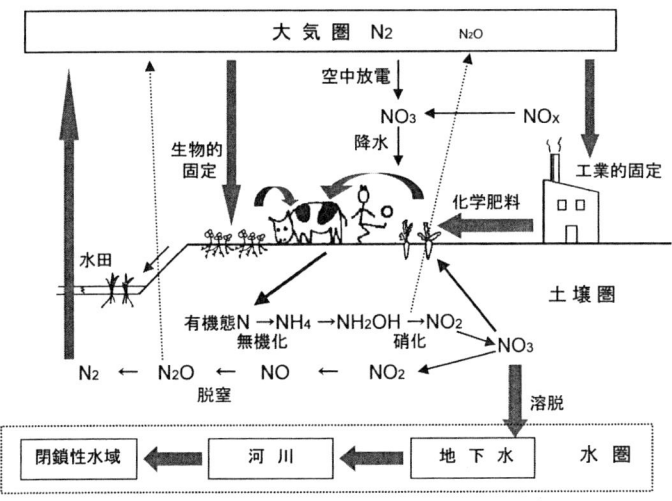

図2.3 環境における窒素の循環

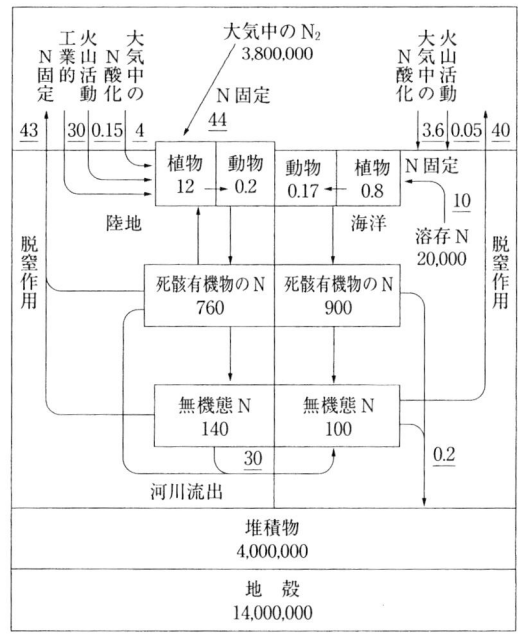

図2.4 地球における窒素の循環 (Delwiche, 1970)
四角で囲った数値は現存量 (10^9 tN), 下線をつけた数値は循環量 (10^6 tN/y).

ンモニウムイオンは土粒子の陰荷電に吸着されるが,畑のような酸化的条件下では土壌中の硝酸化成菌が行う硝酸化成作用(nitrification)によって,硝酸にまで酸化される.

硝酸イオンは陰荷電であり,土壌に吸着されにくく,土壌コロイドのなかには硝酸イオンに対して負吸着(コロイド表面の方が外液より硝酸イオン濃度が低くなる)を示すものもある.植物も主として硝酸の形で窒素の取り込みを行うものが多いが,降雨やかんがいによって降下浸透が起これば,硝酸イオンは地下に浸透し,水系の富栄養化や硝酸汚染につながることになる(4.3 および 4.4 節参照).飲料水中の硝酸イオンはメトヘモグロビン血症の原因物質である.WHO(世界保健機関)では飲料水中の硝酸性窒素濃度の基準を NO_3 として 50 mg/L 以下と定めている.この値は N として約 11.3 mg/L であり,わが国の水質環境基準(健康項目)では硝酸性窒素と亜硝酸性窒素の合量(NO_3-N + NO_2-N)として 10 mg/L 以下となっている.

一方,硝酸イオンは無酸素条件下では,脱窒菌によって亜硝酸,一酸化窒素,一酸化二窒素を経て窒素(N_2)まで還元され大気中に拡散する.これを脱窒作用(denitrification)という.

2.4.3 窒素固定

窒素固定能をもつ生物の種類は多く,その窒素固定量は 130×10^{12} kg/年である.窒素固定生物には根粒菌のような共生的窒素固定菌と *Azotobacter* のような非共生的窒素固定菌がある.共生的窒素固定菌は窒素固定に必要なエネルギーと炭素源を寄主植物から得ているので,窒素固定能は非共生菌より高い.

生物的窒素固定とは,ニトロゲナーゼによる次の反応である.

$$N_2 + 8H^+ + 8e^- + 16ATP \longrightarrow 2NH_3 + H_2 + 16ADP + 16Pi$$

ここで Pi は無機リン酸を示す.この反応は酸素の存在で阻害されるため,窒素固定を行う生物は酸素に対する防御機構をそなえている.たとえば,根粒菌では寄主のマメ科植物のレグヘモグロビンが根粒内に低酸素環境を作っている.光合成を行うシアノバクテリアには光合成による酸素発生のない夜間のみ窒素固定を行うもの(*Synechoccus* など),光合成を行わない厚い膜をもった細胞(ヘテロシスト)を作り,その中で昼間の窒素固定を可能にしている種類(*Anabaena* など)もある.

ニトロゲナーゼは分子状窒素を還元するジニトロゲナーゼと，反応後のジニトロゲナーゼに電子を付与するジニトロゲナーゼレダクターの2つの酵素からなる．前者はFeとMoを，後者はFeを含んでいる．*Azotobacter*や*Azomonas*のジニトロゲナーゼは，Mo欠乏状態ではVを含むジニトロゲナーゼが，さらにVのない条件下では，Feのみを含むジニトロゲナーゼが働く．窒素固定の効率はこの順に低下する．生物的窒素固定は無機態窒素の存在によって阻害される．

20世紀のはじめ，Haber（ドイツ）は，鉄を触媒としてN_2とH_2を高温高圧で反応させるアンモニア合成に成功した．この方法はBoschによって1909年に工業化された．これにより天然の硝石（KNO_3）やチリ硝石（$NaNO_3$）にたよらず安価に窒素肥料が得られるようになり，農業生産は飛躍的に増大した．また，1828年，Wöhler（ドイツ）はシアン酸アンモニウムの水溶液を蒸発させ尿素（NH_2CONH_2）を得た．これは，生体でしか作り得ないとされた物質を人工的に合成した最初の例で，無機物と有機物の区別が本質的なものではないことを示した．現在では尿素はアンモニアと二酸化炭素から工業的に合成され，これも肥料としての用途が多い．

窒素の循環系全体の中では，窒素固定が律速段階となっている．現在，工業的窒素固定量は陸域の生物的窒素固定量とほぼ同じか，それ以上と見積もられている．これは人為が地球の窒素循環に非常に大きな影響を与えているということである．

2.4.4 硝酸化成

土壌や水環境中で，有機物からの無機化や施肥などで人為的に加えられたアンモニウムイオンは，硝酸化成作用によって硝酸に酸化される．

$$\underset{(-3)}{NH_4^+} \longrightarrow \underset{(-1)}{NH_2OH} \longrightarrow \underset{(+3)}{NO_2^-} \longrightarrow \underset{(+5)}{NO_3^-} \quad \cdots Nの酸化数$$

この作用は，アンモニウムから亜硝酸までの過程と，亜硝酸を酸化させて硝酸にする過程に大別される．

アンモニア酸化過程は，アンモニアモノオキシゲナーゼによるアンモニアからヒドロキシルアミン（NH_2OH）への酸化と，ヒドロキシルアミン酸化還元酵素による亜硝酸の生成の2段階で行われる．この酵素反応は，O_2を電子受容体として行われるが，O_2不足の条件下ではヒドロキシルアミン窒素の一部は不安定

な中間代謝物であるNOHを経て，一酸化二窒素（N_2O）となる．アンモニア酸化菌は，*Nitrosomonas europaea* などの独立栄養細菌で，アンモニアの酸化反応でエネルギーを得る．

$$NH_3 + \frac{3}{2}O_2 \longrightarrow NO_2^- + H^+ + H_2O \qquad (\Delta G = -279.3 \text{ kJ})$$

亜硝酸酸化過程も *Nitrobacter* などの独立栄養細菌の亜硝酸酸化還元酵素によって行われる．この反応は1段階で行われ，得られるエネルギーはアンモニア酸化菌よりも少ない．

$$NO_2^- + \frac{3}{2}O_2 \longrightarrow NO_3^- \qquad (\Delta G = -73.5 \text{ kJ})$$

上記の2群の細菌とは別に，アンモニアを直接硝酸に酸化させる従属栄養細菌（*Arthrobacter globiformis*）や糸状菌，酵母の存在も知られている．亜硝酸酸化還元酵素は酸化反応も還元反応も触媒するが，*Nitrobacter winograsky* の亜硝酸酸化還元酵素は pH 6 以下では還元反応を触媒し，NO_3^- を NO_2^- に変える．窒素肥料を多用した場合，しばしば起こりうる条件である．

2.4.5 脱　　窒

脱窒は嫌気的環境における硝酸還元反応であり，次のように段階的に行われる．

$$\underset{(+5)}{NO_3^-} \longrightarrow \underset{(+3)}{NO_2^-} \longrightarrow \underset{(+2)}{NO} \longrightarrow \underset{(+1)}{N_2O} \longrightarrow \underset{(0)}{N_2} \quad \cdots \text{Nの酸化数}$$

この還元過程の4反応は，最初の段から順に硝酸還元酵素，亜硝酸還元酵素，一酸化窒素還元酵素，一酸化二窒素還元酵素によって行われる．ここでの亜硝酸還元酵素は，窒素同化を行う亜硝酸還元酵素と区別して異化型亜硝酸還元酵素と呼ばれる．脱窒を行う微生物の種類は細菌から糸状菌まで非常に多く，上の反応のすべてを行うもの（*Alcaligenes faecalis* などの N_2 生成細菌），NO_2^- までの還元を行うもの（*Escherichia coli* などの NO_2^- 生成細菌），N_2O までの還元を行うもの（*Fusarium oxysporum* などの糸状菌），NH_4^+ を生成するもの（*Vibrio fischerii* など）がある．アセチレンが存在すると4段目の反応が阻害される．土壌環境においては，pH が低下すると，N_2O までで脱窒反応が阻止され，生成物はすべて N_2O となる．N_2O は温室効果ガス（3.1節参照）の一つであり，先の硝化過程における N_2O 発生と合わせて，窒素循環が地球環境に影響を与える要因となっている．

しかし，脱窒は水域の富栄養化を防止し，人の健康に有害と考えられている硝酸イオン濃度を低下させる過程として重要な意味をもっており，N_2までの脱窒を完結させることは環境管理上重要な課題である．

生活排水などの有機物主体の汚水処理過程では，有機物の好気分解処理が一般的であるが，この過程では硝酸化成も同時に起こる．窒素を除去するには，高次処理として脱窒過程を組み込んだシステムが必要となる．しかし，従属栄養細菌や糸状菌では，硝酸（電子受容体）に電子を与える電子供与体は有機物である．活性汚泥法などの通常の水処理技術では，窒素の形態が硝酸となった段階で，有機物のほとんどは酸化分解を受けており，電子供与体としての有機物は希薄になっている．そこで硝酸性窒素に富む処理水にメタノールのような有機物を添加して脱窒させるか，処理水をもう一度嫌気的に保った原水を受ける槽に返送して，原水中の有機物を使って脱窒させる方法がとられる．また，独立栄養細菌である硫黄酸化菌（*Thiobacillus* 属）は単体硫黄（S^0）または硫黄イオン（S^{2-}）を電子供与体として脱窒を行い，硫酸を生成する．従属栄養細菌，独立栄養細菌どちらによる脱窒も，硝酸性窒素を含む排水の浄化技術に活用されている．電子供与体の形状としてはメタノールのような液体，またはポリ乳酸や硫黄のような固体の形で供給する方式があるが，原水の発生様式によって使い分けられている．

2.4.6 窒素循環と農業

農業では多量の窒素肥料が使われる．農業生態系における窒素循環は，従来主として，窒素肥料の肥効の点から研究されてきたが，近年では農地からの硝酸性窒素負荷の発生に関連した問題が盛んに取り上げられている．1960年代にアメリカのイリノイ州でこの問題が取り上げられた後，20年ほどで世界中の農業地帯で地下水中の硝酸性窒素濃度の上昇が報告された．

畑状態では，植物による窒素の吸収は主として硝酸イオンの形で行われる．したがって，硝酸化成菌の存在は土壌の肥沃度の条件ともなるが，アンモニウム塩を肥料として大量に施用した場合，その活性によって急速な硝酸化成が起こると，土壌には硝酸イオンの保持機構はほとんどないので，植物の硝酸吸収は硝酸イオンの溶脱に追いつかず，農業生産からも地下水の硝酸汚染の面からも不都合をきたすことになる．この対策として硝化抑制剤が使われることがある．硝化抑制剤はアンモニアモノオキシゲナーゼの阻害剤であるので，ヒドロキシルアミンの生

成が起こらず，N_2O の発生も抑制される．

　脱窒は嫌気的な水田土壌環境では，窒素の肥効を落とすものとして，生産阻害要因とされていた．水稲は主な窒素栄養としてはアンモニウムイオンを吸収する．全層施肥はアンモニウム塩からなる窒素肥料を作土全体に混合して，酸化的な厚さの薄い表層土壌より深い還元層にアンモニウムイオンを温存することによって硝酸化成を防ぎ，脱窒を起こりにくくする対策技術であった．

　水田では原核生物である藍藻による窒素固定も行われる．藍藻はアカウキクサ (*Azolla*) などの植物と共生して窒素固定を行い，水田の肥沃度に貢献している．水田の田面水には光合成を行うプランクトンもたくさん発生する．それらは昼間はクロロフィルによって水中の溶存 CO_2 を同化する．水中では HCO_3^- と CO_2 の平衡は CO_2 に傾き，HCO_3^- は不足して水の pH は上昇し，アルカリ性となる．この状態では，水田土壌中で有機物の無機化によって生成したり，施肥によって加えられた NH_4^+ は NH_3 となって揮散する．これをアンモニア・ストリッピング (ammonia stripping) という．これは熱帯水田で肥沃度を低下させる一つの要因となっている．

2.5　その他元素の循環

2.5.1　生元素

　生物体に必須な元素を生元素と呼ぶことがある．生元素の数は 30 ほどである．その周期律表上の位置を表 2.7 に，また，植物の必要元素を表 2.8 に示した．必要元素とは，必須元素に，必須性は証明されていないが特定の生理作用が想定される有用元素を含む概念である．先に見た生態系における炭素，窒素および水の循環は，循環の経路に大気圏が介在しており，地球規模の開放性が強い．一方，生物の構成要素として，炭素，窒素および水ほど多量成分でない元素は，主に生態系の中の生物学的過程によって循環する．その循環の規模は局地的であり，閉鎖性が強い．生産量のもち出しのない自然生態系では，収入は大気からの降下物と土壌鉱物からの溶出であり，支出は流出水に含まれる物質である．その収支は生物体に含まれる物質量に比べれば，はるかに少ないのが普通である．つまり，自然生態系では多量成分ではない元素は系内循環によってまかなわれる部分が多い．これを生態系の自己施肥機能という．

表 2.7 周期律表中の生物の必須元素

族番号 1	2	5	6	7	8	9	10	11	12	13	14	15	16	17
H														
										B	C	N	O	F
Na	Mg										Si	P	S	Cl
K	Ca	V	Cr	Mn	Fe	Co	Ni	Cu	Zn			As	Se	Br
	(Sr)		Mo								(Sn)			I
											(Pb)			

太字はほとんどの生物に必須，普通字は動物だけに必須，( ) は一部の生物だけに必須．3, 4, 18 族元素および Pb よりも原子量の大きい元素に必須性が認められたものはない．

表 2.8 植物の必要元素と高等植物中の概略値

元素	植物体濃度 (g/kgDW)	主な存在場所・機能
多量要素		
N	20	核酸，たんぱく質
P	2	ATP，核酸
K	10	浸透圧調整，気孔開閉
Ca	10	細胞内膜構造，光化学系 II
中量要素		
S	1	光化学系 II
Mg	2	クロロフィル
微量要素		
Fe	0.1	チトクーム，クロロフィル形成
Mn	0.07	光化学系 II
B	0.02	
Cu	0.006	光化学反応 I，アスコルビン酸酸化酵素
Zn	0.02	RNA ポリメラーゼ
Mo	0.0002	硝酸還元酵素，ニトロゲナーゼ
Cl	0.1	光化学系 II
Ni	0.002	ウレアーゼ
Co		
有用元素		
Si		ケイ化細胞形成
Se		
I		
Na		C_4 植物の光合成

2.5.2 リンの循環

リン (P) は窒素とともに，生物にとって基本的必須元素である．生命の基本物質とも考えられる DNA は 10% 程度の P を含んでいる．生物体内反応のエネ

ルギー源としてはアデノシン三リン酸（adenosine 5′ triphosphate：ATP）から1個のリン酸がはずれてアデノシン二リン酸（ADP）になる反応で生成するエネルギー（31 kJ/mol）が使われる．同様の高エネルギーリン酸エステルであるグアノシン三リン酸やウリジン三リン酸が使われる反応もある．また，アデノシン一リン酸の環状エステル（cyclic AMP）は重要な細胞内情報伝達物質として知られている．

　無機のリン酸塩は水に対する溶解度が低いものが多い．植物根は土壌溶液から無機元素を吸収すると考えられるが，Pについての収支計算が合わないことは研究者を悩ませ続けた．Black（1957）は，作物は半日で深さ60 cmまでの土壌溶液中に存在するPの全量を吸収する計算になるが，土壌固相からのP溶解速度はそれを十分補償できると述べている．現在では，土壌中に溶解速度の速いPが不足すると，植物は根から有機酸を放出して土壌Pの溶出を促進することが，いくつかの植物で確かめられている．

　このような事実から，生物のP要求は高く，生態系の一次生産者である独立栄養生物では，環境からPを積極的に吸収する機構をそなえていることがわかる．Pの循環は著しく生物圏に偏っているともいえる．

　地殻中のPの存在度は1000 mg/kg，土壌中では800 mg/kg程度である．人類が主に利用するPの給源はリン鉱石である．リン鉱石にはいくつかの鉱物種があるが，いずれもリン酸三カルシウムを主体とし，フッ化カルシウムや炭酸カルシウムと複塩を形成している．

　陸上の岩石や堆積物は風化を受け，その中のリン酸塩は環境に放出される．その多くは粒子状物質に吸着され，侵食を受け，河川に流出し，最終的には海に運ばれ，海底堆積物として沈降する．リン鉱石として最も埋蔵量の多い海洋性リン灰土はこの海底堆積物を起源とする．このようにPは陸から海への移動が圧倒的に多く，海からのリターンは，自然の循環の範囲では，魚の遡上や海鳥の上陸に伴うわずかな量にすぎない．

　本来，生態系では系内循環が主体であったPの循環に，地球規模の大きな変動を与えたのは，人による肥料用をはじめとするリン鉱石の採掘と，食飼料用としての海産資源の陸揚げである．図2.5に世界のリン鉱石の寿命試算を示した．埋蔵されている資源の寿命については埋蔵量を年間消費量で割った静的耐用年数（図2.5の2211年），消費の伸びを考慮した指数関数的耐用年数（図2.5の2034

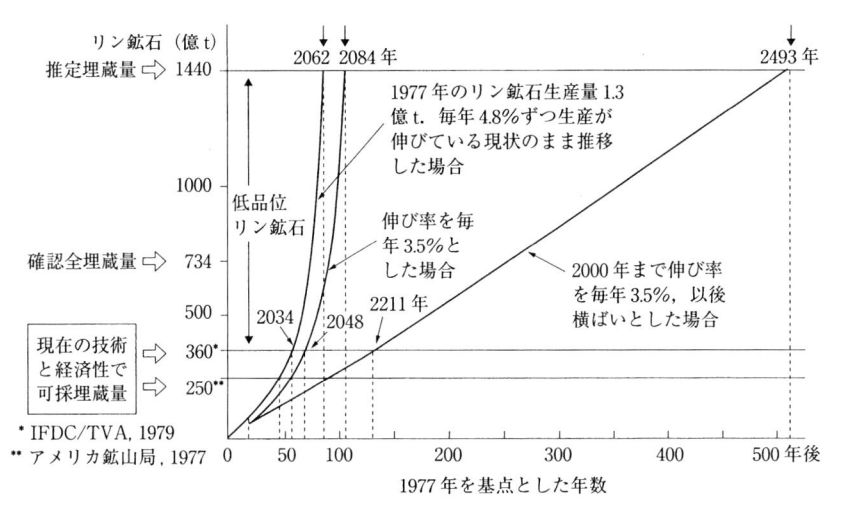

図 2.5 世界のリン鉱石の寿命（藤原・岸本，1993）

または 2048 年），新規発見埋蔵量を予測した指数関数的耐用年数（図 2.5 の 2062 または 2084 年）の 3 つの耐用年数で論じられる．ローマクラブの報告「成長の限界」（1972）では多くの金属資源の耐用年数が試算されているが，現在（2002）までに静的耐用年数をすぎたものは，金（11 年），水銀（13 年），銀（16 年）など 6 品目に及んでいる．しかし，現実には資源が枯渇したものはなく，深刻な事態にもなっていない．多くの地下資源では耐用年数が近づくと，その資源の価格高騰が，新しい資源量の開発を刺激するからである．しかし，リン鉱石については新しい資源量の発見はほとんどないと考えられている．価格高騰によって刺激される資源量の開発は，廃棄物中の P の循環利用に集中するであろう．

2.5.3 硫黄の循環

硫黄（S）は生物体内では含硫アミノ酸（システイン，シスチン，メチオニン）としてたんぱく質中に存在する．このうちメチオニンは必須アミノ酸であり，大抵の動物は他の 2 つの含硫アミノ酸からメチオニンを合成できない．硫黄は水圏や土壌圏で -2 から $+6$ までの多くの酸化数をとって存在する．この硫黄の動態には微生物の関与が大きい．*Thiobacillus* などの独立栄養細菌は，硫黄を電子供与体として O_2 存在下では O_2 を，O_2 のない条件では NO_3 を電子受容体として炭

酸同化を行う．また，従属栄養細菌である硫酸還元菌（*Desulfovibrio* など）は有機物を基質とし，硫酸を電子受容体としてエネルギーを得ている．

硫黄は火山ガスの放出，海塩の風送，硫酸還元菌による硫化水素の発生，プランクトンによるジメチルサルファイドの発生など，大気圏にまたがる開放的循環を行うが，大気中の硫黄化合物は，降水や粒子状物質としての降下量が大きく，大気圏での滞留時間は短い．しかし，硫黄を含む化石燃料の消費に伴う硫黄酸化物の大気圏への放出は，自然生態系における硫黄循環を大幅に超える規模となり，

BOX 4

化石燃料

化石燃料（fossil fuel）は，古い地質時代に生産されたバイオマスが堆積層に封じ込まれ，炭素を濃縮してできたものである．古生代石炭紀から新生代第三紀の間に繁茂した植物バイオマスが低地に埋没し，そこから H_2O，CO_2，CH_4 などが遊離し，次第に炭素が濃縮され泥炭の段階を経て，その上部に地層の堆積が進むと，地圧や地熱の影響を受け，さらに炭素が増し，石炭が形成された．日本の石炭は地質年代の若い第三紀に生成したものであるが，プレート・テクトニクスの影響で石炭化の程度の高いものとなっている．

石油の起源については，そのなかにヘモグロビンやクロロフィルから変化したポルフィリンが含まれていることから，生物に由来すると考えられている．ケロジェン起源説である．ケロジェン（kerogen）は地球上に最も多量に存在する有機物で，熱作用によってケロジェンから石油が生成されることは実験的に確かめられている．世界の多くの原油の分析結果によると，元素組成はほぼ C：83〜87%，H：11〜14%，S：0.05〜2%，N：0.1〜2%，O：0〜2%の範囲にある．

化石燃料の究極可採埋蔵量は既生産量，確認埋蔵量および将来追加されるであろう確認埋蔵量の3者の和である．確認埋蔵量は技術の進歩や経済条件の変化で将来増大する可能性があるが，究極可採埋蔵量が大きく変わることはないとみられている．現在の埋蔵量を熱量に換算した指標を表2.9に示した．石油の耐用年数がきわめて短いことがわかる．

表2.9 化石燃料の熱量換算埋蔵量

	究極可採埋蔵量	確認埋蔵量	1999年使用量	静的耐用年数*
石　炭	163,939,341	22,520,960	94,424	239
石　油	11,713,297	5,893,483	140,800	42
天然ガス	8,719,096	6,026,434	101,244	60

単位：PJ，年
* （静的耐用年数）＝（確認埋蔵量）/（1999年使用量）

地球生態系に大きな影響を及ぼしつつある．この問題については第3章で論議する．

2.5.4　金属イオンの循環

金属イオンは，生物体内ではいろいろな酵素の活性中心として機能する場合が多い．このような金属イオンは，陸域生態系の中で閉鎖性のより強い生物学的循環を行っている．陸域環境における金属イオンのシンクは岩石である．岩石中では金属イオンは結晶格子に取り込まれており，水に難溶である．岩石の風化，土壌化の過程で金属イオンは土壌中に蓄積されるようになる．そこから植物の根によって吸収され，生物体に取り込まれる．その一部は落葉や枯死遺体となって，一部は食物連鎖を経て排せつ物または動物遺体として環境に放出され，分解者によって再び無機化されて土壌に蓄積される．土壌への金属イオンのインプットは岩石の風化と大気からの降下（fall out）であり，アウトプットは生態系からの流出水への溶解または分散による系外への流出である．このように降水・流出水に伴う金属イオンの出入りはあるものの，全体として金属イオンの循環は生態系内でほぼ完結しており，閉鎖性が強い．水域生態系では，金属イオンの大部分が水に溶けて水中に存在しているが，底質との間に交換平衡が成り立っており，開放性はあまり強くない．金属イオンの種類では，イオン化傾向の小さい元素ほど循環における閉鎖性は強い．

イオン化傾向の比較的大きいアルカリ土類元素であるカルシウム（Ca）の循環について，北アメリカの落葉広葉樹林におけるWhittaker（1975）の研究事例では，森林のバイオマス全体として464 kg/haのCaを蓄積しているが，ほぼ同量のCaは土壌有機物に含まれており，また土壌中の交換態Caとしても存在している．植生と土壌との間のCa循環量は，系外からの流入量あるいは系外への流出量に比べるとかなり大きい．Caの年間流出量は11.5 kg/haであり，土壌中の可給態Caの約2%，また植生による年間吸収量の20%にすぎない．雨水によるCaの年間供給量はわずか2.7 kg/haである．系外への流出量は雨水による供給量を上回っているが，この不足分は岩石を含む土壌鉱物から可給態化補充されていると考えられる．

以上のように森林生態系は栄養塩類を保持する傾向が強く，無機元素の循環は閉鎖性が強い．しかし，森林を伐採すると循環系に大きなかく乱が生じる．北ア

メリカの森林で行われた Likens ら (1970) の実験によると，一つの集水域の樹木がすべて伐採され，下草の植物も除草剤で死滅した後，アンモニウムイオンを除いて，硝酸態イオン，Ca，Mg，K，Na などの元素の流出量が著しく増加した (表2.10). とくに硝酸態 N は伐採前の 55 倍も流出した. 普通，植物遺体に含まれるたんぱく質が分解しアンモニウム塩が放出されると，植物の根に吸収され，生態系内に保持される. 皆伐区ではこれを吸収する植物がないため，バクテリアによって亜硝酸塩または硝酸塩となり，水に溶けて大量に系外に流出する. また硝酸イオンはカウンターイオンとして金属陽イオン (Ca, Mg, Na, K など) の溶脱を促進する. 実際，これらの陽イオンの流出量は伐採前に比べて 2 倍 (Na) ないし 14 倍 (K) に増加した. このような栄養塩類の流出量の増加は，BOX 3 で述べたように，伐採による河川流出量の増加とも関連している. とくに水の地表流出の増加によって，固形有機物や土壌粒子の流出は著しく増加する (この実験林の場合は 11 倍) ので，土壌肥沃度は低下する. 伐採による無機元素の流出量の増加は，林地に植生が回復してくるにつれて急速に低下し，この実験では植生回復後 3～4 年で，硝酸態 N，K，Ca の流出量がほぼ伐採前の水準に戻ったという. このような事例から，森林が物質保持の機能と河川の流量や水質を安定化させる機能をもっていることが理解される.

閉鎖性の強い元素の循環に人為が加わった場合には新たな環境問題が起きる. 人為的に環境に排出された Cd, Cu, Hg などの有害元素の特定の場所への集積問題である. 足尾鉱毒事件における水田土壌や河川底質中への Cu の集積，イタイイタイ病における米中への Cd の集積，水俣病における近海底生生物への Hg の生物濃縮などである. この水や土壌の汚染問題については第 5 章で論議する.

表 2.10 森林の伐採が無機元素収支に及ぼす影響 (kg/ha·y)
(Likens ら, 1970)

	降水による供給量	落葉広葉樹林		同伐採跡地
		流出量	差＝増加量	差＝増加量
Ca	2.7	11.5	− 8.8	− 82.7
Mg	0.6	3.2	− 2.6	− 16.8
K	0.7	2.1	− 1.4	− 29.2
Na	1.6	7.8	− 6.2	− 17.1
NH_4-N	2.3	0.3	2.0	1.5
NO_3-N	4.9	2.1	2.8	− 119.6
S	15.2	18.2	− 3.0	− 0.9

BOX 5

水俣病

　水銀の毒性の原因は，生物体内の酵素の−SH 基と結合すると酵素作用が停止し，生物が重大な障害を受けることである．昔から金メッキや温度計製造など，水銀を使う職人の職業病として中毒症状が知られていた．

　熊本県水俣市の化学工場で触媒に使っていた水銀が流出し，これが水俣湾の魚の体内に蓄積した．はじめこの魚を食べたネコに激しい中毒症状が発生し，ついで人にも発生した．1950 年代から 70 年代前半まで患者の発生をみた．症状は中枢神経系の障害が特徴で，ハンター・ラッセル症候群と呼ばれる．初期の患者では手足のしびれ，脱力，歩行時動揺，言語不明瞭，手足痛などから始まり，よだれ，ふるえ，四肢まひ，視力低下，意識混濁，精神錯乱がみられ，発病 3 ヶ月以内に半数以上が死亡した．同様の事件は新潟県にもあり，両者合わせて 3000 人に近い患者が正式に水俣病と認定されている．

　水銀は土壌や水環境中では単体金属（Hg^0）または +2 価イオン（Hg^{2+}）が安定である．Hg^0 は気化しやすく土壌や水域から徐々に空気中に蒸発する．Hg^{2+} は還元状態で S^{2-} が発生すると，

$$Hg^{2+} + S^{2-} \longrightarrow HgS$$

の反応によって不溶性の硫化水銀となる．HgS は同族の CdS に比べて酸化状態での安定性は高い．

　土壌微生物のいくつかの種類は，Hg^{2+} を Hg^0 に還元する酵素をもっている．水銀が土壌や水から失われる経路はこれによる Hg^0 の蒸発だけである．無機水銀をメチル化する微生物も知られている．その場合は B_{12}（methylcobalamin）のメチル基が使われるという．メチル水銀は脂溶性であり，動物体内での移動性が大きい．水俣の場合は，水俣湾底質の嫌気性菌によってメチル水銀が生成し，底生生物から魚に至る食物連鎖によって濃縮が行われたと考えられる．

　天然の魚でもマグロは水銀を多く含むことが知られているが，マグロは同時にセレンを濃縮しており，セレンの存在は水銀の毒性を低下させることがマウスを使った実験でも確かめられている．

3. 地球環境問題の化学

1972年6月,環境問題全般についての初めての国際会議である「国連人間環境会議」がスウェーデンのストックホルムで開催された.この会議では先進国を中心とした公害問題と開発途上国の環境衛生が主な問題点として取り上げられた.当時の公害問題は地域的な環境問題であったが,その後,世界各地から地球生態系に大きな変動を及ぼすと考えられるさまざまな事象が報告されてきた.それらがいわゆる地球環境問題で,図3.1で①から⑨に示したような事柄が典型的な問題として提起されている.

ストックホルムでの会議から20年後の1992年6月にリオデジャネイロで開催された「環境と開発に関する国連会議(別名:地球サミット)」では地球環境保全の重要性が強調された.すなわち,今後は地球環境を損なわない持続可能な開発が必要であり,そのためには各国が協力しなければならないとして,それらを盛り込んだ行動計画「アジェンダ21」が採択された.

地球環境問題と一口にいっても,酸性雨や砂漠化のように,地域的な環境問題が国境を越えて地球全体に広がったケースと,地球温暖化やオゾン層破壊のように,始めから地球規模の広がりをもった問題とに分けられる.ここでは地球環境問題のうち,食料生産に深刻な影響を及ぼすと考えられる地球規模の環境問題として地球温暖化,オゾン層破壊および酸性降下物を取り上げた.

3.1 地球温暖化

3.1.1 CO_2 濃度の上昇と地球温暖化 (global warming)

大気中二酸化炭素 (CO_2) 濃度の上昇は,人類が産業革命以降の200年間で石炭や石油という化石エネルギーを大量に使用するようになって起きた現象である.化石燃料の消費は,最終的には必ず CO_2 を大気中に放出する.これまではこの CO_2 は,巨大な貯蔵庫である海洋や植生に再吸収されると考えられていた.しかし,近年の人間の生産活動は指数関数的に増大しており,それに伴って発生

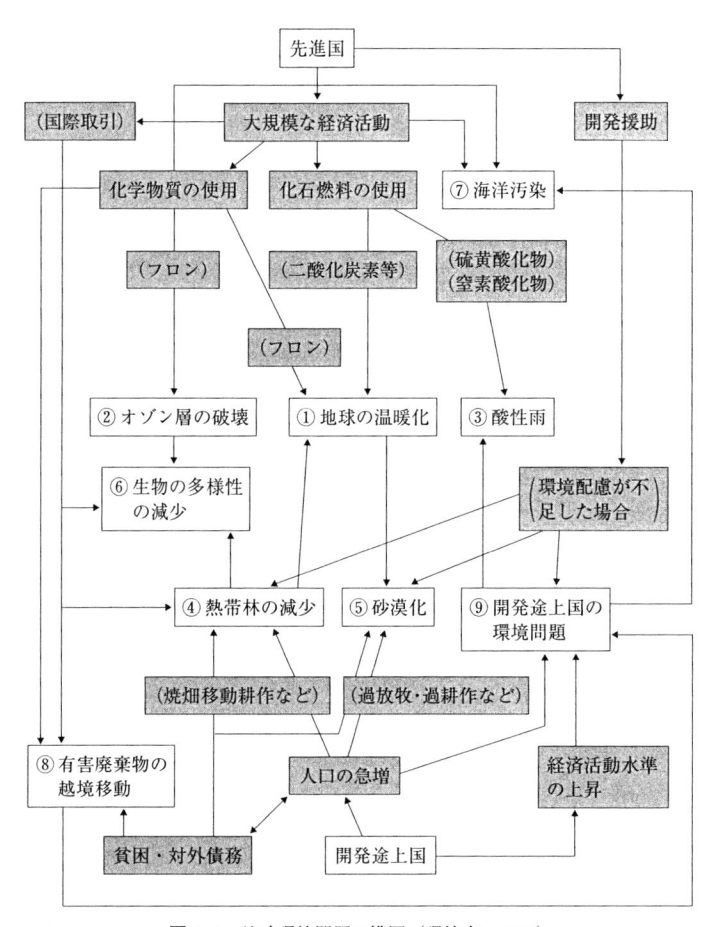

図 3.1 地球環境問題の構図（環境庁, 1995)

する CO_2 も莫大な量になってきた．その結果，地球上の炭素循環に大きな乱れが生じ，大気中の CO_2 濃度が上昇してきた．

大気中の CO_2 が地上からの熱放射を吸収し再放射するため，気候の形成に重要な役割をもつことは1861年にTyndall（イギリス）が報告している．この大気中 CO_2 濃度の上昇と気温の上昇との関係について最初に指摘したのはCallendar（イギリス）で，20世紀初頭に比べて CO_2 濃度は6%，気温は1875年以降で0.6℃上昇したことを1938年に報告している．また，1972年のローマクラブの報告書「成長の限界」の中でも温暖化の危険性が指摘されている．しか

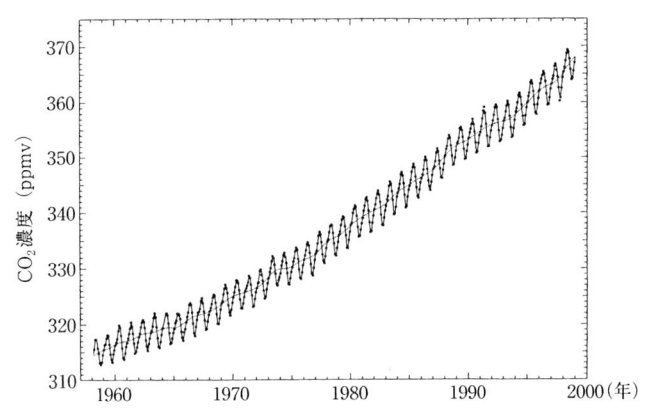

図 3.2 ハワイのマウナロアで観測された大気中 CO_2 濃度の変動．・は観測から得られた月平均濃度，点線は季節変化を除去した CO_2 濃度を示す．(秋元ら，2002)

し，CO_2 濃度上昇に伴う地球温暖化が現実の問題として認識され始めたのは1980年代に入ってからのことである．Keeling（アメリカ）は1958年からハワイのマウナロア火山山頂の測候所で観測を続けた結果，CO_2 濃度が確実に上昇していることを明らかにした．それによると，1958年に 315.5 ppmv であった CO_2 は，1983年には 342.8 ppmv となって，この25年間に 27.3 ppmv 上昇した．その後の CO_2 濃度の上昇は著しく，1996年の全球平均濃度は 362 ppmv で，1983～1996年までの期間の平均増加率は 1.6 ppmv/年である（図3.2）．

大気中の CO_2 濃度には明瞭な季節変化が認められ，その振幅は北半球・中高緯度で大きく，南半球・中高緯度で小さい．南半球・低緯度では明瞭な季節変化はみられない．季節変化は主として陸上の植物活動によるもので，春から夏にかけては，光合成によって生物圏が吸収源となるため CO_2 濃度が減少し，秋から春にかけては，呼吸や腐植の分解によって生物圏が放出源となるため CO_2 濃度が増加する．たとえば日本（岩手県綾里）における CO_2 濃度の季節変化は4月に極大，8月に極小となり，その振幅は約 12 ppmv である．

3.1.2 地球温暖化のメカニズム

地球に入る唯一のエネルギー源である太陽放射は短波長放射（可視光線や紫外線）で，これは大気の層をほとんど素通りして地表面に到達し，そこを加熱する．

一方,加熱された地表面からの放射エネルギーは 4～100 μm の長波長放射 (赤外線) で, こちらは大気中に含まれる CO_2 や水蒸気, メタンなどのガスによって強く吸収される. 吸収された赤外放射は再び地表に放射されるため, 地表面近くの温度は大気上層に比べて高くなる. これが大気層のもつ温室効果 (greenhouse effect) である. 大気中にあって, 地表面からの赤外放射を吸収する性質をもつ気体を温室効果ガス (greenhouse effect gas) と呼んでいる.

地球に大気がない場合の地表面の平均気温は, 次式の熱放射平衡条件によって決定される.

$$\delta \sigma T^4 = \frac{1}{4} S_0 (1 - \alpha)$$

δ:射出率, σ: Stefan-Boltzmann 定数, T: 表面温度 (K),
S_0: 太陽定数, α: 地球の平均アルベド (反射率)

この式で, 左辺は長波長赤外放射によるエネルギー損失を, 右辺は短波長太陽放射の吸収によるエネルギー獲得を表している.

ここで, δ は 0.98, α は 0.30, 太陽定数は 1368 W/m^2 と見積もられることから, 大気がない地球の表面温度 T は 255 K (-18℃) と計算される. 現在, 地球の地表面温度は平均でおよそ 15℃ に保たれていることから, 大気層の温室効果によって気温は約 33℃ 上昇していることになる.

3.1.3 温室効果ガスの種類

地球大気を構成している気体分子は, それぞれの分子構造に応じて放射を吸収・射出しているが, 電子エネルギー準位の変化に伴う吸収・射出帯は紫外領域に, 振動エネルギー準位の変化に関するものは近赤外から赤外領域に存在する. 窒素 (N_2) や酸素 (O_2) などの等核二原子分子やヘリウム (He) やアルゴン (Ar) などの希ガスは赤外線を吸収する能力をもたない赤外不活性ガスであるが, それ以外のほとんどの気体は赤外活性ガスである. これらの気体が吸収する赤外線の波長域と単位濃度当たりの吸収の強さ (赤外線吸収係数) は気体分子ごとに異なり, それぞれの分子のもつ吸収帯を特性吸収帯と呼ぶ. 温室効果は気体分子の濃度と赤外線吸収係数の大きさ, 並びに気体分子の特性吸収帯が地表面からの放射赤外線の波長帯域と合っているかによって決まる.

上記の条件を満たしていて, かつ, 大気中での赤外吸収が実際に無視できない

表 3.1 主な温室効果ガスの大気中濃度, 年濃度変化, 大気中寿命および温室効果 (IPCC, 2001)

温室効果ガス		大気中濃度		濃度変化/年	大気中寿命	温室効果
		1750 年	1998 年	(1990 年代)	(年)	(分子数当たり)
二酸化炭素	CO_2 (ppmv)	280	365	1.5	5〜200	1
メタン	CH_4 (ppbv)	700	1745	7.0	12	21
一酸化二窒素	N_2O (ppbv)	270	314	0.8	114	206
フロン 11	$CFCl_3$ (pptv)	0	268	−1.4	45	12,400
ハロン 1301	CF_3Br (pptv)	0	2.5	0.1	65	16,000

ガスとして水蒸気 (H_2O), 二酸化炭素 (CO_2), メタン (CH_4), 一酸化二窒素 (N_2O), クロロフルオロカーボン類 (chlorofluorocarbons：CFCs) などがあげられる. この中で, 水蒸気は地表面からの赤外放射を妨げる気体成分としては最も効果が大きいが, 他の温室効果ガスと違って大気中での濃度増加がみられていないことなどから余り問題とされていない. 一方, ここではあげていないが, 雲やエアロゾルも赤外線を吸収したり放射したりするが, 太陽からの可視光線を反射するので, 全体としては地表面を冷やす効果 (日傘効果：umbrella effect) があると考えられている.

表 3.1 に温室効果ガスの濃度, 増加率, 大気中での寿命, 分子数当たりの温室効果 (warming efficiency) を示した. 産業革命以前の CO_2, CH_4, N_2O の濃度はそれぞれ 280 ppmv, 700 ppbv, 270 ppbv であり, フロンなどのハロカーボン類は 1930 年以降に合成, 利用されてきたものであるため, 当時は存在しなかった. それが, 1998 年現在ではそれぞれ 365 ppmv, 1745 ppbv, 314 ppbv に, フロン 11 については 268 pptv にまで増加している. また, 1 分子当たりの温室効果はメタン (CH_4) が CO_2 の約 21 倍, 一酸化二窒素 (N_2O) が CO_2 の約 200 倍, ハロカーボン類に至っては 1 万倍以上と見積もられている.

a. 二酸化炭素 (CO_2)

地球の CO_2 濃度推移を地質学スケールでみると, 過去 5 億年では石炭紀前期の 0.3% から現在の 0.03% まで, 約 10 倍の差がみられる (図 3.3). 一方, 過去 1000 年間に限っていえば, 大気中 CO_2 濃度は 200 年程前までは 280 ppmv で安定していたが, その後急激に上昇し始めた (図 3.4). この上昇開始時期はちょうど産業革命に当たっており, 濃度増加の主な原因は人類による化石燃料の使用と森林の消失によるものである.

産業革命以降の種々の温室効果ガスの放射強制力 (radiative forcing) を年代ご

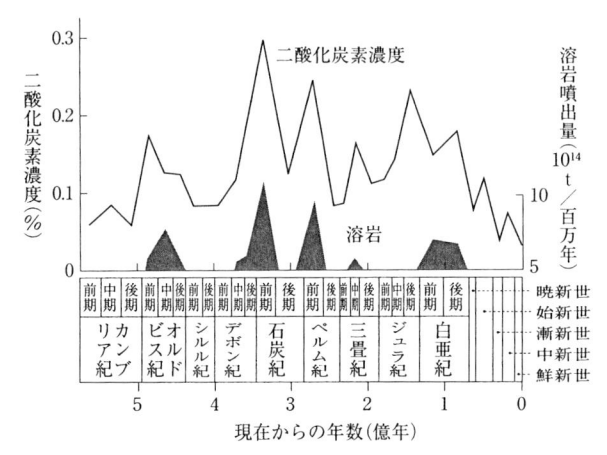

図 3.3 顕生代における大気中 CO_2 濃度および火山岩の形成速度の変化（内嶋，1996 を改変）

BOX 6

分子の振動と赤外線吸収

　二酸化炭素は，遠赤外域に 15.0 μm と 4.26 μm の 2 つの吸収帯をもっている．気体分子が吸収する光の波長（振動数の逆数）は，その分子内の原子の振動に一致する．

　二酸化炭素の分子は，

$$O = C = O$$

のように C を頂点とする角度はほぼ 180°で，3 つの原子は一直線に並んでいる．C = O 間の距離は，0.116 nm である．この位置関係は分子軌道法によって求められるが，厳密に固定されてはいない．ごくわずか固有の振動がある．一つは C を頂点とする角度の振動（bond‐angle bending vibration）で，その振動数は 2×10^{13} Hz で，15.0 μm の波長に相当する．もう一つは C と O の間の距離の振動で，この振動には，

$$\overset{\leftarrow}{O} = C = \vec{O}, \qquad \vec{O} = C = \vec{O}$$

のように，対称伸縮（symmetric stretch）と非対称伸縮（asymmetric stretch）の 2 種類があるが，対称伸縮では荷電の中心は動かないので，光エネルギーを吸収しない．非対称伸縮の振動数は 7×10^{13} Hz で 4.26 μm の波長に相当する．吸収するエネルギーは，15.0 μm では 8.0 kJ/mol，4.26 μm では 28.1 kJ/mol で，波長の短い方が大きい．

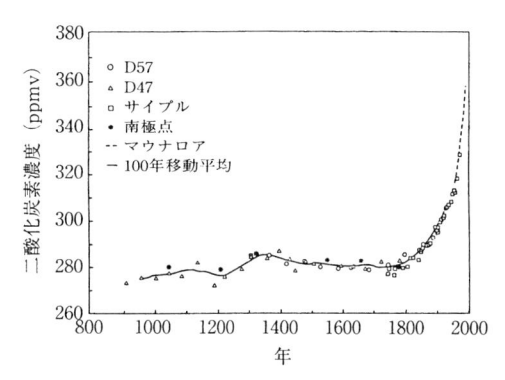

図 3.4　南極氷床コアから得られた過去 1000 年間の CO_2 濃度の経年変化（IPCC, 1996）

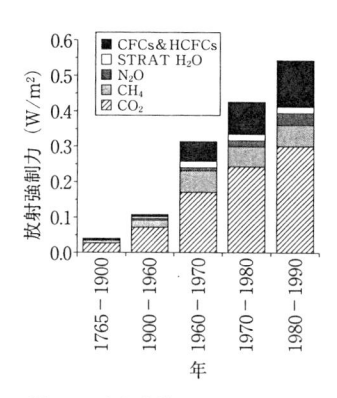

図 3.5　各温室効果ガスの温室効果に及ぼす年代別の影響（不破, 1995）

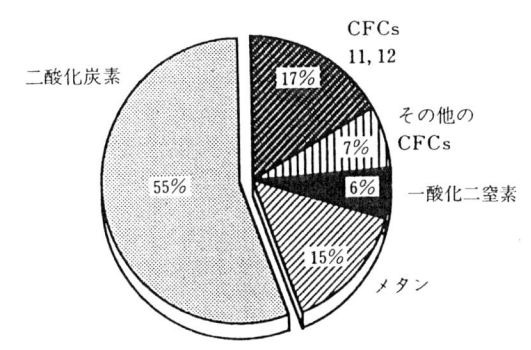

図 3.6　1980 年代における温室効果ガスの放射強制力の変化に対する寄与率（気象庁, 1994）

とに見積もったものを図 3.5 に示した．放射強制力は温室効果の定量的尺度の一つとして用いられるもので，温室効果ガスの濃度などが変化した場合の対流圏界面を通る正味放射フラックスの変化量として定義され，W/m^2 の単位で表される．この放射強制力は，気候要素の変化に伴って生じる放射収支平衡の変調の度合いを表す指標であり，地表面（対流圏）が放射エネルギーを受け取り暖まる方向の変調を正の放射強制力，逆を負の放射強制力とする．

1980 年代における，放射強制力の変化に対する各温室効果ガスの寄与率を図 3.6 に示した．温暖化に対する寄与率は CO_2 が 55％，その他のガスが合わせて 45％と見積もられ，温室効果ガスとして濃度，影響ともに最も大きいのは CO_2

である．しかし，CH_4 や N_2O，CFCs などのガスは年増加率や1分子当たりの温室効果が CO_2 に比べてきわめて大きいことから，今後は温室効果の原因の半分以上が CO_2 以外のガスによると予想される．

1998年の CO_2 の全球平均濃度は 365 ppmv であり，年間の上昇濃度は 1.6 ppmv である（1983～1998年）．現在の化石エネルギー使用率が続くとすると，2050年には 600 ppmv になると予想されている．

b. メタン（CH_4）

CH_4 は種々の嫌気性微生物活動によって放出され，水酸ラジカル（・OH）との反応によって消失する．放出源は湿地，水田，天然ガスなどの採掘，反すう動物やシロアリの腸内発酵，バイオマス燃焼などで，人為起源の放出量が全体の約70%を占める．表3.2は完全な収支ではないが，大気中の増加は避けられない．

表 3.2 地球表層における CH_4 の発生源と吸収源の推定（IPCC, 1994）

	推定	計
大気中の増加	37 (35～40)	37 (35～40)
消滅源（寿命 = 9.4 y）		515 (430～600)
対流圏	445 (360～530)	
成層圏	40 (32～48)	
土壌	30 (15～45)	
放出源		
自然起源		160 (110～210)
湿地	115 (55～150)	
シロアリ	20 (10～50)	
海洋	10 (5～50)	
その他	15 (10～40)	
人為起源		375 (300～450)
化石燃料起源		100 (70～120)
天然ガス	40 (25～50)	
炭鉱	30 (15～45)	
石油生産	15 (5～30)	
石炭燃焼	? (1～30)	
生物起源		275 (200～350)
反すう動物	85 (65～100)	
水田	60 (20～100)	
バイオマス燃焼	40 (20～80)	
埋立て	40 (20～70)	
動物排せつ物	25 (20～30)	
下水処理	25 (15～80)	
総計		535 (410～660)

単位：$Tg(CH_4)/y$

CH_4 は炭素の物質代謝では嫌気条件下での最終産物で，絶対嫌気性菌であるメタン生成菌によって低分子の有機物から生成される．土壌中では次に示す2つの反応経路によって生成される．1つめは，

$$4H_2 + HCO_3^- + H^+ \longrightarrow CH_4 + 3H_2O$$

で示される炭酸還元反応で，ほとんどのメタン生成菌がこの反応で CH_4 を生成する．2つめの反応経路は，

$$CH_3COO^- + H_2O \longrightarrow CH_4 + HCO_3^-$$

で示されるように，酢酸のメチル基がその結合水素の損失なしに CH_4 に転移するメタン基転移反応である．一部のメタン生成菌だけがこの反応を行うことができる．

農業生態系における CH_4 発生源の一つである水田では，土壌で生成された CH_4 が ① 気泡として，② 田面水中を拡散して，③ 植物体を通って，のいずれかの経路で大気へ放出される．水田での放出量はイネが栽培されていないときは少ないが，栽培期間中はほとんどがイネの通導組織を通って大気へ放出される．

CH_4 濃度は産業革命以前までは 700 ppbv 程度と安定していたが，CO_2 の場合と同様に，その後急激に増加し，1998 年では大気中濃度は 1745 ppbv となっている（図3.7）．1985～1998 年の平均増加率は 8 ppbv/年である．

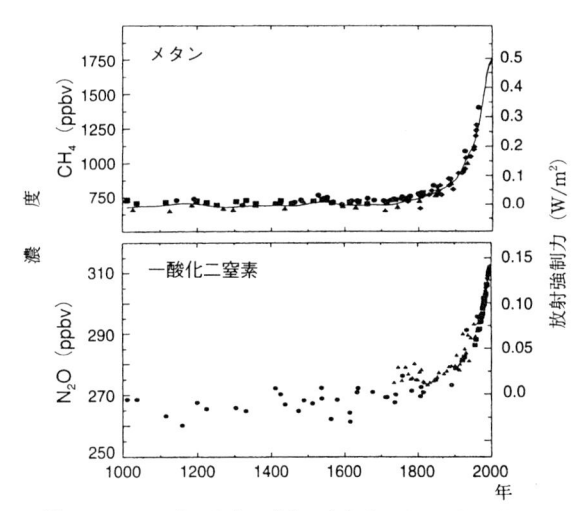

図3.7 メタン（CH_4）と一酸化二窒素（N_2O）の大気中濃度推移
（IPCC, 2001 から作成）

表 3.3 過去 10 年間について推定された大気中 N_2O の発生源と吸収源(秋元ら編,2002)

	推定範囲	推定値
大気濃度の増加(観測値)	3.1 ~ 4.7	3.9
シンク		
成層圏	9 ~ 16	12.3
土　壌	?	?
全シンク	9 ~ 16	12.3
推定全ソース(大気濃度増加と全シンクの和)	13 ~ 20	16.2
ソース		
自然起源		
海　洋	1 ~ 5	3
熱帯土壌		
湿潤森林土壌	2.2 ~ 3.7	3
乾燥草原	0.5 ~ 2.0	1
温帯土壌		
森　林	0.1 ~ 2.0	1
草　地	0.5 ~ 2.0	1
全自然起源(全ソースに占める割合)	6 ~ 12	9(約 60%)
人為起源		
農耕地	1.8 ~ 5.3	3.5
バイオマス燃焼	0.2 ~ 1.0	0.5
工業起源	0.7 ~ 1.8	1.3
家畜排せつ物	0.2 ~ 0.5	0.4
全人為起源(全ソースに占める割合)	3.7 ~ 7.7	5.7(約 40%)
全ソース	10 ~ 17	14.7

単位:Tg N/y

c. 一酸化二窒素(N_2O)

N_2O(笑気ガス)は主な放出源が土壌,海洋,バイオマス燃焼,窒素施肥などで,対流圏ではきわめて安定なガスである(表 3.3).

農業生態系においては,N_2O は微生物活動によって,脱窒と硝化の 2 つの過程で発生する.脱窒作用とは,嫌気条件下で硝酸(NO_3^-)または亜硝酸(NO_2^-)が窒素ガス(N_2)や窒素酸化物(NO,N_2O)に還元される反応である.硝化作用とは,好気条件下で NH_4^+ が NO_3^- に酸化される過程で N_2O が生成する反応である.施肥窒素由来の N_2O はこの経路によることが多い(図 3.8 および 2.4 節参照).

N_2O も CH_4 同様,産業革命以前は 270 ppbv 程度で安定していたが,その後増加し始め,1998 年では大気中濃度は約 314 ppbv であり,1980 年代後半から

硝化作用

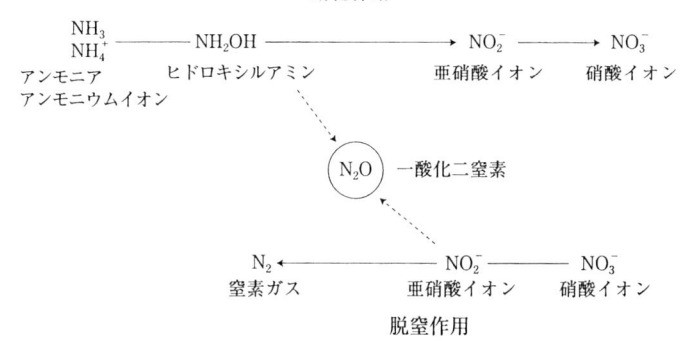

NH_3 / NH_4^+ ――― NH_2OH ―――→ NO_2^- ――→ NO_3^-
アンモニア　　　　ヒドロキシルアミン　　　　亜硝酸イオン　　硝酸イオン
アンモニウムイオン

N_2O　一酸化二窒素

N_2 ←――――― NO_2^- ←―― NO_3^-
窒素ガス　　　　　亜硝酸イオン　　硝酸イオン

脱窒作用

図 3.8　生物圏における一酸化二窒素の生成過程

1990 年代はじめまでの増加率は 0.8 ppbv/年である（図 3.7）．

d. ハロカーボン類

ハロカーボン類とはハロゲン分子が結びついた炭素化合物の総称で，ハロゲンとしてフッ素と塩素を含む CFCs やこれに水素が加わった HCFCs（hydrochlorofluorocarbons），ハロゲンとして臭素が加わったハロン（halon）などがある．これらは冷却媒体，発泡剤，スプレーの噴射剤，洗浄溶剤などとして工業的に生産されている．

ハロカーボン類は成層圏オゾンを破壊する物質として知られているが，温室効果ガスとしても重要である．大気中ではきわめて安定で，対流圏ではほとんど消滅せず，成層圏に達してから波長 210 nm 付近の太陽紫外光を吸収し，光解離によって分解する．

ハロカーボン類の濃度は他の温室効果ガスと比べると極端に低いが，温室効果は CO_2 の 1 万倍以上と大きい．

e. 対流圏オゾン（O_3）

オゾン（O_3）も赤外域に強い吸収帯をもつことから温室効果を示す．地球上の O_3 は大部分が成層圏にあり，対流圏には 10% 以下しか存在しない．対流圏 O_3 の供給源は成層圏からの流入と対流圏での光化学反応による生成である．

バックグラウンドの O_3 濃度は 30～40 ppbv であるが，中緯度域では成層圏からの流入頻度が高い春には 60 ppbv にもなる．また，日射の強い夏には，窒素酸化物と炭化水素類との光化学反応によってさらに高濃度になることがある．

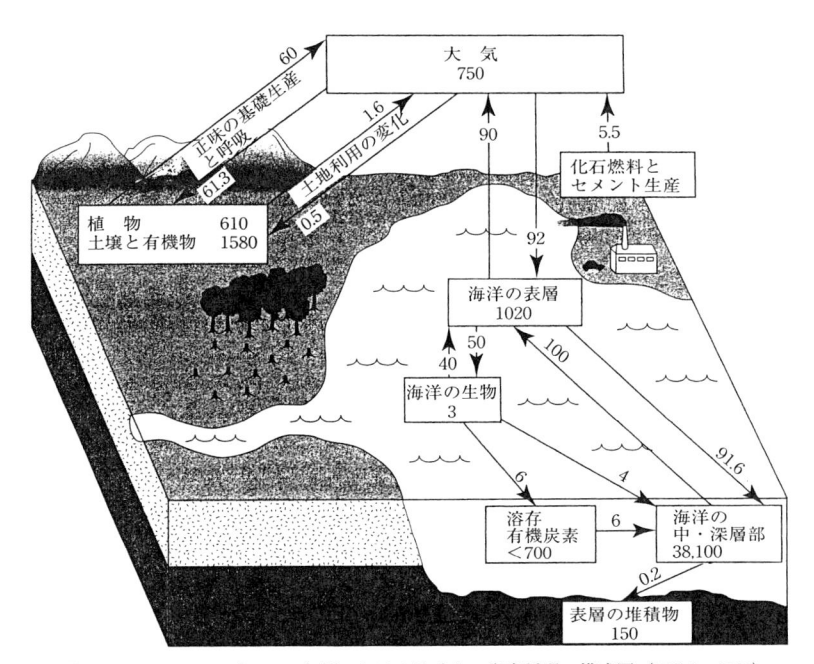

図3.9　1980～1989年の10年間における地球上の炭素循環の模式図（IPCC, 1994）

3.1.4　地球温暖化と炭素循環

　二酸化炭素，メタン，ハロカーボン類などの温室効果ガスの将来予測を考える上で，地球上の炭素循環を明らかにすることは重要である．図3.9に地球上の炭素の存在形態別貯蔵量（GtC）とそれぞれの間の流れ（フラックス：GtC/年）を示した．ただし，これらの値には不確実な部分も多く，確定的なものではないことをことわっておく．

　地球上の炭素の貯蔵量は大気中に750 GtC，海洋には無機炭素として3万9120 GtC，溶存有機炭素と生物体の合計として約700 GtC，陸上生物圏には植物として610 GtC，土壌有機物として1580 GtCと推定されている．また，それぞれの間での炭素交換量は，大きな流れとして海洋と大気間で約90 GtC/年，陸上と大気間で約60 GtC/年の割合で吸収および放出されている．本来はこの自然循環によって炭素循環はバランスがとれているはずであるが，人為起源の炭素放出によって崩れている．すなわち，化石燃料の消費などで5.5 GtC/年，熱帯の森林破壊で1.6 GtC/年が大気中に放出されている．このうち，大気中に残留する炭素は観

測結果から 3.3 GtC/年と算出されているので, 残りの 3.8 GtC/年は海洋と陸上生物圏による吸収ということになる. その内訳は, 海洋による吸収が 2.0 GtC/年, 北半球の森林再生による吸収が 0.5 GtC/年, 陸上生物の基礎生産による吸収が 1.3 GtC/年と推定されている.

3.1.5 温暖化の農業生態系への影響

1995 年に公表された「気候変動に関する政府間パネル（Intergovernmental Panel on Climate Change : IPCC）」の第 2 次評価報告書の中では, 地球温暖化の見通し, 影響などについて, 「2100 年の段階での気候は, 現在に比較して, 気温の上昇は約 1～3.5℃, 海面水位の上昇は約 15～95 cm の範囲に分布している」と報告されている. 合わせて, 温室効果ガスの増加に伴う気候変動による影響について, 植生の変化, 水循環の変化, 海面の上昇, 感染症の増加などの可能性を示唆している（表 3.4）.

表 3.4 地球温暖化の見通し並びにその影響（気象庁, 1999）

気候変動に関する政府間パネル（IPCC）第二次評価報告書

　IPCC により 1995 年 12 月に公表された報告書（第二次評価報告書）によると, 地球温暖化の実態, 見通し, 影響等についての主な結論は次のとおりである.
(1) 地球温暖化の検出
　現在得られる最新の古気候データ, 観測事実, コンピュータによる予測等の研究成果を総合的に比較検討すると, 識別可能な人為的影響が全球の気候に現れていることが示唆される.
(2) 地球温暖化の将来の見通し
　温室効果ガスの他に大気中のエーロゾル（浮遊粒子状物質）の影響等を含んだ地球温暖化の将来見通しが示されている. 二酸化炭素の排出シナリオによる差, 予測モデルの不確実性等を考慮すると, 2100 年の段階での気候の見通しは, 現在に比較して, 気温の上昇は約 1～3.5℃, 海面水位の上昇は約 15～95 cm の範囲に分布している.
(3) 影響評価
　温室効果ガスの増加に伴う気候変動（二酸化炭素に換算して大気中の温室効果ガスの濃度が倍増して平衡状態に達し, 世界の平均気温が 1.5～4.5℃上昇した場合）によって, 次のような影響があると推定した.
・地球の全森林面積の 1/3 で植生に変化が生じ, 植生変化に伴う森林破壊で大量の二酸化炭素が大気中に放出される可能性がある.
・水循環に大きな変化が生じ, 乾燥・半乾燥地域に大きな影響がでる可能性がある.
・熱帯・亜熱帯, 乾燥・半乾燥地域で食料生産量が低下し, 飢饉の危険が増大する.
・地球温暖化に伴い海面が 50 cm 上昇すると, 沿岸で高潮による被害を受ける人が現在の 4,600 万人から倍増する可能性がある.
・生物媒介性の感染症（例えば, マラリア, デング熱, 黄熱病）が増加する可能性がある. 特に, マラリアは温暖化しない場合の患者数の見積もり（約 5 億人）より 5,000～8,000 万人増加する危険性がある. コレラ等の非生物媒介性の感染症も増加する可能性がある.

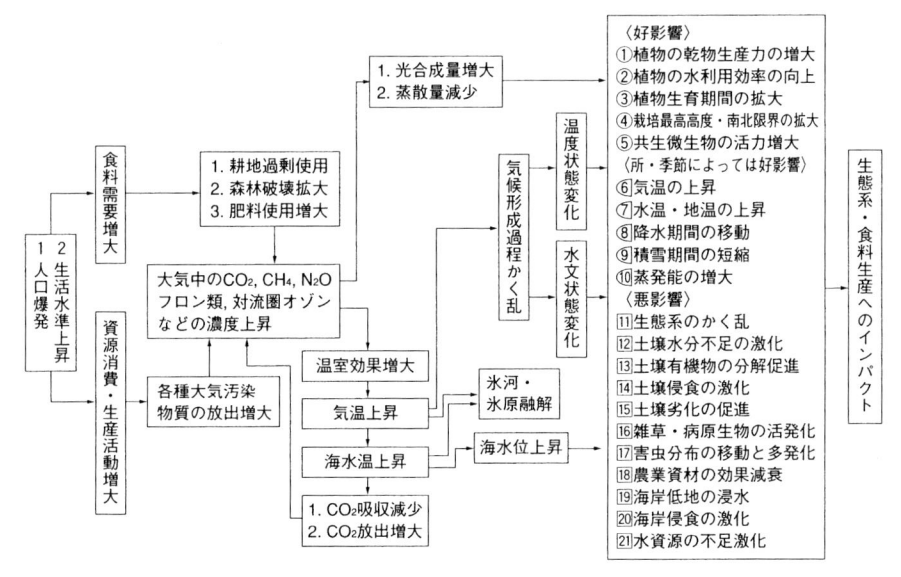

図 3.10 　大気質の変化とそれによる気候温暖化の生態系・食料生産への影響（内嶋，1992）

温暖化が農業生態系に及ぼす影響については，温室効果ガスである CO_2 の濃度上昇による生育・収量への直接的な影響と，気候変化に伴う間接的な影響とがある．温暖化が生態系や食料生産に及ぼす影響の流れを示したのが図 3.10 である．温暖化の農業生態系に及ぼす影響については，① CO_2 濃度の増加に伴う光合成量の増大と蒸散量の減少，② 気温の上昇，③ 水文環境の大幅な変化，の 3 つの観点からみていく必要がある．

a. CO_2 濃度の増加

緑色植物は光合成を行うことにより，空気中の CO_2 を固定して有機物を生産している．その基本的な反応式は

$$CO_2 + 2H_2O \longrightarrow C(H_2O) + O_2 + H_2O$$

で表される．この光合成は CO_2 濃度以外に養水分，光強度，温度，酸素濃度などさまざまな外的要因の影響を受ける．一般に，光合成速度は CO_2 濃度が高くなると増加し，植物の乾物生産も増加する．図 3.11 に示したように，イネの光合成速度は CO_2 濃度が 800 ppmv 近くまでは直線的に増加するが，トウモロコシの場合は 600 ppmv 以上では増加しなくなる．光合成速度が頭打ちとなる CO_2 濃

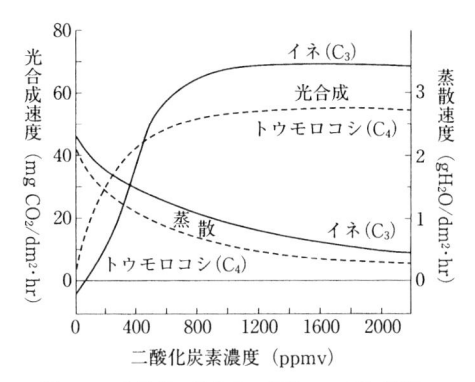

図3.11 作物葉の光合成・蒸散へのCO_2濃度の影響（環境庁，1993）

度をCO_2補償点という．イネ，ダイズ，ムギや樹木などのC_3植物は，CO_2補償点が高く，トウモロコシ，サトウキビ，カヤツリグサ，アワ，ソルガムなどのC_4植物はCO_2補償点が低い．

CO_2濃度上昇に伴う増収効果について，15種類のC_3植物を用いたチャンバー実験では，330 ppmvの標準濃度に対してCO_2濃度倍増条件下（660 ppmv）で，収量は26±9％増加したと報告されている．ただし，この増収効果は窒素，リン酸の肥料を十分与え，さらに気温上昇に伴い増加するとみられる病害虫，雑草の防除を適切に行った結果である．したがって，そのような対応ができない開発途上国では，必ずしもプラスの効果が得られるとは限らない．

一方，蒸散はCO_2濃度上昇によって減少するが，その大きさはC_4植物のトウモロコシの方がC_3植物のイネよりも大きい．これは葉の気孔がトウモロコシの方が急激に閉じるためである．その結果，光合成産物を得るための要水量はC_4植物の方がC_3植物より小さい．C_4植物は土壌水分の不足する半乾燥地でもよく生長すると考えられる．なお，ベンケイソウ科，サボテン科，ラン科などCAM植物に分類される一群の水利用効率はC_4植物よりさらに大きく，乾燥に強いことが知られている（表3.5）．

b. 気温の上昇

温暖化，すなわち気温上昇が農業に及ぼす影響は多岐にわたる．まず，気候帯が極地方向に大幅に移動することにより，多くの作物での栽培北限や森林の北限が北上する．気温上昇は赤道付近よりも極地付近で増大すると予測されるので，

表 3.5 C_3, C_4, CAM 植物の光合成特性および生理生態的，形態的特性の比較（宮地編，1981）

特　性	C_3 植物	C_4 植物	CAM 植物
1. CO_2 固定系	カルビン-ベンソン回路	C_4 回路＋カルビン-ベンソン回路	C_4 回路＋カルビン-ベンソン回路
2. 葉組織の構造	維管束鞘は多く未発達．葉肉細胞は海綿状・柵状2組織に分化する場合もあるが内容同一の葉緑柔細胞からなる．非 Kranz 構造．維管束間距離は大．	よく発達した維管束鞘細胞とそれを放射状に取り囲む葉肉細胞との2種の細胞からなる Kranz 構造．維管束間距離は小．	発達した液胞をもち，葉緑体を均一に細胞質中に分散する1種類の葉肉細胞からなる海綿状構造．
3. 最大光合成能力 ($mgCO_2/dm^2 \cdot hr$)	低い（15〜40）	高い（35〜80）	著しく低い（多くは1〜4）
4. CO_2 補償点（ppm）	高い（40〜70）	低い（0〜10）	暗中（0〜5）24時間（0〜200）
5. 21% O_2 による光合成阻害	あり	なし	あり
6. 光呼吸	高い	低い	低い
7. ^{13}C 比率($\delta^{13}C/^{12}C$, ‰)	低い（-22〜-34）	高い（-11〜-19）	変動する（-13〜-38）
8. 光飽和点	低い（最大日射の 1/4〜1/2）	高い（最大日射以上）	不定
9. 光合成の適温（℃）	低い（13〜30）	高い（30〜47）	広い（〜35）
10. 成長の適温（℃）	低い	高い	広い
11. 耐乾性	弱い	強い	きわめて強い
12. 光合成産物の転流速度	小さい	大きい	—
13. 最大乾物生長率 (maxCGR, $g/m^2 \cdot d$)	低い（19.5±1.9）	高い（30.3±13.8）	
14. 最大純生産量 (t/ha・y)	少ない（22.0±3.3）	多い（38.0±16.9）	変動大
15. 要水量（$g H_2O/g$ 乾物）	大きい（450〜950）	小さい（250〜350）	著しく小さい（40〜150）
16. CO_2 添加による乾物生産促進	大きい	小さい	—

気候帯の移動は高緯度地域で顕著になる．このことから，作物栽培可能域が拡大する，栽培可能期間が長くなるなどのプラスの効果がもたらされる．

一方，気温の上昇により病害虫の発生が激化する，雑草の繁茂が著しくなるなどのマイナスの影響も出てくる．さらに，微生物活動が活発化することにより土壌有機物の分解が促進され，土壌の劣化が加速される．その結果，土壌の化学的・物理的性質が悪化し，生産力が低下する（図 3.10）．

c. 水文環境の変化

温暖化が水文環境に及ぼす主な影響としては，降水量および海面水位の変化が

あげられる．

現在の気候モデルによるシナリオで雨の降り方の変化を予測することは不十分であるが，一般には，温暖化により蒸発量が増加し，降水量も増加するとみられる．また，雨の降り方は豪雨型が多くなると予想されている．モデル（IPCC，1996）によると，中緯度の土壌水分が冬に増加し，夏に減少すると予想される．さらに，豪雨型の雨が増加すると表面流出量が多くなり，雨の利用効率が低下するために，蒸発量の増加と相まって土壌の乾燥が促進される．これらのことから，北半球中緯度の穀倉地帯では干ばつによる減収が心配される．

温暖化の進行に伴い，海洋表面水温が上昇して海水が膨張したり，極地の氷や山岳氷河が溶けることによって海面水位が上昇すると予想される．海面上昇による農業への影響としては，沿岸域の湿地帯や低地帯が水没して，河川デルタ地帯に存在する水田の生産性が低下することや，河川や地下水への海水の侵入により塩害が増加することなどがあげられる．

表3.6 CO_2濃度2倍条件下における作物収量の大循環モデルによる予測（IPCC，1996）

地域	作物	収量変化（％）
ラテンアメリカ	トウモロコシ	−61〜増加
	コムギ	−50〜−5
	ダイズ	−10〜+40
旧ソビエト連邦	コムギ	−19〜+41
	穀類	−14〜+13
ヨーロッパ	トウモロコシ	−30〜増加
	コムギ	増大/減少
	野菜類	増大
北アメリカ	トウモロコシ	−55〜+62
	コムギ	−100〜+234
	ダイズ	−96〜+58
アフリカ	トウモロコシ	−65〜+6
	キビ	−79〜−63
	バイオマス	減少
南アジア	イネ	−22〜+28
	トウモロコシ	−65〜−10
	コムギ	−61〜+67
中国	イネ	−78〜+28
その他のアジア	イネ	−45〜+30
	牧草	−1〜+35
	コムギ	−41〜+65

以上のようなシナリオのもとで，CO_2濃度2倍条件下における作物収量に対する影響について，作物生育モデルによるシミュレーションから得られた予測結果を表3.6に示した．それによると，地域や作物ごとに予測の幅はきわめて大きく，影響評価の不確実性が高いことがみてとれる．これは，影響評価が気候シナリオ，解析方法，国，作物などによって異なるためで，一般的予測がむずかしいことを示している．しかし，地球規模でみた場合の農業生産は，農地面積そのものが大幅に減少しない限り，気候変動が起こらないときの生産レベルを維持できると予想されている．

3.2 オゾン層破壊

3.2.1 成層圏のオゾン層破壊

1974年6月，カリフォルニア大学のRowlandとMolinaはNature誌に「環境中のクロロフルオロメタン類」という論文を発表した．論文の要旨は「フロンガス（クロロフルオロカーボン類：CFCs）が大気中に放出されると，対流圏ではほとんど分解されずにそのまま成層圏まで達し，そこで紫外線によって分解されて塩素ラジカルを放出する．この塩素ラジカルは成層圏のオゾンを連鎖的に破壊するため，オゾンが減少して地表に到達する有害な紫外線量が増加し，皮膚ガンの発生率が増加する可能性があるほか，生態系へも重大な影響をもたらすであろう」というものであった．この仮説は，多くの研究者によるその後の観測や地上実験によって実証された．

フロンによるオゾン層破壊の証拠ともいうべき現象が，南極のオゾンホールの発見である．すなわち，1985年，Farmanら（イギリス）は南極上空で春季のオゾン層の厚みが異常に減少していること，その原因がフロンからの塩素であることを主張した．その後，アメリカのStolarskiらの調査で，南極のオゾン減少が上空の広範囲にわたることが確認された．

a. オゾン層

地球上のオゾン（O_3）量の約90％は成層圏（高度10〜50 kmの大気圏）に存在する．オゾンの分布域は高度25 km付近を中心として成層圏全体に広がっている（図3.12）．対流圏のオゾン濃度は0.02〜0.03 ppmであるのに対して，成層圏のオゾン濃度は0.2〜10 ppmと高い．

この成層圏オゾンは太陽光線に含まれる有害紫外線を吸収し，地上の動植物の生存を可能にするバリヤーとしての役割をもっている．また紫外域の日射を吸収し，熱エネルギーに変換することにより成層圏の大気を暖める役割をもっている．これによって，地球大気は高度 50 km 付近にピークをもつ温度構造となっている（図 3.12）．

一方，対流圏のオゾンは温室効果ガスであるとともに，光化学オキシダントの主成分として動植物に有害な物質であることなどから，成層圏オゾンとは逆に，増加が問題となっている．

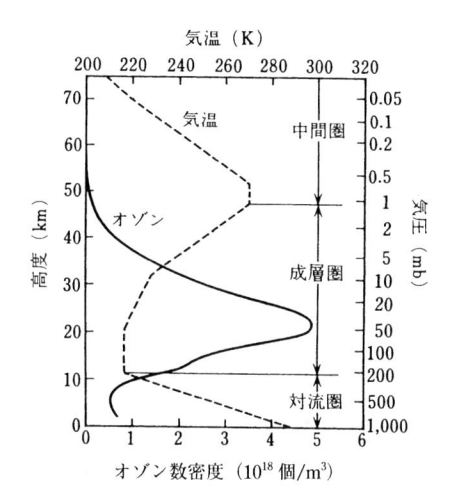

図 3.12 標準的なオゾン層と気温の高度分布（不破，1995）

なお，オゾン量の単位はドブソンユニット（DU）で表す．1 DU は，オゾン全量を 0℃，1 気圧のもとで圧縮したときに，1/1000 cm の厚さに相当するもの（m atm-cm）である．地球上のオゾン全量は，高緯度域で多く，低緯度域で少ない分布を示す．全球平均では約 300 DU であり，1 気圧，0℃の状態にすると約 3 mm の厚さとなる．

b. オゾン層破壊物質

成層圏オゾン層を破壊する主要な物質としては，大気中でとくに分解しにくいクロロフルオロカーボン類（CFCs）があげられる．モントリオール議定書では，CFCs のうちでオゾン破壊能（ozone depleting potential：ODP）の大きなフロン 11，12，113，114，115 の 5 種類を特定フロン（日本ではフルオロカーボンをフロンと呼んでいる）として指定している．この ODP は，オゾン全量を 1% 減らすのに要する物質の重量を，フロン 11 を基準（1.0）として表したものである．

特定フロン以外でもフロン 13，フロン 112 など，炭素数 3 以下の CFCs はすべて規制の対象となっている．また，ハロン（フロンのうち臭素 Br を含むもの）に含まれる臭素の成層圏におけるオゾン破壊力は，1 原子当たり塩素の 30〜120

表 3.7 各種フロンとハロンのオゾン破壊能 (ODP) (環境庁編, 1990)

物質名	化学式	オゾン破壊能	
		モントリオール議定書	モデルによる幅*
フロン 11	$CFCl_3$	1	1
フロン 12	CF_2Cl_2	1.0	0.9 — 1.0
フロン 113	$CF_2ClCFCl_2$	0.8	0.8 — 0.9
フロン 114	CF_2ClCF_2Cl	1.0	0.6 — 0.8
フロン 115	CF_3CF_2Cl	0.6	0.3 — 0.5
ハロン 1211	CF_2ClBr	3.0	2.2 — 2.7
ハロン 1301	CF_3Br	10.0	11.4 — 13.2
ハロン 2402	CF_2BrCF_2Br	—	6.2 (1 例のみ)
四塩化炭素	CCl_4	—	1.1 — 1.2
メチルクロロホルム	CH_3CCl_3	—	0.10 — 0.18
フロン 22	CHF_2Cl	—	0.05 — 0.06
フロン 123	$CHCl_2CF_3$	—	0.015 — 0.028
フロン 124	$CHClFCF_3$	—	0.017 — 0.035
フロン 141b	CH_3CFCl_2	—	0.09 — 0.14
フロン 142b	CH_3CF_2Cl	—	0.05 — 0.07

* 1988 年 10 月 UNEP 会議での報告.
塩素も臭素も含んでいないフロン 125, 134a, 143a, 152a については,その ODP はほぼゼロである.

倍と考えられており,重要なオゾン層破壊物質である.そのうち代表的なハロン 1211, 1301, 2402 を特定ハロンと呼ぶ (表 3.7).

その他のオゾン層破壊物質として,1,1,1-トリクロロエタン (CH_3CCl_3:メチルクロロホルム),四塩化炭素 (CCl_4),臭化メチル (CH_3Br) などがある.臭化メチルは畑の土壌消毒剤や植物検疫燻蒸剤として利用されている薬剤である.さらに,一酸化二窒素 (N_2O) もオゾン層を破壊する物質としてあげられている.

c. 南極のオゾンホール

1980 年代はじめ頃から,南極上空において春季にオゾン全量が減少していることが観測されるようになった.そして,オゾンの減少程度が周囲に比べて大きく,まるでオゾン層に穴があいたように見えることから,これをオゾンホールと呼んでいる.

オゾンホールの規模の経年変化を図 3.13 に示した.上図はオゾンホール (200 m atm-cm 以下) の面積,下図は最低オゾン全量 (観測された最低値) である.オゾンホールは 1980 年代に急激に規模を拡大しており,1992 年以降は継続して大規模となっている.

オゾンホールは通常,南極の春,すなわち 8 月頃から現れ,9〜10 月にかけ

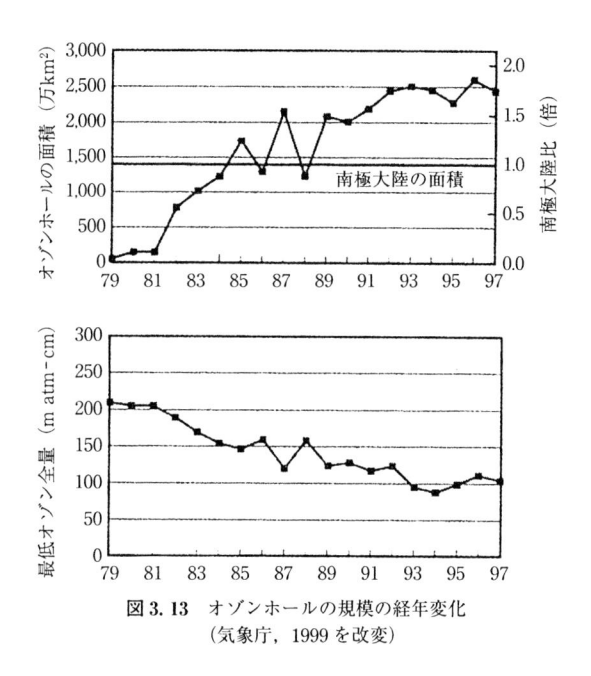

図 3.13 オゾンホールの規模の経年変化
（気象庁，1999 を改変）

て発達し，その後は次第に衰弱し，南極の夏，すなわち 11 月末～12 月に消滅する．前述の Rowland と Molina により提唱されたオゾンの減少は高度 30 km 以上の成層圏上部で起こる反応であるが，南極上空のオゾンの減少は下層の 12～20 km でみられる．

3.2.2 フロンと代替フロン

フロン（flon）は，冷凍機の冷媒用としてそれまで使用されていたアンモニアに代わるものとして，1928 年にアメリカで初めて合成された．それがフロン 12 で，安定性が高く，腐食性がなく，毒性も低いなどの性質をもつ理想的な冷媒であったことから，ただちに工業化された．その後，フロンの用途は冷媒以外にも拡大し，多くの種類のフロンが開発され，生産量も飛躍的に増大した．

フロンとは日本における通称名で，正式にはクロロフルオロカーボン（chlorofluorocarbons：CFCs）という．CFCs は厳密には塩素，フッ素および炭素のみからなるものを指すが，さらに水素を含むものをハイドロクロロフルオロカーボン（hydrochlorofluorocarbons：HCFCs），臭素を含むものをハロン（halon）

表 3.8 代替フロンとして有望な HFCs および HCFCs (環境庁編, 1990 を改変)

コード番号	化学式	沸点 (℃)	寿命 (年)	ODP
HFC-134a	CF_3-CH_2F	−27	8	0
HFC-152a	CH_3-CHF_2	−25	2	0
HCFC-22	$CHClF_2$	−41	16	0.05
HCFC-123	CF_3-CHCl_2	28	2	0.015
HCFC-124	$CF_3-CHClF$	−12	6	0.024
HCFC-141b	CH_3-CCl_2F	32	9	0.03
HCFC-142b	CH_3-CClF_2	14	21	0.03
HCFC-225ca	$CF_3-CF_2-CHCl_2$	51	?	?
HCFC-225cb	$CF_2Cl-CF_2-CHClF$	56	?	?

と呼んでいる．

フロンは，① 熱に対して安定である，② 不燃性である，③ 金属に対して腐食性がない，④ 油に対する溶解性が大きい，⑤ 電気絶縁性が大きい，⑥ 無味，無臭で毒性がほとんどないなどの優れた性質を有している．その主な用途は洗浄溶剤，冷媒，発泡剤および噴射剤である．洗浄剤としては，IC 洗浄，金属洗浄，ドライクリーニングなどにフロン 113 が，冷媒用としては，冷蔵庫やクーラーにフロン 11, 12, 22 が，ポリウレタンフォームなどプラスチック用の発泡剤としてはフロン 11 が，スプレー用の噴射剤としてはフロン 11, 12 が，それぞれ使用される．また，ハロンは消火性能が優れており，対象物を汚染しないことから，コンピュータールームや危険物貯蔵庫などの消火剤として利用されている．

フロンは成層圏オゾンを破壊する物質ということで，1989 年から国際的に生産と消費が規制されている．そのため，フロンに代わる物質が開発されてきたが，フロンのもつ性質を活かすためにはオゾン破壊能のない（少ない）フルオロカーボンを利用せざるを得なかった．それが代替フロンである．表 3.8 に示したように，有望な代替フロンは分子中に水素を含んでいる HCFCs および HFCs (hydrofluorocarbons) で，大気中で分解されやすい性質を有する．

3.2.3 オゾン層破壊のメカニズム

a. 上部成層圏におけるオゾン層破壊

クロロフルオロカーボン類（CFCs）は対流圏ではきわめて安定で長寿命であるため次第に蓄積し，それが徐々に成層圏に移行する．高度 30 km 付近より上部に達した CFCs は波長 200〜220 nm の紫外線によって分解し，生じた塩素原

子（Cl）がオゾンを連鎖反応的に分解する．

$$Cl + O_3 \longrightarrow ClO + O_2 \tag{1}$$

$$ClO + O \longrightarrow Cl + O_2 \tag{2}$$

オゾン（O_3）を分解した後に生じる一酸化塩素（ClO）は成層圏に存在する酸素原子（O）と反応してまた Cl に戻るため，同じ反応を連鎖的に繰り返すことになる．フロンから生成した1個の Cl は成層圏に平均数ヶ月滞留し，数万個の O_3 を破壊すると見積もられている．

b. 下部成層圏におけるオゾン層破壊

当初，下部成層圏では起こらないと考えられていた CFCs によるオゾン層破壊は，南極のオゾンホールの発見によって認められることとなった．

南極の成層圏では，冬になると極渦と呼ばれる極を取り巻く空気の流れが形成される．その内部は外部との空気交換があまりなく，放射冷却によって著しく低温（-80℃以下）になり，極成層圏雲（polar stratospheric clouds：PSC）と呼ばれる硝酸や水蒸気を組成とするエアロゾルからなる雲が，高度 $16 \sim 20$ km 付近に形成される．PSC の粒子の表面では，成層圏でも比較的安定な硝酸塩素（$ClONO_2$），塩化水素（HCl）といったリザボア（貯留成分）の分解が，下記のような不均一反応によって進行する．

$$ClONO_2 + HCl \longrightarrow Cl_2 + HNO_3 \tag{3}$$

$$ClONO_2 + H_2O \longrightarrow HOCl + HNO_3 \tag{4}$$

$$HOCl + HCl \longrightarrow Cl_2 + H_2O \tag{5}$$

春になると，$ClONO_2$ の分解によって生成した Cl_2 や HOCl は太陽光のもとで光解離し，塩素原子（Cl）が生成され，オゾンを分解する（式(1)）．一方，生成した硝酸（HNO_3）は PSC に取り込まれ，窒素酸化物（NO_2）に戻ることができなくなる．すなわち，この反応の正味の結果は，Cl の増加と終結反応に必要な NO_2 の減少による ClOx サイクルの活性化である．

下部成層圏では酸素原子が少ないため，式(2)は有効ではなく，代わって下記(a)，(b)の2つのオゾン消滅反応が機能する．

(a) $ClO + ClO \longrightarrow ClOOCl$

$ClOOCl + h\nu \longrightarrow Cl + ClOO$

$ClOO \longrightarrow Cl + O_2$

$Cl + O_3 \longrightarrow ClO + O_2$

(b) $ClO + BrO \longrightarrow Br + Cl + O_2$
$Cl + O_3 \longrightarrow ClO + O_2$
$Br + O_3 \longrightarrow BrO + O_2$

このようなオゾン分解過程は，夏になり気温が上昇し，PSC の消失に伴って再生される窒素酸化物との反応で，塩素酸化物（ClO）が硝酸塩素（$ClONO_2$）などのリザボアに変換されることで停止する（式(6)）．

$$ClO + NO_2 \longrightarrow ClONO_2 \tag{6}$$

3.2.4 オゾン層破壊と紫外線増加

太陽光線には可視光線ばかりでなく，X 線や紫外線などの波長の短いものから，赤外線や電波のように波長の長いものまで含まれている．また，紫外線は波長によって，UV-A（320～400 nm），UV-B（280～320 nm），UV-C（280 nm 以下）に区分されている（図 3.14）．この太陽からの紫外線は大気中の酸素や水蒸気によっても吸収されるが，とくに 300 nm 以下の波長の紫外線は成層圏のオゾンによってほぼ完全に吸収されるため，地表面に到達するのは UV-A と UV-B の一部である（図 3.15）．

図 3.16 に紫外線領域におけるオゾンと DNA の吸収率を示した．280 nm 以下の UV-C はオゾンによる吸収が非常に強く，オゾン量の変化に関係なく地表面へはほとんど到達しない．また，320 nm 以上の UV-A の放射量はオゾン量の変化にかかわらずほぼ一定である．すなわち，成層圏オゾンの減少に伴って地上への到達量が大きく変動するのは UV-B である．一方，遺伝子の構成物質である DNA（デオキシリボ核酸）は波長 260 nm を中心とした強い吸収帯をもっており，このため紫外線の照射により DNA は破壊される．しかし，オゾンが波長 300 nm 以下の紫外線を吸収するため，地上の生物は生存可能となっているのである．

現在のところ，総オゾン量が 1％減少すると，地表に到達する UV-B は約 2％増加するとされている．その結果，白人では，細胞ガンの発生率が 4～6％増加し，若年層における白内障の患者数が 0.26％増加するといわれている．

図 3.17 は日本国内 4 地点（札幌，つくば，鹿児島，那覇）で観測されたデータで，オゾン全量が少ないと UV-B 量が多くなるという関係がみられる．この条件下では，オゾン全量が 1 m atm-cm 減少すると，UV-B 量は約 0.5％増加す

3.2 オゾン層破壊

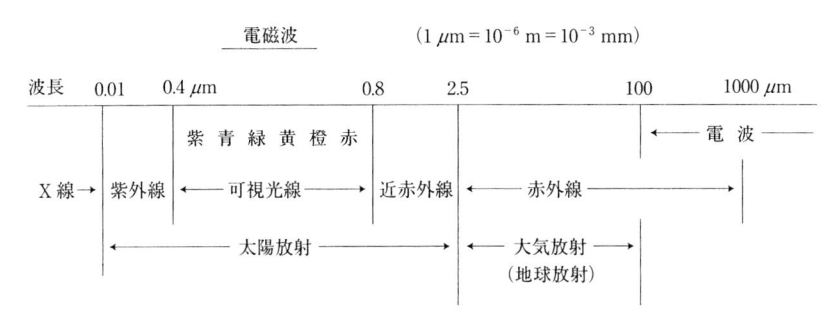

電磁波　　　　　($1\,\mu m = 10^{-6}\,m = 10^{-3}\,mm$)

図 3.14 太陽光線の電磁波スペクトル（太田, 1994）

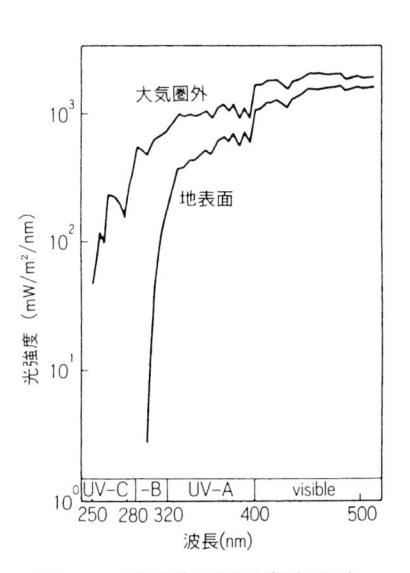

図 3.15 大気圏外および地表面における紫外線の強度（陽, 1995）

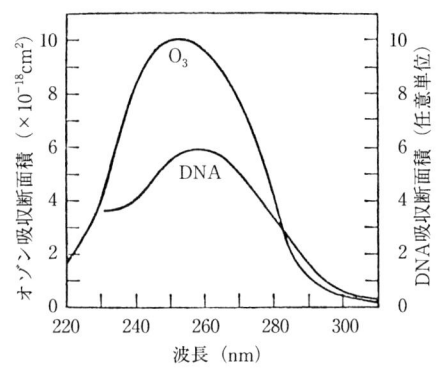

図 3.16 紫外線域におけるオゾン（O_3）とDNAの吸収率（吸収断面積）（島崎, 1989）

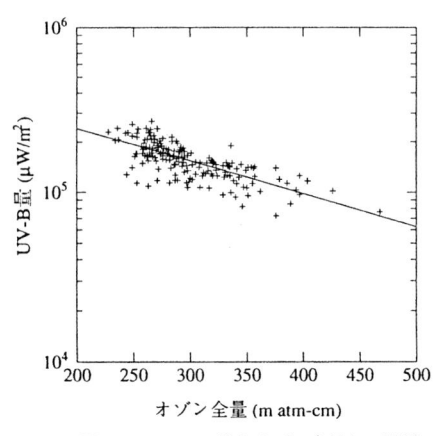

図 3.17 UV-B 量とオゾン全量との関係（気象庁, 1999）

る（オゾン全量1%の減少に対してUV-B量約1.5%の増加に対応する）．

3.2.5 紫外線増加が植物に及ぼす影響
オゾン層破壊に伴って地上に到達する紫外線は，UV-B（280～320 nmの波長域）の放射が特異的に増加する．したがって，ここではUV-Bの影響を主に述べる．

a. UV-AおよびUV-Cの影響
従来，植物の生育にとっては可視域および近赤外域の光だけが重要で，紫外線は有害なものと考えられていた．しかし，UV-Aは作物の生長を促進し，老化を抑制するなど，作物生育に有益な作用を有することが近年，報告されている．一方，UV-Cは生体に対する悪影響が大きく，短時間の照射で葉の表面が光沢化したり，壊死斑点（ネクロシス）が発生することが知られている．

b. UV-B増加の影響
UV-B領域の紫外線増加が植物に及ぼす影響についての試験事例は少ない．実験では，太陽光からの自然光，または可視およびUV-A領域の人工光に加えて，UV-Bランプを用いて照射量を補強することによって，その影響を調べている．

UV-B照射による影響を表3.9に示した．UV-B増加は植物にさまざまな影響を与えるが，その程度は植物種や品種によって異なり，生長が顕著に阻害されるものや，ほとんど影響されないものがある．一般的には単子葉植物に比べて双子葉植物の方がUV-Bに対する感受性は高いとされている．また，C_3植物はC_4植物に比べてUV-Bに対する感受性が高い傾向がみられる．感受性は植物の生育段階によっても異なり，生育が進むにつれて低下する傾向がある．

葉面積： 種々のストレスの場合と同様に，UV-B照射の増大は植物の葉面積を減少させる．

葉重比： 葉面積が減少するとともに，葉重比（葉重/葉面積）で表される葉の厚みが増大する．これはUV-Bに対する一つの適応反応と考えられる．

光合成： 強いUV-B照射により光合成速度が低下する．とくに，可視光が弱い場合は阻害が強く現れ，生長阻害効果も大きい．

UV-Bによる生長（阻害）は他の波長域の光によっても影響を受ける．UV-Aは植物の生長を促進し，可視光はUV-Bの影響を軽減する働きがある．自然条

表 3.9 陸上植物への UV-B 照射量増大の影響（陽編，1995）

植物の反応	影　響
光合成	多くの C_3 と C_4 植物種で減少（弱い可視光量下で）
葉面拡散コンダクタンス	減少（弱い可視光量下で），すなわち，気孔の閉鎖
水利用効率	ほとんどの種で減少
葉面積	ほとんどの種で減少
葉重比（SLW，葉の厚み）	ほとんどの種で増加
作物の成熟速度	影響なし
開　花	阻害あるいは促進
乾物生産と収量	多くの種で減少
植物種間の感受性差異	種間で UV-B に対する感受性に大きな差異がある
品種間の感受性	品種の間で異なった反応を示す
乾燥ストレス感受性	UV-B に対しては植物は感受性が低くなる．しかし，水不足に対する感受性が高まる
養分ストレス感受性	ある種では UV-B に対して感受性が低くなるが，他の種ではより感受性が高まる

これらは室温内での UV-B 照射実験に基づいた結論である．

件下では，植物は UV-B と同時に UV-A や可視光線も受けているため，UV-B の阻害作用はかなり軽減されていると考えられる．

　生物に対する影響は波長によっても異なる．キュウリ第1葉に対する単色光の紫外線照射では，280～290 nm の波長が 300 nm 以上の波長に比べて生長阻害がきわめて大きい（図 3.18）．

c. 紫外線に対する植物の防御機構

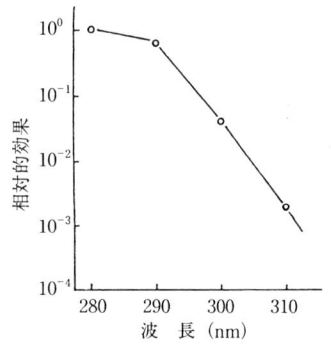

図 3.18　キュウリ第1葉の紫外線による生長阻害の作用スペクトル（近藤，1994）

　植物の体内に存在する紫外線吸収物質，たとえば，フラボノイドやアントシアンは UV-B を吸収して，葉内への UV-B の到達を防ぐフィルターとして作用する．フラボノイドは，植物の表皮細胞の液胞内に蓄積しており，紫外線を吸収して光合成などの重要な機能を有する葉肉細胞を保護する．多くの植物では，UV-B の照射を受けるとフラボノイド含量がただちに増加する．このフラボノイドは可視光をほとんど吸収しないため，光合成にはほとんど影響しないと考えられる．また，細胞内に蓄積しているアントシアン量が増加するにつれて，紫外線に対する細胞の耐性が増加し，紫外線照射後の細胞の生存率が高くなる．

植物に UV-B を照射すると，葉の表面にワックス状物質が蓄積し，光沢化することがある．ワックスは UV-B を吸収しないが，反射する作用があり，これも一種の防御機構と考えられる．

3.3 酸性降下物

3.3.1 酸性降下物とは

酸性雨（acid rain）という言葉を初めて用いたのはイギリスの化学者 R.A.Smith である．彼は 1872 年に出版した著書 "Air and Rain：The Beginning of a Chemical Climatology" の中で，大気汚染によって雨水が酸性化する過程を実証した．しかし，酸性雨がクローズアップされたのは比較的新しく，ヨーロッパや北アメリカで湖沼酸性化や森林衰退，建造物の侵食が問題になった 1970 年代に入ってからのことである．

一般に酸性雨といっても，雨や雪，霧などの形で地表に降り注ぐ湿性沈着（酸性雨）と，大気中でのガス，エアロゾル，粒子状物質がそのまま直接地表に到達する乾性沈着とがある．この湿性沈着と乾性沈着を合わせて酸性降下物としている．乾性沈着の割合は全沈着量の 40～50％になると推定される．

酸性雨に関しては，大気中に存在する 360 ppm の二酸化炭素（CO_2）が純水に溶けて平衡に達した時の水の pH がおよそ 5.6 を示すことから，pH 5.6 以下の雨を酸性雨と呼ぶことが多いようである．しかし，酸性雨問題は単に雨の pH のみで考えてはならない．基準とすべき"汚染のない自然の雨"の pH は地域によって異なる上，同じ pH でも陽イオンと陰イオンのイオン組成や各イオン濃度はさまざまであるので同一に扱うことはできない．すなわち，「pH 5.6 以下が酸性雨である」というような普遍的に通用する基準は存在しないといえる．あえて基準を設けるならば，地域ごとに定める必要があろう．アメリカの NAPAP（国家酸性降下物評価プログラム：National Acid Precipitation Assessment Program）は「本評価においては，"酸性雨"を年平均の pH が 5.0 未満の雨と定義する」とし，個々の降水の pH には触れていない．このように，雨の pH はあくまでも酸性雨に関する一つの目安として考えるべきである．

BOX 7

大気中においた水の pH

　大気中においた純水の pH は決して 7.0 ではない．大気中に存在する約 360 ppm の CO_2 は，水に溶けて炭酸となり酸性を示す．

　CO_2 は水中では次のように解離している．

$$CO_2 + H_2O \xrightarrow{k_1} H_2CO_3 \xrightarrow{k_2} HCO_3^- + H^+ \xrightarrow{k_3} CO_3^{2-} + 2H^+ \tag{1}$$

ここで，それぞれの平衡定数 k は

$k_1 = 2.6 \times 10^{-3}$　　$k_1 \cdot k_2 = 4.5 \times 10^{-7}$
$k_2 = 1.7 \times 10^{-4}$　　$k_1 \cdot k_2 \cdot k_3 = 2.1 \times 10^{-17}$
$k_3 = 4.7 \times 10^{-11}$

である．式 (1) から

$$\frac{[HCO_3^-][H^+]}{[CO_2]} = k_1 \cdot k_2 \tag{2}$$

pH は水素イオン濃度 $[H^+]$ の逆数の常用対数であるから，

$$pH = -\log[H^+] = pk_{12} - \log \frac{[CO_2]}{[HCO_3^-]} \tag{3}$$

　　　ただし，$pk_{12} = -\log(k_1 \cdot k_2) = 6.35$

純水中の $[HCO_3^-]$ 濃度は $[H^+]$ 濃度と等しいので，式 (2) に代入すると

$$[H^+]^2 = k_1 \cdot k_2 [CO_2]$$

となる．すなわち，

$$pH = \frac{pk_{12} - \log[CO_2]}{2} \tag{4}$$

ここで，$[CO_2] = k \cdot P_{CO_2}$

　　　ただし，k：ヘンリー定数
　　　　　　P_{CO_2}：大気中 CO_2 濃度 (360/1000000)

であるから，

$$\log[CO_2] = \log k + \log P_{CO_2} \tag{5}$$

となる．式 (4) と式 (5) から，

$$pH = \frac{pk_{12} + pk - \log P_{CO_2}}{2}$$

$$= \frac{6.35 + 1.42 - (-3.44)}{2} = 5.61$$

　　　ただし，$pk = -\log k = 1.42$ (20℃において)

　以上のような計算により，大気中 CO_2 濃度 360 ppm と平衡する水の pH はおよそ 5.6 と見積もられる．

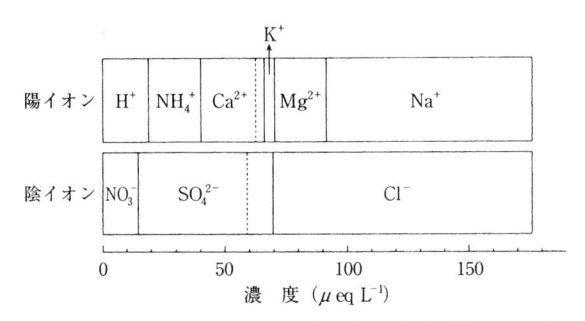

図 3.19 わが国における雨水の平均イオン組成（溝口，1994）

3.3.2 雨水の化学組成

雨はもともと，大気中の水蒸気が雨滴となって地上に落下してきたもので，本来はほとんどイオン成分を含まない蒸留水に近いものである．しかし，大気中の水蒸気が氷晶核や凝結核を中心として雲の内部で雨滴を生成し（rain out），降下する（wash out）過程で，大気中のエアロゾルやガス状物質を取り込むため，雨水中にはさまざまなイオン成分が含まれている．

わが国における雨水の平均的なイオン組成を図 3.19 に示した．雨水中のイオンバランスはこの 9 種のイオン成分でほとんど説明できる．構成イオンのうち，雨水を酸性化させる因子は硫酸（SO_4^{2-}）や硝酸（NO_3^-）であり，それらの酸を中和させる因子としてはカルシウム（Ca）などの炭酸塩やアンモニア（NH_3）などがあげられる．わが国は周りを海に囲まれているため，雨水のイオン組成においては，NaCl のような海水由来の成分の寄与が大きい．また，硫酸イオン（SO_4^{2-}）やカルシウムイオン（Ca^{2+}）は海水由来の部分が無視できない．そこで，雨水中のナトリウムイオン（Na^+）はすべて海水由来であると仮定し，その Na^+ 当量濃度と海水組成を基準として，非海水由来（non-seasalt, nss-と略す）の SO_4^{2-} や Ca^{2+} を推定する方法をとっている．図 3.19 の SO_4^{2-} や Ca^{2+} の点線から左の部分がそれに相当する．

他の測定事例として，千葉県下 3 地点における雨水のイオン組成を図 3.20 に示した．総イオン濃度はいずれの地点も全国平均より低い．また，イオン組成は Cl^-，Na^+ および NH_4^+ の 3 成分で地点間差が大きく，海岸に近い館山で Cl^- と Na^+ 濃度が高い特徴がみられる．

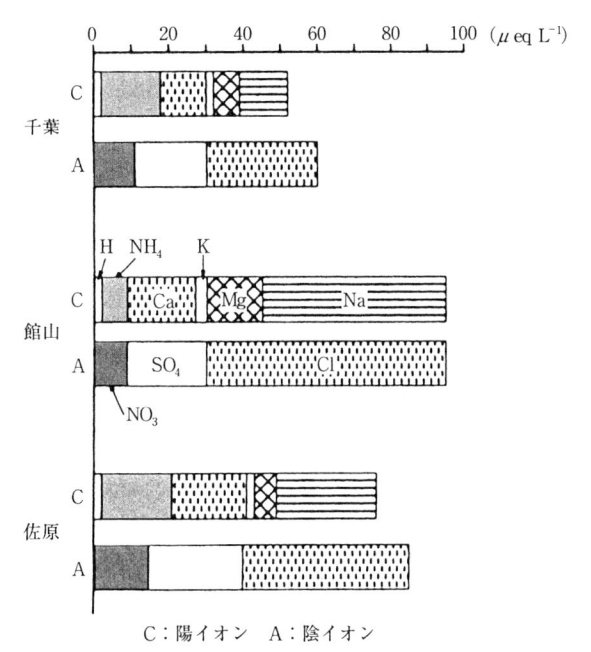

図 3.20 千葉県における雨水のイオン組成（松丸，1997）

3.3.3 酸性降下物原因物質の発生メカニズム

酸性降下物の主な原因物質は大気中の二酸化硫黄（SO_2）や窒素酸化物（NO_x）が水酸ラジカル（・OH）と反応して生成した硫酸（H_2SO_4，SO_4^{2-}）と硝酸（HNO_3，NO_3^-）である．

a. 硫酸の生成

大気中の SO_2 から硫酸（H_2SO_4）への酸化反応は，気相均一系におけるものと液相系におけるものがある．

気相系での反応においては水酸ラジカル（・OH）が酸化剤として重要な役割を担っている．その反応過程の第1段階は下記のような付加反応である．

$$OH + SO_2 + M \longrightarrow HSO_3 + M$$

（多成分の気層内での反応．M は O_2，N_2 など）

得られた HSO_3 からは以下の反応で硫酸が生成する．

$$HSO_3 + O_2 \longrightarrow SO_3 + HO_2$$
$$SO_3 + H_2O \longrightarrow H_2SO_4$$

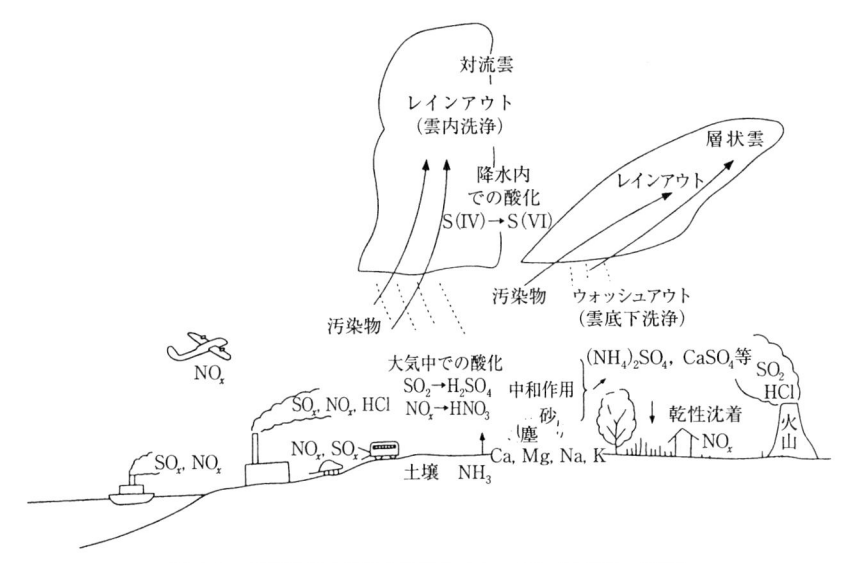

図 3.21 酸性物質の発生や沈着のメカニズム（大喜多，1996）

また，雲や雨のような液相中では，SO_2 は水に溶けて $SO_2 \cdot H_2O$，HSO_3^-，SO_3^{2-} となる．これらは pH 3.5～pH 5.5 の間では 90% 以上が HSO_3^- という陰イオンの形となり，それに過酸化水素（H_2O_2）と H^+ が関与して H_2SO_4 が生成される．

b. 硝酸の生成

大気中における硝酸（HNO_3）の生成反応としては，NO_2 と OH との反応および NO_3 ラジカルと気体有機化合物との反応があげられる．

まず，OH による硝酸の生成は，以下の付加反応による．

$$NO_2 + OH\,(+M) \longrightarrow HNO_3 + (M)$$

日中の硝酸生成は大部分がこの反応によるものである．また，NO_3 ラジカルは次の反応で生成し，

$$NO_2 + O_3 \longrightarrow NO_3 + O_2$$

NO_3 ラジカルは炭化水素やアルデヒド類などの有機化合物と反応することによって，次のように硝酸に転換される．

$$NO_3 + RH \longrightarrow HNO_3 + R$$

なお，NO_2 の酸化については，SO_2 の酸化の場合に比べて，液相の寄与は小さいと考えられている．

大気中で生成した硫酸や硝酸などの酸性物質が，直接森林や建物に沈着（乾性沈着）するとともに，雨水に溶け込んで沈着（湿性沈着）するメカニズムの概要は図3.21に示したとおりである．

3.3.4 わが国における酸性降下物の現況

わが国における酸性降下物の被害は，1971年9月に東京で，1973年6月に静岡や山梨で，いずれも霧雨が降った際に住人らが目や皮膚の痛みを訴える事例が発生したことに始まる．また，1974年7月には，北関東を中心に3万人以上に及ぶ被害が発生した（表3.10）．これらの問題を契機に，1975年，関東地方で酸性雨（当時は「湿性大気汚染」と呼んでいた）調査が開始された．

その後，環境庁（当時）は全国規模の酸性雨調査（第1次酸性雨対策調査）を

表3.10 わが国における酸性雨年表（不破編，1995）

年	主な調査や被害
1936	中央気象台が降水の化学分析を開始
1965	神奈川県・農試，平塚で降水測定
1968	千葉県・市原でナシの結実と降水との関係が問題化
1970	東京，近畿でアサガオの花弁の変色・脱色
1971	東京・代々木駅周辺で霧雨が降り，通行人十数人に被害（9/23）
1972	東京でサツキの花弁が脱色
1973	静岡，山梨で広域的に人体被害発生（6/27）．東京都ならびに気象研，東京で長期測定を開始
1974	北関東で3万人以上の被害発生（7/3）
1975	関東1都6県で湿性大気汚染調査開始（5ヶ年）
1976	WMOのバックグラウンド測定点として岩手県・綾里で降水測定開始
1977	全国公害研協議会，石川県・白山麓など山岳地域で調査
1980	広島県下，8地点で調査開始．九州などで富栄養化調査
1981	群馬県・前橋でpH 2.86の降雨，硝酸イオン：95.3 µg/mL（6/26）
1982	青森県・八戸などで5県の共同調査
1983	環境庁，主に全国14地点で第一次酸性雨対策調査，同時に陸水，土壌についても調査開始（5ヶ年）．新潟県下，131地点で降水調査．静岡県下，75市町村で監視体制
1985	群馬県衛生公害研究所，関口氏が「関東地方における酸性降下物とスギ枯れ」の関係を発表
1986	国立公害研で「雨水の酸性化の実態とその環境影響」のシンポジウム
1987	鹿児島市でpH 2.45の降水が観測される．導電率：1,640 µS/cm（6/15～6/16）
1988	環境庁，国設大気測定所23局で自動測定開始（第二次調査）．国立公害研，赤城山で酸性霧の調査．熊本市公害白書に「デポジットゲージ貯留水のpHの推移」が掲載
1989	環境庁，第一次調査の結果を新聞発表．酸性霧が問題化
1990	環境庁，長崎県・対馬など離島局での常時監視を追加．林野庁，全国1,200カ所で森林調査開始．コンクリートつらら問題化
1991	環境庁，酸性霧調査開始．全国公害研協議会，全国調査開始
1992	環境庁，第二次調査の中間取りまとめを新聞発表（3/30）

1983年に開始した．これが統一した方法を用いて行った，初めての全国規模の雨水水質調査であろう．ただし，この時の捕集装置はほとんどの地点においてろ過式採取法を用いており，湿性沈着と乾性沈着とを区別して捕集してはいない．

わが国における雨水pHの測定事例として，環境省の第3次酸性雨対策調査のとりまとめ結果を図3.22に示した．1993～1997年度の年平均pHは最低が倉橋島（広島県）の4.4，最高が宇部（山口県）の5.9の範囲にあった．各年度の全測定地点平均pHは4.7～4.9で，第2次調査結果（1988～1992年）とほぼ同レベルであった．また，日本海側の測定局で冬季に硫酸イオン，硝酸イオン濃度および沈着量が増加する傾向が認められ，大陸からの影響が示唆された．

3.3.5 酸性降下物の植物への影響

酸性降下物の植物への影響を考える場合，雨水のpHばかりでなく，雨水による湿性沈着とガスやエアロゾルによる乾性沈着の総沈着量も考慮する必要がある．酸性降下物として供給されるSO_4^{2-}やNO_3^-は植物の栄養分となって，生長を促進する場合がある．しかし，樹木では過剰に供給されると他の栄養成分の欠乏症を引き起こすなどして，樹木衰退の原因になるとも考えられる．一方，農作物のような一年生の植物では，酸性降下物の影響はほとんど雨水のpHのみを考えればよいと考えられる．

a. 植物の可視被害

これまで，雨水によりアサガオなどの花弁に脱色斑点が発生した事例は報告されているが，通常の酸性雨により植物の葉に壊死斑点（ネクロシス）などの可視被害が発生した事例はきわめて少ない．

硫酸酸性水を各種農作物に散布した場合の葉被害の発現状況を表3.11に示した．供試した31種の農作物のうち27種がpH 3.0で，23種がpH 3.5で障害が発現し，pH 4.0で発現したのは5種のみであった．酸性水に対する感受性は，概して双子葉植物の方が単子葉植物に比べて高いようであった．

また，46種の樹木に人工酸性雨を散布した場合の，被害の発現状況を表3.12に示した．針葉樹はpH 2.0で11種のうち，ストローブマツを除く10種に可視被害が発現したが，pH 2.5では落葉性のカラマツのみに被害がみられた．また，常緑広葉樹は14種のうち7種，落葉広葉樹は21種のうち14種にpH 3.0で可視被害が発現したが，pH 4.0では被害はまったく発生しなかった．この結果から，

第2次調査及び第3次調査結果

第2次平均[1]／平成5年度／6年度／7年度／8年度／9年度

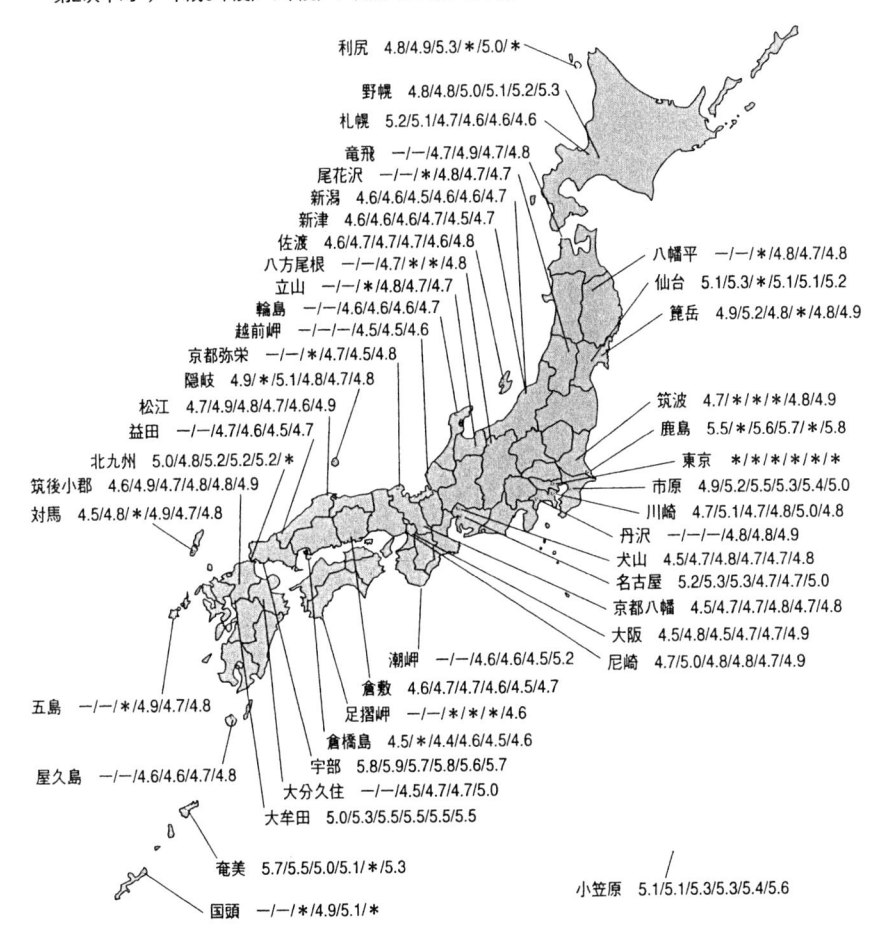

利尻　4.8/4.9/5.3/＊/5.0/＊
野幌　4.8/4.8/5.0/5.1/5.2/5.3
札幌　5.2/5.1/4.7/4.6/4.6/4.6
竜飛　—/—/4.7/4.9/4.7/4.8
尾花沢　—/—/＊/4.8/4.7/4.7
新潟　4.6/4.6/4.5/4.6/4.6/4.7
新津　4.6/4.6/4.6/4.7/4.5/4.7
佐渡　4.6/4.7/4.7/4.7/4.6/4.8
八方尾根　—/—/4.7/＊/4.7/4.8
立山　—/—/4.8/4.7/4.7
輪島　—/—/4.6/4.6/4.6/4.7
越前岬　—/—/4.5/4.5/4.6
京都弥栄　—/—/＊/4.7/4.5/4.8
隠岐　4.9/＊/5.1/4.8/4.7/4.8
松江　4.7/4.9/4.8/4.7/4.6/4.9
益田　—/—/4.7/4.6/4.5/4.7
北九州　5.0/4.8/5.2/5.2/5.2/＊
筑後小郡　4.6/4.9/4.7/4.8/4.8/4.9
対馬　4.5/4.8/＊/4.9/4.7/4.8
五島　—/—/＊/4.9/4.7/4.8
屋久島　—/—/4.6/4.6/4.7/4.8
奄美　5.7/5.5/5.0/5.1/＊/5.3
国頭　—/—/＊/4.9/5.1/＊
八幡平　—/—/＊/4.8/4.7/4.8
仙台　5.1/5.3/＊/5.1/5.1/5.2
箟岳　4.9/5.2/4.8/＊/4.8/4.9
筑波　4.7/＊/＊/＊/4.8/4.9
鹿島　5.5/＊/5.6/5.7/＊/5.8
東京　＊/＊/＊/＊/＊/＊
市原　4.9/5.2/5.5/5.3/5.4/5.0
川崎　4.7/5.1/4.7/4.8/5.0/4.8
丹沢　—/—/4.8/4.8/4.9
犬山　4.5/4.7/4.8/4.7/4.7/4.8
名古屋　5.2/5.3/5.3/4.7/4.7/5.0
京都八幡　4.5/4.7/4.7/4.8/4.7/4.8
大阪　4.5/4.8/4.5/4.7/4.7/4.9
尼崎　4.7/5.0/4.8/4.8/4.7/4.9
潮岬　—/—/4.6/4.6/4.5/5.2
倉敷　4.6/4.7/4.7/4.6/4.5/4.7
足摺岬　—/—/＊/＊/＊/4.6
倉橋島　4.5/＊/4.4/4.6/4.5/4.6
宇部　5.8/5.9/5.7/5.8/5.6/5.7
大分久住　—/—/4.5/4.7/4.7/5.0
大牟田　5.0/5.3/5.5/5.5/5.5/5.5
小笠原　5.1/5.1/5.3/5.3/5.4/5.6

図3.22　わが国における降水中のpH分布（環境省，2002）

—：未測定
＊：無効データ（年判定基準で棄却されたもの）
注1：第2次調査5年間の平均値（欠測，年判定基準で棄却された年平均値は計算から除く）
　2：東京は第2次調査と第3次調査では測定所位置が異なる．
　3：倉橋島は平成5年度と平成6年度以降では測定所位置が異なる．
　4：札幌，新津，箟岳，筑波は平成5年度と平成6年度以降では測定頻度が異なる．
　5：冬季閉鎖地点（尾瀬，日光，赤城）のデータは除く．
出典：環境省・酸性雨対策検討会『第3次酸性雨対策調査とりまとめ』

表 3.11 硫酸酸性雨水と各種農作物の葉被害（日本気象学会，1987）

農作物	pH 処理による被害程度			農作物	pH 処理による被害程度		
	3.0	3.5	4.0		3.0	3.5	4.0
ハツカダイコン	++	+	0	ダイズ	+	+	+
〃	++	+	0	〃	+	+	0
〃	+	+	0	〃	+	+	0
〃	+	+	0	〃	+	+	0
〃	+	+	0	アルファルファ	+	+	0
ビート	+	+	+	レッドクローバー	+	+	0
ニンジン	+	0	0	トマト	++	+	0
マスタードグリーン	++	+	0	キュウリ	++	+	0
ホウレンソウ	++	+	0	ピーマン	++	+	+
フダンソウの一変種	++	+	+	イチゴ	+	0	0
レタス	+	+	0	カラスムギ	0	0	0
〃	+	+	0	コムギ	0	0	0
タバコ	+	+	0	オオムギ	0	0	0
キャベツ	+	0	0	トウモロコシ	+	0	0
ブロッコリー	+	+	0	タマネギ	+	0	0
カリフラワー	++	+	0	フエスク	+	+	0
ジャガイモ	+	+	0	オーチャードグラス	+	+	0
グリーンピース	+	+	0	ブルーグラス	+	+	+
ラッカセイ	+	+	0	ライグラス	+	+	0
				チモシー	+	+	0

++：生育期間中に酸性雨処理により葉被害面積が10%以上を示した植物が供試植物の少なくとも半数以上の場合
+：生育期間中に酸性雨処理により葉被害面積が10%以上を示した植物が半数を超えない場合
0：葉に被害がなかった場合

可視被害を指標にした場合の酸性雨に対する相対的な耐性は

　　針葉樹＞常緑広葉樹＞落葉広葉樹

の順であるとしている．

b. 農作物の生育や収量への影響

　農作物の生育や収量に対する影響をみるためには，人工的に酸性雨を調整し，温室内または野外で散水し，酸性雨の pH と生育・収量との関係を検討する方法がとられている．アメリカの Irving（1985）によると，ハツカダイコンは pH 5.0 〜2.6 の人工酸性雨の散水により，肥大根（下胚軸）の重量が pH が低下するに従って減少し，その減収のいき値は pH 3.4 と 3.0 の間にあった．また，別の人工酸性雨実験では，中間程度の pH 4.5〜3.5 の散水でソルガム，ラッカセイ，ダイズ，コムギ，トウモロコシなどの生長や収量が増加した．これは酸性雨中の硫黄および窒素化合物の肥料効果によると考えられている．

3.3 酸性降下物

表 3.12 人工酸性雨ばく露による樹木の可視被害発現状況（藤田編，1994）

樹　種		pH 5.6	4.0	3.0	2.5	2.0	葉の可視症状
針葉樹							
アカマツ	(2)*	−	−	−	−	＋	葉先の壊死
ウラジロモミ	(3)	−	−	−	−	＋	壊死，落葉
カイヅカイブキ	(1)	−	−	−	−	＋	鱗片葉の褐変壊死
カラマツ	(3)	−	−	−	＋	全落葉	白化
クロマツ	(1)	−	−	−	−	＋	葉先の壊死
サワラ	(1)	−	−	−	−	＋	鱗片葉の褐変壊死
スギ	(3)	−	−	−	−	＋	葉先の壊死
ストローブマツ	(3)	−	−	−	−		短葉化（pH 2.5）
ドイツトウヒ	(2)	−	−	−	−	＋	壊死，落葉
ヒノキ	(1)	−	−	−	−	＋	鱗片葉の褐変壊死
モミ	(2)	−	−	−	−	＋	壊死，落葉
常緑広葉樹							
ウバメガシ	(1)	−	−	−	−	＋	葉縁の壊死
オオムラサキツツジ	(1)	−	−	−	−	＋	葉先の壊死
カナメモチ	(1)	−	−	＋	−	＋	壊死斑
サツキ	(1)	−	−	−	−	＋	葉先の壊死
シャリンバイ	(1)	−	−	＋	−	＋	壊死斑，小葉化
スダジイ	(1)	−	−	−	−	＋	壊死斑
タブノキ	(1)	−	−	−	−	＋	壊死斑
ツバキ	(1)	−	−	＋	−	＋	葉縁の壊死
トキワサンザシ	(1)	−	−	＋	−	＋	葉全体の壊死
トベラ	(2)	−	−	＋	−	＋	葉縁の壊死
ネズミモチ	(1)	−	−	＋	−	＋	壊死斑
マサキ	(1)	−	−	＋	−	＋	壊死斑
マテバシイ	(1)	−	−	−	−	＋	葉縁の壊死
ヤマモモ	(1)	−	−	−	−	＋	葉縁の壊死
落葉広葉樹							
アジサイ	(1)	−	−	＋	−	全落葉	壊死斑
アンズ	(1)	−	−	＋	−	全落葉	壊死斑，穿孔
ウメ	(4)	−	−	＋	＋		壊死斑，落葉
エニシダ	(1)	−	−	−	枯死		壊死斑
ケヤキ	(3)	−	−	−	＋		壊死斑，小葉化
コデマリ	(1)	−	−	−	−	＋	壊死斑
コナラ	(3)	−	−	＋	＋	＋	葉縁の壊死，壊死斑
シラカンバ	(3)	−	−	−	＋	全落葉	葉縁の壊死，落葉
ソメイヨシノ	(1)	−	−	＋	−	全落葉	壊死斑，穿孔
トウカエデ	(3)	−	−	−	＋	全落葉	葉縁の壊死，壊死斑
ドウダンツツジ	(2)	−	−	＋	枯死		褐色壊死斑
トネリコ	(3)	−	−	＋	＋		壊死斑
ドロヤナギ	(3)	−	−	−	＋		葉縁・葉脈の壊死
ハナミズキ	(2)	−	−	＋	−	全落葉	壊死斑，葉縁の壊死
ブナ	(3)	−	−	＋	＋	＋	葉縁の壊死，壊死斑
ミズナラ	(3)	−	−	＋	＋		葉縁の壊死，壊死斑
ミヤギノハギ	(1)	−	−	＋	枯死		壊死斑
ムラサキハシドイ	(1)	−	−	−	全落葉		壊死斑
ヤシャブシ	(1)	−	−	−	−	＋	壊死斑点，小葉化
ヤマザクラ	(4)	−	−	＋	＋		壊死斑，落葉
ユリノキ	(3)	−	−	＋	＋		壊死斑

−：可視障害なし，＋：可視障害あり．降雨量：20 mm（2.5 mm/hr × 8hr）/回 × 3 回/週
*ばく露期間：(1) 1991 年 7～10 月，(2) 1992 年 4～6 月，(3) 1993 年 4～6 月，(4) 1993 年 7～9 月．

わが国における細野ら（1992）による人工酸性雨散水試験では，ハツカダイコン，インゲンマメ，ホウレンソウの生育や収量は，pH 3.0以上では葉面積や個体乾物重に有意な影響はみられず，pH 2.5〜2.7で初めて生育や収量が減少した．

一方，アメリカ合衆国では1980年に，国家酸性降下物評価プログラム（National Acid Precipitation Assessment Program：NAPAP）が開始され，この中では降水排除可動シェルターフィールドが用いられた．これは，感雨センサーによって降水を感知すると，即座に圃場の上にシェルターが移動して屋根がかかり，自然の降水を排除するとともに，その降水量に見合った人工酸性雨を散水する，という装置である．この装置を用いて行われた試験では，トウモロコシ，ダイズ，コムギ，カラスムギ，ジャガイモ，タバコ，インゲンマメ，牧草は通常の酸性雨レベル（pH 3.8〜4.5）では，pH 5.6のコントロールの降水と比較して生育・収量の減少はまったくなく，かなり低いpHの酸性雨（pH 3.0〜3.8）でも収量減少はほとんどなかった（図3.23）．

以上のように，農作物生産に対する酸性雨影響に関しては，雨水のpHが3よりも低下して初めて影響が現れることから，現在の環境レベルのpH 4台ではほとんど影響を及ぼさないと考えられる．

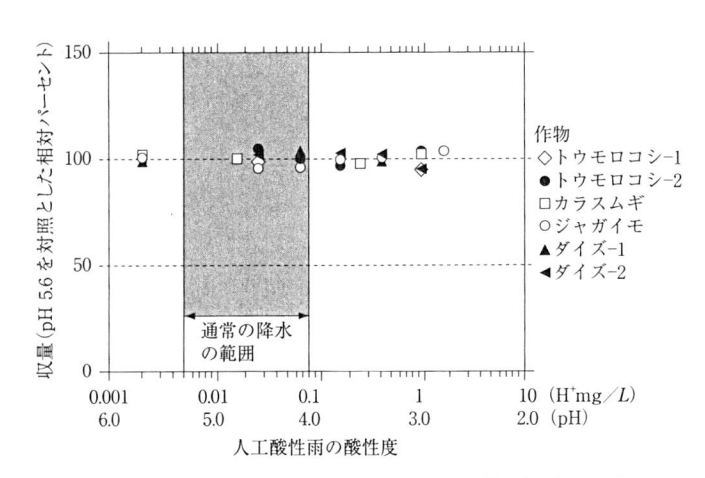

図3.23 主要な作物の収量に及ぼす人工酸性雨の影響（不破，1995）

3.3.6 酸性降下物の土壌への影響

土壌に酸性降下物が乾性沈着や湿性沈着の形で負荷されると，酸性降下物は土壌によって中和されるが，土壌自身は酸性化することになる．すなわち，土壌の酸性化とは土壌がもつ酸中和能が減少することである．

土壌による酸性降下物の中和メカニズムは表3.13に示したように，無機的な非生物的反応と，土壌微生物が関与する生物的反応とに大別できる．非生物的反応には，① 炭酸塩の溶解，② 交換性塩基と降下物中の H^+ との陽イオン交換，③ OH基と降下物中の SO_4^{2-} との配位子交換，④ 土壌鉱物の化学的風化があるが，中和反応の主体は②と④である．

土壌粒子は一般的には負荷電に帯電し，各種の陽イオンを静電的に吸着している．土壌中に H^+ イオンが増加すると，交換性塩基（Ca^{2+}，Mg^{2+}，Na^+，K^+）の溶脱を引き起こし，土壌には交換性Hが増加する．溶脱の起こりやすさは土壌の種類や浸透水量によって異なる．浸透水量が増加すると，水の加水分解や炭

表3.13 土壌による酸性雨の中和メカニズム（藤田編，1994）

非生物的反応

① 炭酸塩
$$CaCO_3 + 2H^+ \longrightarrow Ca^{2+} + CO_2 + H_2O$$

② 交換性塩基（Ca^{2+}，Mg^{2+}，K^+，Na^+）
$$\boxed{土壌}-Ca^{2+} + 2H^+ \longrightarrow \boxed{土壌}\!\!<\!\!{}^{H^+}_{H^+} + Ca^{2+}$$

③ 表面OH基
$$\boxed{土壌}\!\!<\!\!{}^{Al-OH}_{Al-OH} + SO_4^{2-} \longrightarrow \boxed{土壌}\!\!<\!\!{}^{Al}_{Al}\!\!>\!\!SO_4 + 2OH^-$$
$$2H^+ + 2OH^- \longrightarrow 2H_2O$$

④ 一次鉱物の化学的風化（カリ長石 $\longrightarrow$ カオリナイトの例）
$$2KAlSi_3O_8 + 2H^+ + 9H_2O \longrightarrow 2K^+ + 4H_4SiO_4 + Al_2Si_2O_5(OH)_4$$
　　カリ長石　　　　　　　　　　　　　　　　　　　　　カオリナイト

生物的反応

⑤ 硫酸還元
$$SO_4^{2-} + 2H^+ + 2CH_2O \longrightarrow H_2S + 2CO_2 + 2H_2O$$

⑥ 脱窒
$$4NO_3^- + 4H^+ + 5CH_2O \longrightarrow 2N_2 + 5CO_2 + 7H_2O$$

酸からの酸の供給が増加し，交換性塩基がより多く溶脱する．

交換性塩基とH^+イオンとの交換が進行し，土壌の交換性Hがある程度以上に増加すると，粘土鉱物の破壊とその一部の溶解によってAl^{3+}が生じ，交換性Alが現れる．交換性Alの増加は交換性Hとともに土壌酸性化の主要な要因である．

高濃度の交換性Alは植物の生育不良を招き，Al^{3+}は根の細胞分裂やCa, Pの吸収や転流を阻害する．一方，生物的反応については硫酸還元や脱窒への影響があるが，量的な評価は明確になっていない．

土壌酸性化のしやすさは土壌の種類によって異なる．ヨーロッパや北アメリカで酸性降下物の影響を強く受けている地域の多くは土層が薄く，陽イオン交換容量や緩衝力の小さい，ポドゾル化した土壌である．日本の土壌では，関東地方以北に多く分布している低地土や黒ボク土は緩衝力が大きく，強い耐性をもつと評価されているが，西南日本に広く分布している褐色森林土や赤黄色土は耐性が中〜弱いことから注意が必要であろう（表3.14）．なお，大羽（1990）は耐性区分の異なる数種類の土壌を用いて，酸性雨の土壌影響を室内実験で調べたところ，pH 4.0の酸性雨が継続して降下したならば，10〜40年で土壌中のAlが溶出し，植物に強い害作用を及ぼす濃度に達すると報告している．

なお，農耕地では肥料の形で多量の酸性物質が土壌に添加されており，一方では，土壌の酸性化は石灰などの施用で日常的に防止されているため，評価の対象から除外してよいと考えられる．

3.3.7 森林衰退とその原因
a. 森林衰退の実態

1970年代初頭，旧西ドイツでヨーロッパモミやドイツトウヒに，これまでみられなかった葉の黄化や落葉症状を伴った衰退現象が現れ始めた．1978〜1981年には，中部ヨーロッパ，スカンジナビア半島南部，イタリア北部，バルカン半島の一部，ヨーロッパ東部のほぼ全域で衰退が確認され，衰退樹種はモミ，ヨーロッパアカマツ，ブナにも及んでいた．ヨーロッパの中で最も衰退が激しいのは旧チェコスロバキア，ポーランドおよび旧東ドイツで，とくにこれらの国境地帯は"黒い三角地帯"といわれるほど衰退が激しく，森林はほとんど壊滅的な状況にある．衰退木の特徴は，主に成熟木でみられる生長量低下と組織異常生長の両

表 3.14 土壌の種類からみた土壌酸性化耐性区分（環境庁，1990）

耐性	土壌の種類（土壌統名）	特　徴
強	グライ土	脱窒反応，硫酸還元などの生物的緩衝能が強く，河川等から塩基の供給を受け塩基飽和度が高い．
	レンジナ様土	石灰質土壌で遊離炭酸塩を含み弱アルカリ性である．
	テラ・ロッサ様土	炭酸塩に富む岩石上の暗赤色土でB層以下の塩基飽和度が高い．
	テラ・フスカ様土	石灰質土壌で遊離炭酸塩を含まず微酸性〜中性である．
	グルムソル様土	塩基性の火成岩等に由来し，塩基に富む．
	チョコレート褐色土	塩基飽和度とくにマグネシウム飽和度が高く微酸性を示す．
	灰色低地土	グライ土に比べて還元の程度は弱いが，ほぼ共通の性質をもつ．
	褐色低地土	塩基交換容量，塩基飽和度が高くかなり高い緩衝能をもつ．
	停滞水グライ土	緩衝能はグライ土より低い．
	黒ボク土	腐植に富みアロフェン質の土壌で，一般的に塩基飽和度は低いが，塩基交換容量は大きい．陰イオン交換容量をもち，酸吸着能力がある．
中	褐色森林土	酸性または弱酸性であるが，新鮮な岩片を含み，斜面上方からの塩基の供給も考えられる．
	準黒ボク土	腐植に富むがアロフェン質ではない．
	ポドゾル性土	粗腐植が厚く堆積した酸性の強い土壌であり，酸性雨がこの土壌のpHを低下させる可能性は小さい．
	集積水田土	無機質土壌で塩基交換容量，塩基状態からみて緩衝能は中程度である．
	灰色化水田土	無機質土壌で塩基交換容量，塩基状態からみて緩衝能は中程度である．
	黄褐色森林土	塩基交換容量，塩基飽和度は褐色森林土より低いが緩衝能は中程度である．
弱	火山放出物未熟土	軽石が主要な構成粒子であり塩基交換容量，塩基飽和度，有機物含量が低い．
	未熟黒ボク土	風化が進んでおらず黒ボク質A層をもたない．
	泥炭土	きわめて強酸性で，腐植酸を多く含む．
	赤黄色土	pH 5 に近く，塩基飽和度，有機物含量が低い．
	擬似グライ土	pH 5 前後で強酸性であり，塩基交換容量も大きくなく表層の塩基飽和度は低い．
	固結岩砕土	塩基交換容量が小さく，塩基飽和度，有機物量が少ない．
	非固結岩砕土	塩基交換容量が小さく，塩基飽和度，有機物量が少ない．

者で，標高の高い地域で著しく発生している．

　北アメリカでは，アパラチア山脈の山岳地帯で，アカトウヒなどの衰退が1960年代から認められている．症状は異常落葉，枝や梢端の枯損で，樹齢と関係なく発生している点がヨーロッパの場合と異なる．また，カリフォルニア州ではポンデローサマツやジェフリーマツ，アメリカ東部ではストローブマツなどの衰退がみられる．マツの衰退の特徴は針葉の白斑，生長率の低下などで，いずれも大気汚染，とくにオゾンの影響が指摘されている．カナダでは南東部のケベック州を中心としてサトウカエデの衰退が近年急速に進み，大きな社会問題となっ

ている．衰退の特徴は葉の変色，異常落葉，枝の枯損などである．

わが国では関東・甲信地域や関西・瀬戸内地域など都市周辺平野部のスギ，神奈川県丹沢山系や福岡県宝満山のモミ，栃木県日光の白根山を中心とした地域のダケカンバ・シラビソ，群馬県赤城山のシラカンバ・ミズナラ，丹沢山系や富士山のブナなどの衰退が報告されている．

スギの衰退は大都市周辺で 1960 年代から注目され始め，当時は二酸化硫黄による大気汚染が原因と考えられていた．しかし，その後に二酸化硫黄汚染レベルは極端に低下したにもかかわらず，衰退範囲が徐々に拡大し，1985～1986 年の調査では関東平野全域にまで広がっていた．

表 3.15　樹木衰退の原因についての諸仮説（藤田編，1994）

① 酸性雨・酸性霧説
　　酸性雨，酸性霧が葉に直接的に影響を及ぼす．
② 土壌酸性化説
　　酸性雨・酸性霧の沈着によって土壌が酸性化し，植物に有害な Al^{3+} が溶出して根の生長や養・水分の吸収を抑制する．
③ Mg 欠乏説
　　土壌酸性化によって Mg が溶脱することによって，欠乏状態となる．
　　最近では，NH_4^+，NO_3^- の沈着量が増加したため，Mg の吸収が阻害されていると考えられている．
④ オゾン説
　　光合成を抑制することによって生長が抑制される．
⑤ オゾン＋酸性雨・酸性霧説
　　オゾンが光合成を抑制するとともに，酸性霧が表皮構造を壊すため蒸発散量が増加し，乾燥ストレスの影響を受けやすくなる．
⑥ オゾン＋凍霜害説
　　オゾンが光合成を抑制するため，糖分が十分蓄積できず，耐寒性が低下し，凍霜害の影響を受けやすくなる．
⑦ オゾン＋乾燥ストレス説
　　オゾンの影響と乾燥ストレスの複合影響．
⑧ SO_2 説
　　光合成の抑制によって生長が抑制される．
　　植物体に大量に吸着した S を降雨が洗浄するため，土壌に S が大量に負荷され，土壌の酸性化が起こる．
⑨ SO_2＋オゾン説
　　SO_2 とオゾンの複合影響によって生長が抑制される．
⑩ ［SO_2＋オゾン］＋乾燥ストレス説
⑪ NOx 説
　　N 沈着量の増加により，植物体が過剰に生長するため，耐寒性が低下する．
⑫ NOx＋オゾン説

b. 森林衰退の原因

前述のように，世界各国で森林の衰退現象が確認され，当時は酸性降下物原因説が取り上げられたが，現在のところ，原因は特定されていない．

欧米における森林衰退の原因については，酸性雨の直接的影響，土壌の酸性化の影響，二酸化硫黄（SO_2）の影響，オゾンの影響，気象要因，とくに異常乾燥の影響，およびこれらの複合影響など種々の説があげられている（表 3.15）．

森林衰退の主要因としてあげられている原因は地域によって異なっている．影響の強い順に，北アメリカでは① オゾン，② 大気由来の窒素化合物の過剰供給，③ 窒素酸化物，二酸化硫黄などの大気汚染ガス，西ヨーロッパでは① オゾン，② 酸性降下物の沈着，③ 窒素酸化物，二酸化硫黄などの大気汚染ガス，東ヨーロッパでは① 二酸化硫黄や窒素酸化物などの大気汚染ガス，② オゾン，③ 酸性降下物の沈着と説明されている．このように，北アメリカや西ヨーロッパではオゾン説が有力で，東ヨーロッパでは高濃度の二酸化硫黄が樹木衰退の直接的要因と考えられており，酸性降下物は要因の一部にあげられている程度である．

一方，わが国における森林衰退の原因は特定されていないが，大気汚染ガス（とくにオゾン），酸性降下物，窒素化合物降下量の増加に伴う要素欠乏，水ストレスなどが要因としてあげられている．

4. 水圏環境の化学

地球上には全体でおよそ14億km³の水が存在するといわれているが,その約97％が海水であり,淡水はわずか3％にすぎない．この淡水も,大部分は南極や北極地域などの氷として存在しており,私たちの身の周りにあって使える水,すなわち地下水や河川水,湖沼水は,地球上の水の約0.8％にすぎない．この中で地下水は,河川水などの表流水に比べて圧倒的に多く90％以上を占めている．科学的な視点からは,「水」は実に特異な性質をもった物質である．私たちは生活のさまざまな場面でこの特殊な性質を利用しているし,地球上のすべての生物が生きていけるのも,地球という惑星がいまある姿で存在できるのも,すべて「水」が重要な役割を担っているからである．

4.1 水の特性

水はいろいろな点で他の物質とは異なっている．それは異常といっていいほど特徴的である．この水の異常さ(特殊性)は,水の分子がもつ極性分子と水素結合という2つの特徴によって,水だけに与えられた特質である．水分子の特別な構造に,これに起因する水分子どうしの結合の特殊性が加わることで水のさまざまな性質が決定される．

a. 水分子の構造

水は水素原子(H)2個と酸素原子(O)1個からなる化合物でH_2Oという分子式で表示される．水素原子は,1個の原子核とその周りを回る1個の電子から構成されている．この電子の回る軌道(K殻)の定員は2個なので,水素原子では電子が1個欠員の状態である(図4.1)．一方の酸素原子では,1個の原子核の周りを8個の電子が取り巻いている．8個のうち,2個は内側の定員2個のK殻を回り,残りの6個は2番目の軌道(L殻)を周回している．L殻の定員は8個なので,2個欠員の状態である(図4.1)．

4.1 水の特性

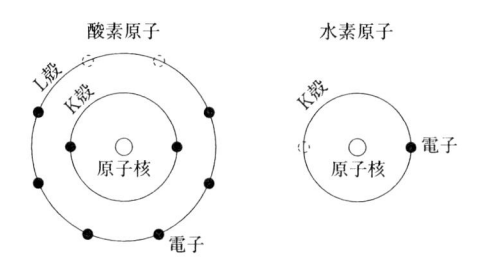

図4.1 水素原子および酸素原子の構造

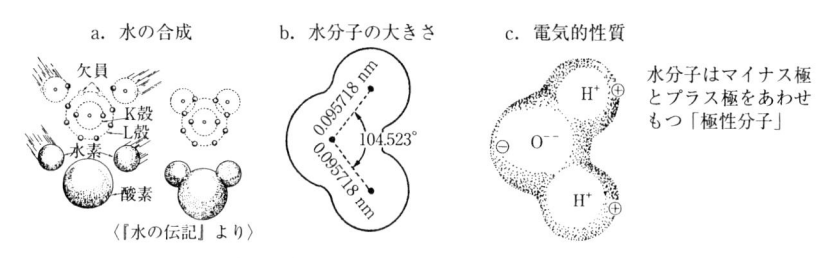

図4.2 水の合成, 水分子の大きさおよび水分子の電気的性質

　水素原子と酸素原子とから水が合成される様子は, 以下のとおりである. 水素も酸素もお互いの電子の欠員を, 電子を共通にもち合うことによって補っている. この電子を共有する結合を共有結合と呼ぶ. 酸素原子の欠員電子の場所が偏在しているので, 共有結合する水素原子は, 酸素原子に対して斜めに, すなわちコブのように結合すると考えられており, 両者の結合の角度 (H−O−Hの結合角) は, 約105°である (図4.2.a, b).

　酸素原子は2つの水素原子との共有結合で電子の欠員を満たしているが, 共有結合に使われていない電子2対 (図4.2.aのL殻下方の4個) はO−Hの結合方向とは反対側にあり, 水分子の尻 (酸素側) に電子が2対張り出した形となっている. 電子は電気的にマイナスを帯びているので, 水分子の酸素側はマイナスとなる. 一方, 水素原子は, 電子が酸素原子との共有結合に使われるので, 原子核が飛び出したような形となる. 水素の原子核は電気的にプラスなので, 水分子の水素側はプラスとなる. このように, 水分子は, 酸素側がマイナスの極, 水素側がプラスの極となる (図4.2.c). マイナスとプラスの2つの極をあわせもつ分子を極性分子と呼ぶ. 水分子は典型的な極性分子である.

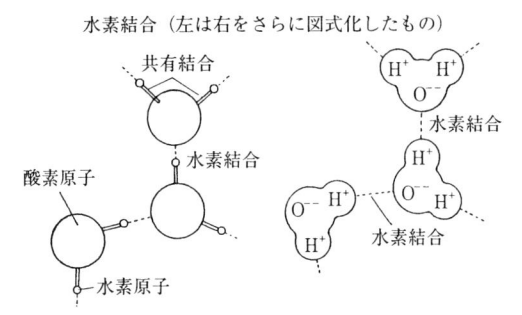

図 4.3 水分子の水素結合

b. 水分子の大きさ

仮想的な平衡状態における H−O−H の結合角は 104.523 ± 0.05°，結合距離は 0.095718 ± 0.0003 nm である．仮想的な平衡状態としたのは，水分子が絶えず振動や回転を繰り返し，結合角や結合距離が変化しているからである（図 4.2.b）．

c. 水素結合

水や氷の中のたくさんの水分子どうしは，水素結合と呼ばれる，共有結合よりも弱い結合で結びついている．すなわち，水分子のマイナス極（酸素原子）が別の水分子のプラス極（水素原子）と結合する．このようにして水分子どうしがつながってクラスターと呼ばれる構造を作っている（図 4.3）．氷は，水分子どうしが強固に結合したものであり，水は，氷の水素結合のところどころが切れたものであり，水蒸気は，水素結合が切れて水分子が単独でバラバラになったものである．

d. 水の特性

(1) 氷が水に浮かぶわけ　普通ほとんどの物質は，冷却により収縮し，重量が増加するが，水は違う．水における温度と体積は，図 4.4 に示される関係にある．すなわち，4℃までは温度の低下に伴い体積が減少（収縮）するが，温度がさらに低下すると逆に体積は増加に転じ，0℃では急激な体積の増加（急膨張）を起こし氷に変わる．この急膨張により，体積は一挙に 1/11 増加する．これは比重が 1/11 軽くなることを意味しており，氷山が体積の 1/11 だけ水面上に出て浮いているのは，この理由による．厳冬期の水道管の破裂や岩石の風化もこの体積の膨張が原因である．

この一連の変化をみていくと，まず，温度の低下に伴い水の分子運動が減少す

るため体積は収縮する(図4.4).一方,水分子どうしを結合させている水素結合の数は,温度の低下に伴い増加する(図4.5).すなわち,水素結合で結合している水分子の数が増加する.水分子どうしが水素結合で結合すると,分子間に隙間が形成され,体積が膨張する.温度を低下させていくと,分子運動の減少による収縮と水素結合による膨張が同時進行するが,4℃までは収縮が強く出るため,全体として収縮する.4℃で体積は最小となり,4℃以下になると,水素結合の増加による膨張の方が強くなり,一転して水は膨張を始める.さらなる温度の低下に伴って水素結合は増加し膨張が進行し,0℃になると水素結合により強固に結び合わされた氷が誕生する.水分子の結合角,双極(プラスとマイナス)の位置により水素結合の方向が限定されているため,水分子どうしの結合により形成される氷にはどうしても隙間(空洞)が形成されてしまう.この空洞が氷の

BOX 8

メタンハイドレート

メタンなどの比較的小さな分子の疎水性物質は,水分子が水素結合で形成する構造の隙間に入り込む形でわずかに水に溶解する.この状態の水溶液を冷却あるいは加圧すると,真水より高い温度で凍結し,クラスレート水和物(包接水和物)と呼ばれる特殊な形態の結晶を形成する.

クラスレート水和物は,水分子が水素結合により形成する12面体(疎水性物質1分子を含む)2個と14面体6個の計8個からなる結晶と,12面体16個と16面体8個からなる結晶の2種類が主であり,前者にはメタンのような小さな疎水性物質が,後者にはプロパンなどのより大きな分子が入れる.

メタンのクラスレート水和物はメタンハイドレート(methane hydrate)と呼ばれ,世界各地の永久凍土地帯(ロシア,アラスカなど)やオホーツク海,北米東海岸,中米付近などの深海の堆積物中に存在しており,"燃える氷"と呼ばれ,エネルギー資源として期待されている.1999年に実施された石油公団の掘削により,メタンハイドレートが東海沖の南海トラフ陸側斜面に存在することが確認された.試算では,わが国の近海に計7兆 m^3 が存在するとされている.わが国はメタンハイドレート開発研究で世界の先駆けとなっている.

メタンハイドレートはエネルギー資源として期待されているが,地球の温暖化などが原因で大量に溶解すると,一気に噴出し,地震や地滑りの原因となるおそれがある.また,メタンは温室効果ガスであるため気温上昇の原因となるおそれも指摘されている.

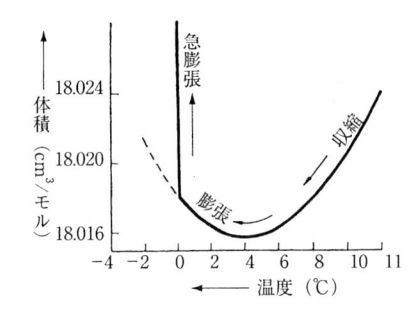

図 4.4　水における温度と体積の関係

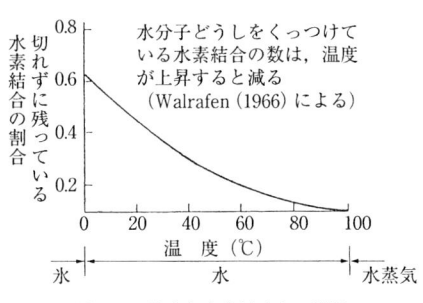

図 4.5　温度と水素結合との関係

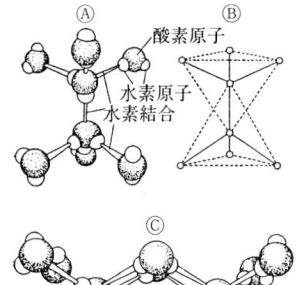

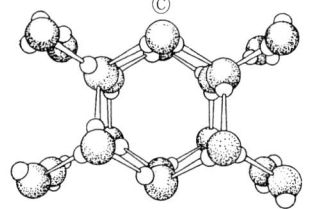

図 4.6　氷の結晶と氷の構造

氷の結晶形は一般に四面体の構造である。水素結合の方向が限られているので，結晶に空洞ができる。
〈『水の伝記』より〉

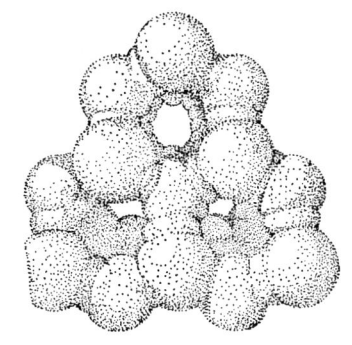

氷の構造：空洞の連なりにより隙間がみえる．（氷Ⅰ）
〈『水の構造と物性』より〉

体積を 1/11 だけ大きくする原因である（図 4.6）．

セ氏（℃）という温度の単位は「1 気圧のもとで，水の凍る温度を 0℃，沸騰する温度を 100℃」と決められている．

(2) 水は氷にも水蒸気にも変わる　水（液体）を冷却すると氷（固体）になり，沸騰させると水蒸気（気体）になる（固体・液体・気体を物質の三態という）．水以外の物質は簡単に状態を変えられない．たとえば，鉄（固体）を液体に変える（液化）には 1500℃ の高温が必要であり，気体に変える（気化）には 3000℃ の高温が必要である．酸素は普通の条件下（常温・常圧）では気体であるが，こ

図 4.7 水の熱容量

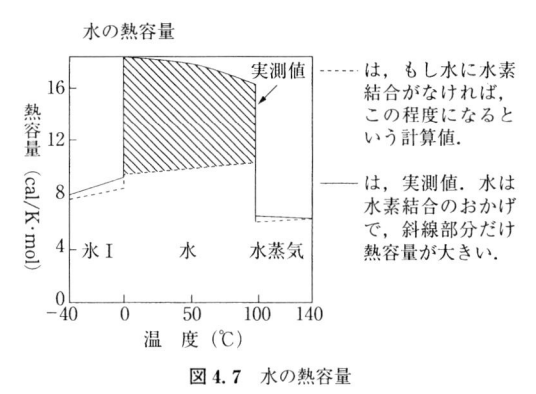

れの液化には$-183℃$の低温が必要であり，固体酸素の生成には$-219℃$が必要である（青白色の結晶）．このように水以外の物質は，3つの状態をとるために天然には存在しない極端な状態を必要とするが，水は普通の温度・圧力（常温・常圧）の範囲で三態に変化しうる．

(3) 暖まりやすく冷めにくい　砂漠は，日中の酷暑と夜間の低温が示すように，非常に暖まりやすく冷めやすい．水がないことがその原因である．水分のない砂は，熱を蓄える能力（熱容量）が小さいので容易に暖まりすぐ冷える．一方，水は熱容量がきわめて大きく，大きな温度上昇を伴わないで大量の熱を吸収し，冷えるときはゆっくりと熱を放出する．日本列島が温暖なのは，湖沼，河川，植物，大気などに豊富に存在する水が日中の太陽熱をゆっくり吸収し，夜間ゆっくり大気中に放出するためである．この性質のおかげで，気候が温暖に保たれている．

水がきわめて大きな熱容量をもつことにも水素結合が関与している．図4.7は水の熱容量を示すもので，実線は実験室で実際に測定した値（実測値），破線は水に水素結合がないと仮定して計算した計算値である．水は水素結合により斜線部分だけ熱容量が大きくなっている．

(4) あらゆる物質を溶かす　水はあらゆる物質を溶かす．「雨が降る」ということは，水の雨粒が雨雲を離れて地上に落下する間に，空気中の物質を溶解して落下してくるということであり，「川が流れる」ということは，雨水が地表面を流れ，さまざまな物質をさらに溶解しながら流れているということであり，「川が海に注ぐ」ということは，雨水と河川水が溶解してきた多数の物質が海に

表 4.1 降水の化学組成（管原, 1963）

元素名	元素記号	存在量
ナトリウム	Na	1.1
カリウム	K	0.26
マグネシウム	Mg	0.36
カルシウム	Ca	0.97
ストロンチウム	Sr	0.011
塩素	Cl	1.1
ヨウ素	I	0.0018
フッ素	F	0.089
硫酸-硫黄	S	1.5
ケイ酸-ケイ素	Si	0.83
鉄	Fe	0.23
アルミニウム	Al	0.11
リン酸-リン	P	0.014
モリブデン	Mo	0.00006
バナジウム	V	0.014
銅	Cu	0.00083
亜鉛	Zn	0.0042
ヒ素	As	0.0016

単位：mg/L
『水-生命のふるさとより』

表 4.2 海水の化学組成（塩分 35‰）

原子番号	元素名	元素記号	存在量 (g/kg)
1	水素	H	107.2
2	ヘリウム	He	7.2×10^{-9}
3	リチウム	Li	1.7×10^{-4}
4	ベリリウム	Be	6×10^{-10}
5	ホウ素	B	0.00445
6	炭素	C	0.028
7	窒素	N	6.7×10^{-4}
8	酸素	O	859.4
9	フッ素	F	0.0013
10	ネオン	Ne	1.2×10^{-7}
11	ナトリウム	Na	10.77
12	マグネシウム	Mg	1.29
13	アルミニウム	Al	1×10^{-6}
14	ケイ素	Si	0.0029
15	リン	P	8.8×10^{-5}
16	硫黄	S	0.904
17	塩素	Cl	19.35
18	アルゴン	Ar	6.4×10^{-4}
19	カリウム	K	0.391
20	カルシウム	Ca	0.412
21	スカンジウム	Sc	$< 4 \times 10^{-9}$
22	チタン	Ti	1×10^{-6}
23	バナジウム	V	1.9×10^{-6}
24	クロム	Cr	2×10^{-7}
25	マンガン	Mn	4×10^{-7}
26	鉄	Fe	3.4×10^{-6}
27	コバルト	Co	3.9×10^{-7}
28	ニッケル	Ni	6.6×10^{-6}
29	銅	Cu	9×10^{-7}
30	亜鉛	Zn	5×10^{-6}
31	ガリウム	Ga	3×10^{-8}
32	ゲルマニウム	Ge	6×10^{-7}
33	ヒ素	As	1.3×10^{-5}
34	セレン	Se	9×10^{-8}
35	臭素	Br	0.0673
36	クリプトン	Kr	2.1×10^{-7}
37	ルビジウム	Rb	1.2×10^{-4}
38	ストロンチウム	Sr	0.0081
39	イットリウム	Y	1.3×10^{-8}
40	ジルコニウム	Zr	2.6×10^{-8}
41	ニオブ	Nb	1.5×10^{-8}
42	モリブデン	Mo	1.0×10^{-5}
43	テクネチウム	Tc	
44	ルテニウム	Ru	7×10^{-10}
45	ロジウム	Rh	
46	パラジウム	Pd	
47	銀	Ag	2.8×10^{-7}
48	カドミウム	Cd	1.1×10^{-7}
49	インジウム	In	4×10^{-9}
50	スズ	Sn	8.1×10^{-7}

1‰（パーミル）= 1000 mg/L

流入するということである．つまり，海はあらゆる物質の「たまり場」ということになる．表 4.1 は，1963 年のわが国の降水に含有される元素の種類と存在量を示したものであり，表 4.2 は，海水の化学組成を示したものである．降水中の元素については約 40 年前のデータであるが，1963 年時点と比較すると，その後の工業や自動車交通の発達と分析機器の発達により，さらに多数の元素が雨とともに降下しているものと考えられる．

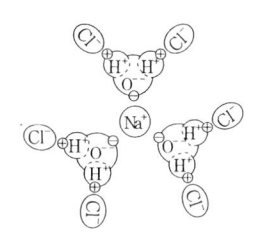

図 4.8　食塩の溶解機構
極性分子である水分子によって，食塩のナトリウムイオンと塩素イオンは引き離され，ナトリウムイオンは極性分子のマイナス極へ，塩素イオンはプラス極へと引き寄せられる．こうして食塩は水に溶ける．

食塩を例に水が物質を溶解する現象を考えると，食塩（NaCl）は，ナトリウムイオン（Na^+）と塩素イオン（Cl^-）が互いに引き合って結合（イオン結合）している．食塩を水に入れると，Na^+ イオン（電気的にプラス）は，極性分子である水分子のマイナス極，つまり酸素原子側に引きつけられる．食塩の Cl^- イオン（電気的にマイナス）は，水分子のプラス極（水素原子の側）に引きつけられる．極性分子がイオンを引きつける力の方が食塩自身のイオン結合の力よりはるかに強いため，食塩の Na^+ と Cl^- は次々に引き離される．つまり，食塩がどんどん水に溶けるのである（図 4.8）．このように，水は極性分子であるため，食塩に限らず，ほとんどあらゆる物質を溶かすのである．

こうした水の物質溶解能力こそ，太古の海水中で種々の有機物質をもとに，生命が誕生した原動力であるし，またこれによって植物は水に溶解した栄養物を根から吸収できるのである．

(5) きわだつ水の表面張力　　表面積を最小にしようと収縮する性質が表面張力である．水は，水銀に次いで液体第 2 位の表面張力をもつ．アメンボやミズスマシが水上を走るのも，1 円玉や針が浮くのも表面張力による．表面張力も水素結合が作り出している．

水の表面では，水分子が下からだけ他の水分子から引っ張られることになり，表面に並んだ水分子はお互いにさらに密接に結合しようとする．これが表面張力である．この水表面の 1 分子の厚さの引っ張る力は，鋼と変わらない強さであり，直径 2.5 cm の純粋の水の円柱を引きちぎる（表面張力に打ち勝つ）には，1 t の重さが必要である．やかんの水が沸騰するとき水が動き回っているが，これは熱

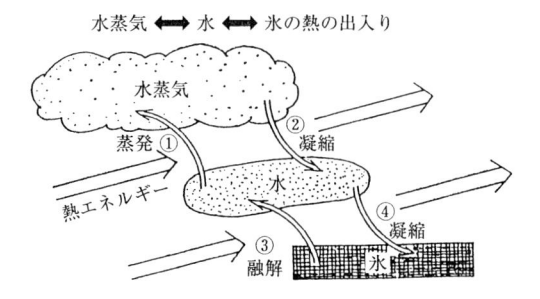

図 4.9 水の三態変化に伴う熱の収支

① 水が水蒸気になるには，水分子どうしを結合させている水素結合を全部切断して水分子をバラバラにしなければならない．このために大量のエネルギーが必要である．それが気化熱である（図 4.7 斜線部分）．
② 水蒸気が水になるには，水蒸気中のバラバラの水分子が水素結合で結合しなければならないが，このプロセスで熱が発生する．
③ 氷が水になるときには，水素結合を多少切断しなければならないので熱エネルギーを必要とする．
④ 水が氷になるときには，水分子どうしを結合させている水素結合が増える際にエネルギーが放出される．

で水素結合が切断され，自由になった水分子の泡が，表面張力を突き破ろうとして暴れている姿である．

(6) 凍ると熱を出す 水は，水蒸気に変化する過程（蒸発）で熱を必要とする．つまり熱を吸収する．水 1 g が蒸発し終わるのに必要な熱（蒸発熱）は，539.4 cal であり，ベンゼンの 94.3 cal，アセトンの 124.5 cal よりはるかに大きい．水蒸気が水になる過程（凝縮）においては，蒸発とは逆に，水蒸気は熱を放出して水となる．氷が水になる過程（融解）においては，熱が必要とされる．水の融解熱は 1 g 当たり 79.7 cal であり，ベンゼンの 30.3 cal，アセトンの 23.4 cal より大きい．水が氷になる（凍る）過程では熱を放出する．これも水分子どうしをしっかりと結合させる水素結合が増える（凍る）際にエネルギーが放出されるからであり，水 1 g 中の水素結合エネルギーは約 333 cal である．

水の三態変化に伴う熱収支を示したのが図 4.9 である．このように，水は水蒸気 ⇔ 水 ⇔ 氷と状態を変える間に一定の熱の収支を行う．

(7) 物を濡らす 水は接触する物質を濡らす性質をもつ．これは水の水素結合が原因である．水がガラスを濡らす場合を例にとると，極性分子である水分子のプラス極（水素原子核）が，ガラスの表面を構成する酸素原子と水素結合を形

成する．これが濡れることの正体である．このように，水は相手の表面に酸素原子が存在すれば，何でも濡らすことができる．

4.2 水質と水生生物

　水中に生息している生物は水質の影響を受けるため，水質のいかんによって，そこで見出される生物が異なっている．それゆえ，任意の水域に生息する生物を調査することによって水質の程度を推定できる．このことを利用したのが生物学的水質判定である．

BOX 9

超臨界水

　圧力を高くすると水の沸点も高くなるが，ある圧力以上では沸騰そのものが起こらなくなる．この圧力を臨界圧力（218気圧，22.1 MPa），そのときの沸点に対応する温度を臨界温度（374℃，647 K）と呼び，この両者で決まる臨界点以上の高温高圧の水のことを超臨界水（Super Critical Water）と呼ぶ．超臨界水は，気体と自由に混ざり，常温では水と混ざり合わない有機物とも自由に混ざる特徴をもつ．さらに高温高圧のために水そのものが反応性に富み，このことを利用して超臨界水中で有機物を分解ガス化する超臨界水ガス化や，同じく超臨界水中で有害物質を酸化分解する超臨界水酸化の技術が研究・開発されている．

　超臨界水中に有機物をおくと，有機物は高温のため分解し，また周囲の反応性に富んだ水によってさらに分解が進行するため，迅速に低分子化され最終的には気体にまで分解される．これを利用して，従来エネルギーとして用いられていなかった汚泥やふん尿などを可燃ガスとして利用しようとする研究が進められている．

　通常は水と混ざらない空気や油も，超臨界水とは完全に混ざり合う．このことは，超臨界水の中では空気と油も完全に混ざり合った状態が作れることを意味している．完全に混ざり合った均一な相の中では，酸化反応はきわめて迅速かつ完全に進行するため，これを利用して有害な化学物質を分解することが可能である．このように超臨界水を反応場として有機物を酸化分解するプロセスを超臨界水酸化という．操作条件を設定すれば，ほとんどの有機物が完全に二酸化炭素と水にまで分解されることが確認されており，PCBを含むダイオキシン類を処理するのに有効な技術として法令でも認められている．反応温度は通常600℃以上，圧力は 25～35 MPa 程度が用いられる．

4.2.1 水質と水質指標

水質とは，水に何かが溶け込んだ水の状態を指す．特異な物質については，無次元量である ppm (part per million) が用いられることもあるが，多くは mg/L などの濃度で表記される．すなわち，水質値とは単位水量に対する混入汚濁量で定まる値といえる．

水質を表す水質指標には，総括指標と個別指標がある．BOD（生物化学的酸素要求量：biochemical oxygen demand）や COD（化学的酸素要求量：chemical oxygen demand）は，有機性汚濁の指標として用いられるが，特定有機物群による汚れを示してはいない．一方，SS（浮遊性固形物：suspended solid）は，水中に浮遊している固形物の総量を示すが，その構成物の情報を示すものではない．つまりこれらは，ある定められた測定手法で計測できる質（ときには量）を総括的に表記したものであるため，総括指標といわれる．これに対する指標として個別指標がある．たとえば，水銀やカドミウムなどの重金属類などは典型的な個別指標である．

これらのほかに，人の五感で感知される感覚指標（味，臭気など），大腸菌群，植物プランクトン，水生昆虫，魚類などの生物を指標とする生物指標，有害物，有毒物，発ガン性物質などについての安全指標がある．表4.3に総括指標の例として，水質環境基準生活環境項目とその属性を示した．

4.2.2 水域における有機物の生産と分解

a. 生 産

水域における有機物の生産の大部分は植物プランクトン（藍藻類を含む藻類）が担っており，藻類は光合成により無機炭素から有機物を生成（一次生産）する（式 (1)）．

$$HCO_3^- + H_2O + h\nu \longrightarrow \underset{\text{有機物}}{(CH_2O)} + O_2 + OH^- \tag{1}$$

この過程には，窒素やリンなどの栄養塩が必要であり，一般水域における藻類生育の律速因子は窒素とリンであるとされている．有機物生産を示す式 (1) に，窒素とリンを加味すると，有機物生産は次の式 (2) で示される．すなわち，リン 1 g および窒素 7.2 g を摂取して藻類（有機物）が 115 g（乾燥重量）生成される．

4.2 水質と水生生物

表 4.3 水質に関する属性（代表的指標）

項 目	属 性
水素イオン濃度 (pH)	水の酸性，アルカリ性の強さを示す値で，pH = 7.0 は中性，pH > 7.0 はアルカリ性，pH < 7.0 は酸性．天然水の pH は，地下水・河川水・湖沼 = 5.6～7.8，海水 = 8.2～8.4，雨・雪 = 4～6 である．
浮遊物質量 (suspended solid：SS)	浮遊物質（懸濁物質ともいう）は，ろ過したときに試料から分離される物質であり，分析には 2 mm のふるいまたは金網を通過した排水を検水として用いる．これが多いと水が濁り，著しく美観を損なうので環境基準の重要な項目となっている．
生物化学的酸素要求量 (biochemical oxygen demand：BOD)	水中の分解可能な有機物が，好気性微生物によって分解され，安定化するために，一定時間内に消費される酸素の量をいう．普通 5 日間に消費される酸素の量を mg/L で表す．この数値が大きければその水中には腐敗性物質が多量に含まれていることを意味する．
化学的酸素要求量 (chemical oxygen demand：COD)	酸化剤を使って水中の酸化可能性物質を酸化するときに消費される酸化剤の含む酸素量を mg/L で表したものである．通常 100℃ における過マンガン酸カリウムによる酸素消費量で示す (COD_{Mn})．
溶存酸素量 (dissolved oxygen：DO)	水中に溶存している酸素量．DO の高いことは水の清浄を意味し，低いことは汚濁を意味する．清浄な水は有機物も少ないのでこれを分解して酸素を消費しながら増殖する生物も少ない．逆に，汚濁水は水中の有機物を栄養源とする生物が酸素を消費しながら有機物を分解して増殖するために DO は減少する．DO の供給は大気との接触によるものと藻類の行う光合成による供給がある．なお，DO は温度に反比例する．
大腸菌群数 (Coli‐form group)	大腸菌群数は水の汚染指標として世界各国で用いられている．わが国でも，水質環境基準生活環境項目や水道法水質基準などで，これを汚染指標の細菌としている．大腸菌群は人間や動物の腸管内に存在することからし尿やし尿を含む下水中に大量に存在する．したがって，これの存在しない水は細菌学的に安全なことを示し，増加は汚染の程度の増大に大体比例していることなどが大腸菌群を汚染指標とする長所とされている．
n‐ヘキサン抽出物質（油分等） (normal hexane extract)	油分による水質汚濁の現象として鉱物油による異臭魚，海苔の被害等があるが，通常，油分が水の表面に浮遊していると不快感を生じさせるばかりでなく，空気が水に溶け込むことを妨げる．

環境庁水質保全局水質規制課編：公害と防止対策，水質汚濁（上），白亜書房，pp. 6‐10（1973）から作成．

$$106HCO_3^- + 106H_2O + 16NH_3 + H_3PO_4 + h\nu \longrightarrow$$
$$(CH_2O)_{106}(NH_3)_{16}H_3PO_4 + 106O_2 + 106OH^- \qquad (2)$$

水域で窒素とリンの濃度が上昇して，水表面において藻類が 1000 固体/mL 以上となり，顕著に水が着色され，水の華と呼ばれる現象が生じることがある．このような状態（富栄養化現象）は，淡水赤潮，赤潮，アオコなどとも呼ばれ，種々の水質障害が生じるが，これには，有機物と浮遊物質の増加に伴うものと藻

表 4.4 主な水質障害と藻類

水質障害	主な関連藻類
淡水赤潮	けい藻類：*Asterionella* 渦べん毛藻類：*Gymnodinium*, *Peridinium* 黄金藻類：*Uroglena*
アオコ	藍藻類：*Anabaena*, *Microcystis*, *Aphanizomenon*, *Nodularia*, *Oscillatoria*
赤　潮	けい藻類：*Skeletonema* 渦べん毛藻類：*Gymnodinium*, *Noctiluca*, *Heterosigma*, *Gonyaulax* ラフィド藻類：*Chattonella*
水道水の異臭味	藍藻類：*Oscillatoria*, *Phormidium*, *Anabaena*
毒性物質	藍藻類（神経毒）：*Microcystis viridis*（ミクロシスチン）， 　　　　　　　　　*Anabaena flos-aquae*（アナトキシン） 渦べん毛藻類（魚貝毒）：*Alexandrium*（麻痺毒），*Dinophysis*（下痢性毒）， 　　　　　　　　　　　*Gonyaulax*（サキシトキシン，麻痺毒）

宗宮　功・津野　洋：環境水質学，8.2.3 藻類，コロナ社，p.163（1999）および渡辺　信：図説環境科学，1.1.2 アオコ，朝倉書店，p.6（1994）から作成．

類の生成する特殊物質によるものがある（表4.4）．浮遊性有機物質による水質障害には，着色，透明度の低下，深水層での溶存酸素の枯渇，浄水操作でのろ過障害などがあり，特殊生成物質によるものには，ジオスミンや2-メチルイソボルネオールによる水道水のかび臭，サキシトキシン（貝毒物質）などの毒性物質による水産被害や利水障害がある．

b. 分　解

自然界における細菌群の役割は，有機物の分解者としてのそれであり，生物の遺体や排せつ物，それらの分解有機物を酸化分解してエネルギーを得るとともに，生産者が利用できる無機化合物に変換している．この過程に関与する細菌群は，化学合成有機酸化従属栄養性細菌群である．

(1) 好気性条件下における分解　　水域に負荷された有機物は，これらの細菌群により，好気性条件下では，溶存酸素を用いて酸化分解される．グルコースおよびグルタミン酸を例にとると以下のように示される．

$$C_6H_{12}O_6 + 6O_2 \longrightarrow 6CO_2 + 6H_2O \tag{3}$$

$$C_5H_9O_4N + 4.5O_2 \longrightarrow 5CO_2 + 3H_2O + NH_3 \tag{4}$$

グルコースおよびグルタミン酸の1gを酸化するのに，1.07gおよび0.98gの酸素が消費される．化学合成有機酸化従属栄養性細菌の場合で，細菌の増殖を加味すると，式(3)は式(5)のように示される．

$$3C_6H_{12}O_6 + 8O_2 + 2NH_3 \longrightarrow 2C_5H_7NO_2 + 8CO_2 + 14H_2O \tag{5}$$

この式は，グルコース 1 g の酸化分解・同化に 0.47 g の酸素を消費し，0.42 g の菌体が生成されることを示している．水域が有機物で汚濁されるほど細菌量が多くなり，汚濁の程度が著しくなると *Sphaerotilus*（ミズワタ）などが礫表面などに付着し，水流にたなびくようになる．また，有機物の酸化分解・浄化とともに水中の溶存酸素が消費され，酸素供給能力に比べ有機物の負荷が過大となると，溶存酸素が枯渇する．

(2) 嫌気性条件下における分解　底泥中や溶存酸素の枯渇した水中でも有機物は分解される．その過程は，酸化態窒素や硫酸塩中の結合酸素を最終電子受容体として用いる酸化過程と有機酸発酵・メタン発酵過程である．前者は脱窒過程と硫酸還元過程であり，後者は嫌気性条件下で有機物が有機酸と二酸化炭素とにまで分解される過程である．グルコースからの酢酸発酵を例示すると次式のようになる．

$$C_6H_{12}O_6 + 2H_2O \longrightarrow 2CH_3COOH + 2CO_2 + 4H_2 \tag{6}$$

生成有機酸は化学合成有機酸化従属栄養性のメタン細菌により，二酸化炭素と水素は化学合成有機酸化独立栄養性のメタン細菌によりメタン発酵される．

$$2CH_3COOH \longrightarrow 2CH_4 + 2CO_2 \tag{7}$$

$$2CO_2 + 4H_2 \longrightarrow CH_4 + CO_2 + 2H_2O \tag{8}$$

メタンは気体のため，底泥中や水中を気泡として上昇し，溶存酸素が存在する場所でメタン資化細菌により好気性分解され，二酸化炭素と水になる．

$$CH_4 + 2O_2 \longrightarrow CO_2 + 2H_2O \tag{9}$$

嫌気性条件下における有機物分解では悪臭物質である硫化水素の生成が起こることがある．

c. 細菌群のその他の役割

(1) 窒素の循環　窒素は，生体の必須構成成分であり，窒素ガスは大気の主要構成成分である．好気性条件下においては，含窒素有機物の微生物分解によって生成されるアンモニア性窒素の亜硝酸化反応（*Nitrosomonas*）とそれに続く硝酸化反応（*Nitrobacter*）や，嫌気性条件下における硝酸性窒素の窒素ガスへの還元反応にも関与する．

(2) 鉄の酸化　水中の溶存 2 価鉄は，好気性条件下で鉄細菌群によって 3 価の鉄に酸化され，菌体の内外に沈積される．鉄細菌はこの酸化によりエネルギー

を得ているが，炭素源として二酸化炭素のみを利用する独立栄養細菌（真正鉄細菌）と多くの有機物を利用できる通性独立栄養細菌（疑似鉄細菌）とがある．

$$Fe^{2+} + H^+ + \frac{1}{4}O_2 \longrightarrow Fe^{3+} + \frac{1}{2}H_2O \tag{10}$$

このような能力をもつため水道などの赤水，臭味，配管のスライム（水酸化鉄と菌体が混合した付着物）や目詰まりなどの利水障害の原因となる．

(3) 硫黄の酸化と還元　　動植物の遺骸や有機物中の硫黄化合物は微生物分解によって硫化水素となる．硫化水素は好気性条件下で硫黄細菌群により酸化され硫酸塩となり，硫酸塩は嫌気性条件下で硫酸還元菌により硫黄や硫化水素に還元される．

d. 真菌類と原生動物

真菌類は化学合成有機酸化従属栄養性であり，生態系では同じ栄養性の細菌と同様に分解者の役割を果たしているが，なかでもセルロースや特殊物質の分解能で注目されている．水中の生息条件では清水性のものから汚水性のものまでおり，水質判定の助けとなる．たとえば，比較的清浄な水域には，*Mucor*, *Rhizopus*, *Pullularia*, *Geotrichum*, *Alternaria* などが，有機物汚染水域には *Trichoderma*, *Trichoapora*, *Rhoditorula*, *Candida*, *Alternaria* などの特定の種がみられる．また，真菌類はミズワタ状に集積し，パイプの目詰まりや，河床での魚類の産卵を妨害するなどの障害の原因とされている．

原生動物は運動性を有し，通常は単細胞の微生物である．嫌気性のものもいる

表 4.5　生息環境による原生動物の分類

区　分	生息環境と原生動物例
純水性原生動物	溶存酸素の富んだ，比較的有機質の少ない泉，小川，池など
少腐水性原生動物	無機質に富む水域 数多くの植物性べん毛虫 *Frontonia*, *Lacrymaria*, *Oxytricha*, *Vorticella* などの繊毛虫
中腐水性原生動物	活発な酸化作用や有機物の分解が起こっている水域 淡水性原生動物の大部分
多腐水性原生動物	溶存酸素が少なく，二酸化炭素や窒素分解産物に富む水域 底土は黒く，多量の硫化鉄などの硫化物を含む *Pelomyxa*, *Euglypha*, *Pamphagus*, *Mastigamoeba*, *Treponomas*, *Hexamita*, *Rhynchomonas*, *Heteronema*, *Bodo*, *Cercomonas*, *Dactylochlamys*, *Epalxella* など

が多くは好気性の従属栄養生物であって，生態学的には消費者であり，細菌などを捕食する．べん毛虫類，偽足虫類，繊毛虫類が水質と関連する．また，種々の異なる生理的特性をもち，生息環境も異なる（表4.5）．

e. 微小後生動物

微小後生動物は，多細胞の好気性従属栄養性の動物で，生態学的には消費者であり，細菌や生産者を捕食する．輪虫類，貧毛類，甲殻類が水質と関連する．輪虫類は汚濁水域で，貧毛類は底泥で，甲殻類は植物プランクトンの捕食者として物質循環上，重要な位置を占めている．

4.2.3 河川の水質区分と指標生物

理化学的分析に基づく水質指標は，客観的水質状況を表すものであるが，感覚的になじみにくい．そこで，実際にその水域に生存している水生生物群と伴生種とを同定して水質等級を決める，陸水生物学的水質等級が提案され，河川の水質に適用されている．

等級としては，

① 清流であり，有機物はほとんど酸化分解され，溶存酸素は飽和に近く，底泥も有機物はほとんど酸化され，主に無機物で構成される貧腐水性水域

② 有機物の酸化が進み，BODも低く，溶存酸素濃度もかなり高いβ中腐水性水域

③ BODも相当高くなり，溶存酸素もかなり不足し，底泥では嫌気性分解が盛んに行われるα中腐水性水域

④ BOD濃度が高く，溶存酸素も枯渇し嫌気性分解が進み，強い硫化水素，アンモニアなどの悪臭が発生し，底泥は硫化鉄で黒色を呈している強腐水性水域

の4等級が基本である．現在ではこの区分が一般的に用いられており，各等級の水質状況と主要な指標生物が提示されている（表4.6）．指標生物としては，底生昆虫や動物，礫や河床への付着藻類などが用いられるが，近年ではより親しみやすさを増すために魚類などがつけ加えられる場合もある．この指標は，なじみやすいとともに，比較的長期の水質履歴（平均水質，突発的有害物の混入など）を把握できるという特徴がある．

表 4.6　陸水生物学的水質等級と特性

水質等級	感覚的評価	溶存酸素飽和率〔%〕	BOD〔mg/L〕	主な出現生物
貧腐水性	きれいな水	80～100	3以下	サワガニ, カワゲラ, ブユ, 貧腐水性トビケラ, 礫付着性のけい藻, イワナ, ヤマメ, カジカ
β中腐水性	少し汚い水	50～80	3～5	シジミ, カワニナ, ゲンジボタル, 中腐水性のトビケラ, 緑藻類が優占, 藍藻類も出現, ウグイ, タナゴ, ヨシノボリ
α中腐水性	汚い水	20～50（底泥では嫌気性分解）	5～10	シマイシビル, タニシ, ミズムシ, ユレモ, 緑藻類と藍藻類が優占, 原生動物, 輪虫などが出現, フナ, コイ, モツゴ
強腐水性	大変汚い水	20以下	10以上	オオユスリカ, アメリカザリガニ, ミズワタ, イトミミズ, ベギアトア, アメーバ

4.2.4　指　標　生　物

　指標生物（indicator organism）とは，ある特定の環境条件に対してとくに敏感な生物をいう．指標生物は，指標動物と指標植物に分けられ，これらの生育状態を調査することによりその場所の環境条件を生物の立場から評価しうるとされている．水域環境に対する指標としては，プランクトン，水生昆虫や魚類がよく用いられる．このような判定方法は，一般の人にも理解しやすいものであり，高価な器具や化学分析などの特別の技術が不要であり，誰でも調査に参加できるという利点がある．また，調査を通じて身近な自然に接し，水質の状況を知ることによって環境問題への関心を高めるよい機会となる．

4.2.5　淡水域における水質と水生生物

　淡水域は，河川と湖沼に大別される．河川には流れがあり，遊泳力に乏しいプランクトンは生活できない．そのため食物連鎖の出発点となる一次生産は，河床の石に付着する藻類や陸上植物の流入によってまかなわれ，これをもとに水生昆虫や魚類などが生息し，上流域，中流域，下流域，河口域のそれぞれの環境に応じた独自の生態系が形成される．一方，湖沼は河川に比べて水の滞留時間が長く，植物プランクトンが一次生産を担っている．水草が繁茂した沿岸帯は多種の魚類の産卵場所や稚仔魚の育成場として利用され，深い沖帯では水深による温度差が

表 4.7 水質階級と指標生物の関係

	きれいな水 水質階級 I	少し汚い水 水質階級 II	汚い水 水質階級 III	大変汚い水 水質階級 IV
指標生物	カワゲラ ヒラタカゲロウ ナガレトビケラ ヤマトビケラ ヘビトンボ ブユ アミカ サワガニ ウズムシ	コガタシマトビケラ オオシマトビケラ ヒラタドロムシ ゲンジボタル コオニヤンマ スジエビ ○ヤマトシジミ ○イシマキガイ カワニナ	ミズカマキリ タイコウチ ミズムシ ○イソコツブムシ ○ニホンドロソコエビ タニシ ヒル	セスジユスリカ チョウバエ アメリカザリガニ サカマキガイ エラミミズ

○：汽水域の生物

種々の魚類の生息を可能としている．

a. 河川を対象とした水生生物調査

河川に生息する水生生物は水質汚濁などの影響を受けるため，そこに生息する水生生物を用いて，その水質を判定することができる．環境庁（現環境省）は，水生生物による水質判定のマニュアルである「川の生きものを調べよう－水生生物による水質判定－」（表 4.7）を作成し，都道府県を通じて全国の市民の参加を呼びかけ，1984 年度から全国の河川において調査を実施している．これは，日本全国に分布し，目で見ることができる大きさで，水質にかかわる指標性が高い 30 種を指標生物としており，水質階級は溶存酸素量とそこに生息する水生生物の関係に基づいている．

b. 湖沼の富栄養化レベル

閉鎖性水域で現存する全生物量は，藻類による一次生産によって規定され，一次生産量は栄養塩濃度が高くなるとともに増加していく．一次生産により増殖した植物プランクトンが，動物プランクトン，底生生物，魚類といった消費者に捕食され，それらから排せつされた有機物やそれらの死骸が，細菌などの分解者により分解され，再び無機栄養塩に回帰されるという生態系での物質循環が，スムーズに，かつ，その環境の許容量内で健全になされている間は，良好な水質が保たれている．しかし，栄養塩濃度が高くなり一次生産量が増えると，いずれかの経路がネックになったり，無生物的環境の容量を超えるようになり，種々の水質障害が起こるようになる．COD や SS 濃度の上昇，深水層での貧酸素化，水質障害を生ずる藻類の異常増殖などである．

表 4.8 湖沼の富栄養化レベル

富栄養化レベル		極貧栄養	貧栄養	中栄養	富栄養	過栄養	備考
年平均栄養塩濃度 〔µg/L〕	リン	≦ 4	≦ 10	10 ~ 35	35 ~ 100	≧ 100	OECD
	窒素		20 ~ 200	100 ~ 700	500 ~ 1300		坂本
クロロフィル a 濃度 〔µg/L〕	年平均	≦ 1.0	≦ 2.5	2.5 ~ 8	8 ~ 25	≧ 25	OECD
	年最大	≦ 2.5	≦ 8.0	8 ~ 25	25 ~ 75	≧ 75	OECD
透明度〔m〕	年平均	≧ 12.0	≧ 6.0	6 ~ 3	3 ~ 1.5	≦ 1.5	OECD
	年最小	≧ 6.0	≧ 3.0	3 ~ 1.5	1.5 ~ 0.7	≦ 0.7	OECD
深水層の DO(飽和%)			≧ 80	10 ~ 80	≦ 10		US EPA
一次生産力 〔mgC/m³·d〕	増殖期		30 ~ 100	300 ~ 1000	1500 ~ 3000		Rodhe
	年平均		7 ~ 25	75 ~ 250	350 ~ 700		Rodhe

このようなことから，水質汚濁の観点で湖沼の富栄養化レベルが提示され（表4.8），栄養塩レベルや一次生産レベルにより，① 透明度が年平均で 12 m 以上と高く清澄な湖沼で，自然探勝に適した水質である極貧栄養，② まだ透明度も高くサケやアユといった魚が住み，水浴に適した水質である貧栄養，③ 透明度も年平均で数 m 以下と低くなり，淡水赤潮や水道水の異臭味問題を引き起こす藻類も増殖するような水質の中栄養，④ 藍藻類による水の華も引き起こすようになり，種々の利水上の障害が生じ，深水層での無酸素化が進行するような水質の富栄養，⑤ 広範囲にわたる水の華の発生とそれらが腐敗して発生する悪臭に悩まされるような水質の過栄養，の 5 段階に区分されている．

4.2.6 海域における水質と水生生物

a. 海域における生物生産

淡水域と同様に，太陽エネルギーと二酸化炭素を利用して有機物を生産する光合成を営む植物プランクトンが，海洋生態系を支える最も重要な一次生産者である．植物プランクトンは，動物プランクトンの餌となり，動物プランクトンは魚類の稚仔や多くの海洋動物の餌となる．こうした食物連鎖に従ってエネルギーが流れ，人間生活を支える豊かな水産資源が生み出されている．

低水温で太陽光が少ない冬期には植物プランクトンの発育は抑制され，栄養塩が蓄積される．春になり，太陽光が強くなり水温が上昇すると，蓄積された栄養塩を利用して植物プランクトンが急激に増殖する．親潮域などの栄養塩が豊富な海域ではそれが著しく，ブルーミングと呼ばれる．夏期における植物プランクトンの増殖は一時期減少し，秋に再上昇するが春ほどではない．四季を通じた水温

4.2 水質と水生生物

表 4.9 海域の栄養階級区分とその特徴（7～9月の成層期）

特　徴	腐水域	過栄養域 数 m 以深域	過栄養域 数 m 以浅域	富栄養域	貧栄養域
水質・生産量					
透明度 [m]	1.5 以下	3 以下		3～10	10 以上
水　色	黒味を帯びる	黄色，黄緑色，赤褐色などに着色		短期間，局部的に着色のみられる場合がある	着色はみられない
COD [O_2 ppm]	10 以上	3～10		1～3	1 以下
BOD [O_2 ppm]	10 以上	3～10		1～3	1 以下
無機態 N 化合物 [μgat. N/L]	100 以上	10～100		2～10	2 以下
溶存酸素	表層近くまで低または無酸素状態 (0～30%)	表層は飽和，底層は無(低)酸素状態 (0～30%)	表層は飽和状態 (100～200%)	表層，中層は飽和，数 m 以深の底層は不飽和状態 (30～80%)	表・中・底層とも飽和状態 (80～100%)
硫化水素	表層近くまで認められる	底層に認められる	認められない	認められない	認められない
植物プランクトン極大層	―	3 m 以浅，ときには 0.5 m 以浅になる．中層または低酸素域に形成される場合もある		数 m～十数 m 層に形成	数十 m 層に形成
クロロフィル [mg/m³]		10～200		1～10	1 >
クロロフィル [g/m²]		0.1～1		0.05～0.1	0.05 >
一次生産量 [mgC/m³·h]		10～200		1～10	1 >
一次生産量 [gC/m²·d]		1～10		0.3～1.0	0.3 >
底　質					
泥　色	黒色，表層に褐色の酸化層なし	黒色，酸化層なし	やや黒味を帯び，酸化層あり	ときに黒味を帯び，酸化層あり	黒味なく，酸化層あり
硫化物 [mg/g]	1.0 <	0.3～3.0		0.03～0.3	0.03 >
COD [mg/g]	―	30 <		5～30	5 >
微生物					
バクテリア* [細胞数/mL]	10^5 以上	10^3～10^5		10^2～10^4	10^2 以下
植物プランクトン [細胞数/mL]	10^3 以下，少種	10^3～10^5，少種		10^1～10^3，多種	10^1 以下，多種
原生生物	多数	やや多数		少数	少数
動物プランクトン（甲殻類）	―	少数，少種（多数みられる場合もある）		多数，多種	少数，多種
底生生物					
多毛類	少数，少種	少数，少種	最も多数，多種	多数，多種	少数，少種
甲殻類			少数，少種	多数，多種	少数，多種
例	河口，汚水流入域	内湾奥部，汽水湖，湾口の非常に狭い内湾		内湾，水深 30 m 以浅の沿岸海域，沖合海域の湧昇域	水深が 30 m 以上ある沿岸海域，沖合海域

＊ 水深が 30 m 以深の層を除く．生菌計数法による．

の変化は多様な植物プランクトンを生産し，これに対応して，動物プランクトンや魚種も変化する．

b. 海域の栄養階級区分

生存する生物種，あるいは一次生産量などにより海域の水質区分を行うことが試みられている．海域が湖沼のような止水的性格と河川のような流水的性格をあわせもつという観点から，陸水域における生物学的水質等級と富栄養化レベルを合体し，主に海域の表水層，中水層および深水層における溶存酸素の分布パターンを用いて，水域を貧栄養域，富栄養域，過栄養域および腐水域の4つの海域に区分している（表4.9）．溶存酸素は，貧栄養域ではほぼ飽和状態にあり，富栄養域では表層・中層で飽和で深水層で不飽和状態にあり，過栄養域では表層で飽和で深水層は無酸素状態となり，腐水域では表層近くまで無酸素状態となる．一次生産量は，過栄養域までは上昇するが，腐水域では期待できない．赤潮プランクトンは富栄養域から出現し始めて過栄養域で最大となり，腐水域ではかえって減少する傾向となる．

c. 水産用水基準

わが国においては，水質環境基準において水産生物を対象とした生活環境項目が設定されている（付表3）が，淡水域および海域の水産生物を対象とした生活環境項目も設定されている（付表4）．また，有害物質についても同様に水産用水基準が設定されている（付表5）．

4.3 富栄養化

富栄養化（eutrophication）とは，元来は，湖沼が長い年月の間に流域からの栄養塩類の供給を受けて生物生産の高い富栄養湖に移り変わっていく現象を指すものであったが，近年では，人口，産業の集中などにより，湖沼に加えて東京湾，伊勢湾，瀬戸内海などの閉鎖性海域においても窒素，リンなどの栄養塩類の流入により，藻類などが増殖繁茂することに伴い，その水質が累進的に悪化することをいう．この富栄養化の進行により発生する現象としては，淡水の閉鎖性水域におけるアオコと淡水赤潮が，閉鎖性海域における赤潮と青潮が知られている．

a. アオコ

富栄養化の進んだ湖沼に初夏〜晩秋に浮遊性の藍藻が大発生する（表4.4）．

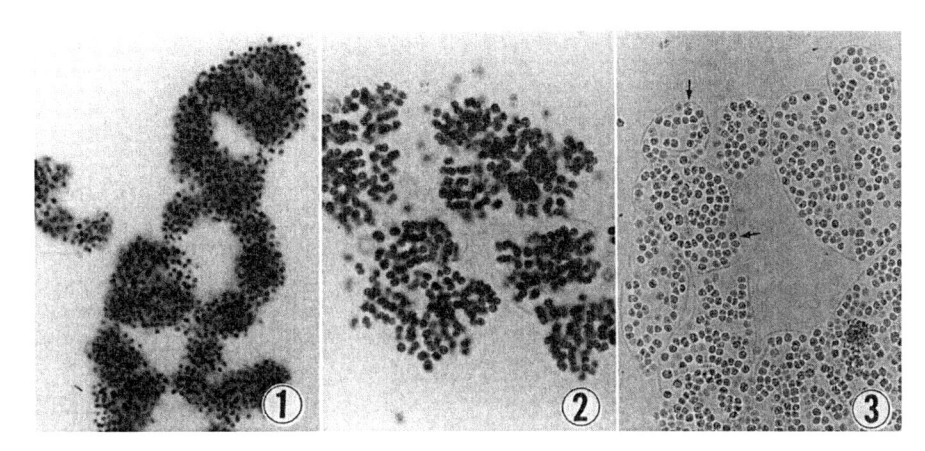

図 4.10　わが国の湖沼で発生するアオコ，ミクロキスティス
① *M.* エルギノーサ　*f.* エルギノーサ
網目状の群体で，群体を取り巻く寒天質の膜がみえない（× 180）．
② *M.* ビリディス
角の丸い直方体を構成単位とする複合群体を形成する．群体を取り巻く寒天質は，低・中倍率では境界が光ってみえ，外縁にならぶ細胞に沿って波打っている（× 280）．
③ *M.* ヴェーゼンベルギィ
群体は球形，卵形，ときどきそれらが腕を出して多数連結する．群体を取り巻く寒天質の境界は，はっきりと光ってみえる（× 280）．

　その様相が水面に青い（緑の）粉が浮いているように見えることから「アオコ」と呼ばれている．なかでも *Microcystis* によるものが最も代表的である．この種の最大の特徴は細胞にガス胞をもつことで，これにより群体は水面に浮上・集積し，マット状のアオコを形成する．わが国の湖沼に発生する *Microcystis* には 3 種類（図 4.10）があり，そのうち 2 種（*M. aeruginosa*, *M. viridis*）はミクロシスチンと呼ばれる毒性物質（7 個のアミノ酸からなる環状ポリペプチド）を生成することが知られている．この物質の毒性はきわめて強いことから飲料水の安全性が懸念されており，水質環境基準においては要監視項目の候補物質として検討の対象となっている．*Microcystis* のアオコは世界各地の湖沼で発生しているが，わが国では手賀沼，相模湖，津久井湖，諏訪湖などで大発生している．かつてアオコの発生で有名であった霞ヶ浦では，ここ数年，アオコの発生が少なくなり，代わって低温・低照度を好み，通年生息する *Osciallatori*, *Phormidium*（糸状性藍藻類）に変化している．

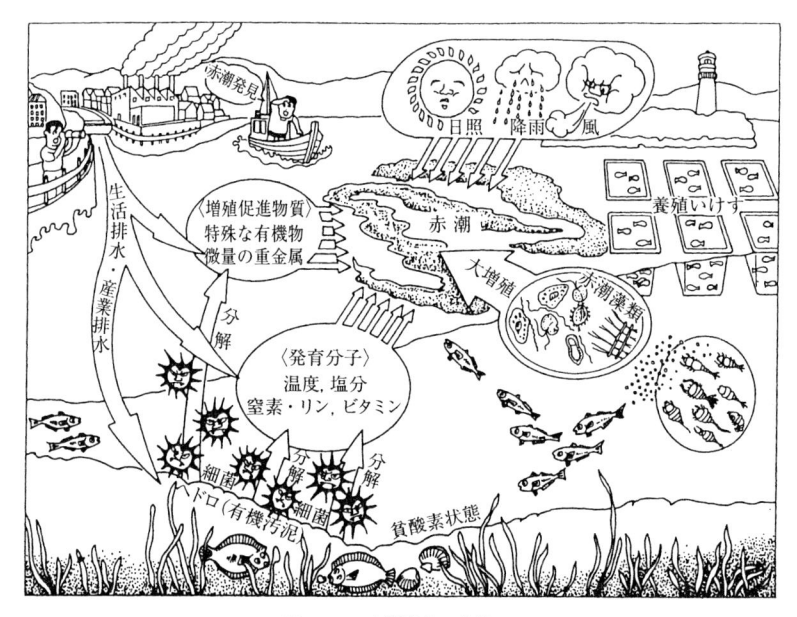

図 4.11　赤潮発生の仕組み

図 4.12　赤潮（水産航空㈱写真提供）

b. 淡水赤潮

　水域で植物プランクトンが多量に増殖して，水面が赤褐色に変色する現象をいう．この淡水赤潮の原因生物については，表 4.4 に示した．

4.3 富栄養化

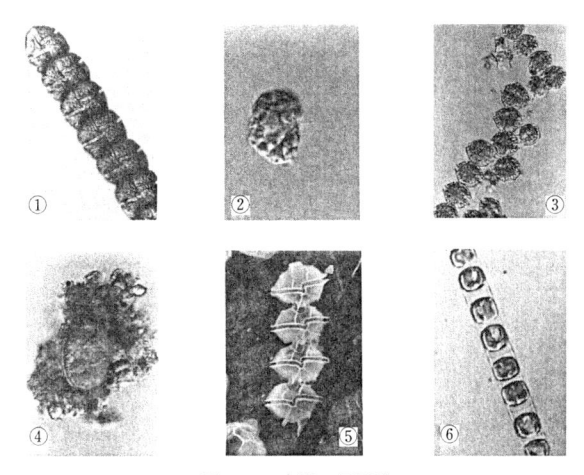

図 4.13 赤潮の原因種
① *Skeletonema costatum*　けい藻
沿岸や汽水域でよく赤潮を形成する種類で，無害である．
② *Heterosigma akashiwo*　ラフィド藻
沿岸域で赤潮を形成する．魚類の斃死現象を引き起こすことがある．
③ *Alexandrium catenella*　連鎖群体を形成する渦べん毛藻
西日本沿岸で暖水期に赤潮を形成する．麻痺性の毒を生産し，貝類を毒化させることがある．
④ ③の種類の，海底に休眠しているシスト
中央の楕円体の部分が細胞で，周囲に泥粒をつけている．
⑤ *Pyrodinium bahamense*　渦べん毛藻
東南アジアに広く分布する赤潮原因種．麻痺性の毒を生産し，貝類を毒化させる．その貝による中毒死事件が多く起こっている．
⑥ *Gymnodinium catenatum*　渦べん毛藻
赤潮を形成するだけでなく，麻痺性の毒を生産し，貝類を毒化させるため，貝類養殖業に大被害を与える種類である．

c. 赤　潮

　赤潮は，微小な藻類が著しく増殖し，水が赤褐色などの色になる現象をいう（図4.11）．主として，有機汚濁成分の蓄積や窒素・リンなどの栄養塩類の流入による富栄養化が原因となっている（図4.12）．赤潮の発生は，しばしば魚介類の大量死をもたらすが，わが国でも瀬戸内海をはじめとして，被害金額が数十億円に達するような赤潮の発生も報告されている．主として海域で発生するが，湖沼などでも同様の現象が起こることがあり，淡水赤潮と呼ばれている．図4.13および表4.4に原因藻類種を示した（赤潮の発生状況については5.2節参照）．

d. 青　潮

青潮は，汚濁した閉鎖性海域において微生物がヘドロ中の有機汚濁成分を分解する際に，底層の溶存酸素がなくなるため，底層に硫化水素を含んだ無酸素水塊が発生するが，これが風などによって移動し，硫化水素が海岸近くの海域表層中の酸素と反応することによって単体硫黄が生成して海域の水色が青白濁色を呈する現象である．青潮の発生は，東京湾においてみられており，魚介類が死滅するなどの被害が報告されている．

e. 富栄養化防止対策

赤潮や青潮，アオコなどの現象を引き起こす富栄養化を防止するため，湖沼および閉鎖性海域において，窒素およびリンについて環境基本法に基づく環境基準と水質汚濁防止法に基づく排水基準が設定され，排水規制が実施されている．さらに，湖沼については湖沼水質保全特別措置法に基づき，琵琶湖や霞ヶ浦など10湖沼（指定湖沼）について湖沼水質保全計画に基づく総合的対策が実施されている．また，東京湾，伊勢湾および瀬戸内海については水質汚濁防止法に基づき，1979年から5次にわたる総量規制（4次までのCODに5次から窒素，リンが加わった）が行われている．さらに，瀬戸内海については，瀬戸内海環境保全特別措置法が制定され，諸施策が講じられている．

4.4　硝酸性窒素および亜硝酸性窒素による水域の汚染

硝酸性窒素および亜硝酸性窒素（以下「硝酸・亜硝酸性窒素」と略記）は，乳児のメトヘモグロビン血症の原因物質であり，水道法水質基準および水質環境基準健康項目（付表2）において基準値が10 mg/L以下に設定されている．近年における全国調査の進展に伴って，これらの物質による水域（とくに地下水）の汚染が全国各地で確認されつつあり，対応が課題となっている．

a. メトヘモグロビン血症

硝酸塩は，直接に他の化合物に代謝されることはないが，バクテリアにより代謝され亜硝酸塩になる．とくに硝酸性窒素を多く含む水に粉ミルクを溶かして授乳している3ヶ月未満の乳児の場合，胃酸が減少するとバクテリアにより硝酸塩が亜硝酸塩に還元されやすくなり，胃に亜硝酸塩が生成される．亜硝酸塩は赤血球中のヘモグロビンと反応してメトヘモグロビンを形成し，血液中の酸素を各組

織へ運搬する能力を減少させる．このため，各組織は酸素欠乏となり，呼吸困難となる．牛などの反すう動物における亜硝酸（硝酸）中毒や，人間の乳児におけるブルーベビー症（チアノーゼ）もこの現象により発生するものである．1945年，アメリカの化学肥料プラントや化学肥料によって汚染された地下水により，体重4kg乳児（メトヘモグロビンの誘発に最も敏感であるとされている）の278人以上にチアノーゼ患者が発生した．飲料水の硝酸塩汚染（中毒発生数ヶ月で27.4～46.2 mg/L）が判明したが，10 mg/L以下では患者は発見されなかった．WHOの国際水質基準では，11.29 mg/L（NO_3として50 mg/L）含有する水について中毒発生の可能性を指摘しているが，わが国では症例報告はない．しかしWHOは，2000件の障害発生と160人の死亡を報告している（1945～1985年）．

b. 環境基準化の背景

硝酸性窒素および亜硝酸性窒素は，1999年2月，「水質汚濁に係る人の健康の保護に関する環境基準（水質環境基準健康項目）」に追加され，公共用水域および地下水のすべての水域に適用されることになった（1999年環境庁告示第14号および第16号）．

この硝酸・亜硝酸性窒素は，1993年に要監視項目に指定され，以来汚染状況が環境庁により調査されてきたが，表4.10にあるように，とくに地下水において顕著な指針値超過が認められることから，中央環境審議会における検討と答申を受けて水質環境基準健康項目への移行が決定された．なお，2000年度における汚染状況は，それまでと同様，地下水における超過事例が多く，超過率は6.1%であり，1994～1998年調査の5.4%を上回っている（表4.11および4.12）．この環境庁調査の中で，地下水における指針値超過の原因の一つとして施肥が推測される結果が得られている（表4.10注）．なお，環境庁が1982年度に実施し

表4.10 硝酸性窒素および亜硝酸性窒素にかかわる汚染状況
（1994～1998年度環境庁要監視項目調査結果）

	調査件数	超過件数 (超過率%)	最高濃度 mg/L	指針値および 環境基準値
公共用水域	11,766	12(0.1)	56	10mg/L
地下水	12,099	656(5.4)	140	

公共用水域で指針値を超過した原因は，工場・事業場排水（6件），複合汚染（5件），施肥1件と推測．地下水で指針値を超過した原因は，施肥，家畜ふん尿，生活排水と推測．この調査が実施された時点では硝酸性窒素および亜硝酸性窒素は環境基準ではなく要監視項目．

表 4.11 水質環境基準健康項目の環境基準達成状況（2000 年度）

測定項目	調査対象地点数	環境基準値を超える地点数
カドミウム	4,647	1 (0)
全シアン	4,152	1 (0)
鉛	4,762	8 (7)
六価クロム	4,329	0 (0)
砒素	4,711	16 (22)
総水銀	4,512	0 (0)
アルキル水銀	1,541	0 (0)
PCB	2,408	0 (0)
ジクロロメタン	3,673	4 (3)
四塩化炭素	3,699	0 (0)
1,2-ジクロロエタン	3,661	5 (1)
1,1-ジクロロエチレン	3,648	0 (0)
シス-1,2-ジクロロエチレン	3,649	0 (0)
1,1,1-トリクロロエタン	3,712	0 (0)
1,1,2-トリクロロエタン	3,648	0 (0)
トリクロロエチレン	3,842	0 (0)
テトラクロロエチレン	3,842	0 (0)
1,3-ジクロロプロペン	3,629	0 (0)
チウラム	3,563	0 (0)
シマジン	3,564	0 (0)
チオベンカルブ	3,560	0 (0)
ベンゼン	3,628	0 (0)
セレン	3,573	0 (0)
硝酸性窒素および亜硝酸性窒素	3,993	4 (4)
フッ素	3,048	11 (11)
ホウ素	2,782	0 (1)
合計（実地点数）	5,724 (5,889)	47 (47)
（うち新規3項目以外）	5,248 (5,458)	32 (31)
環境基準達成率（新規3項目を含む）	99.2% (99.2%)	
環境基準達成率（新規3項目を除く）	99.4% (99.4%)	

注1) （ ）は 1999 年度の数値
2) 新規3項目とは硝酸性窒素および亜硝酸性窒素，フッ素並びにホウ素を指し，1999 年度から全国的に水質測定を開始
3) フッ素およびホウ素の測定地点数には，海域の測定地点のほか，河川または湖沼の測定地点のうち海水の影響により環境基準を超えた地点は含まれていない．
4) 合計欄の超過地点数は実数であり，同一地点において複数項目の環境基準を超えた場合には超過地点数を1として集計した．なお 2000 年度は3地点において2項目が環境基準を超えている．

出典：環境省『2000 年度公共用水域水質測定結果』

4.4 硝酸性窒素および亜硝酸性窒素による水域の汚染

表4.12 2000年度地下水質測定結果（概況調査）

物　質	調査数 (本)	超過数 (本)	超過率 (%)	環境基準
カドミウム	2,997	0	0.0	0.01 mg/L 以下
全シアン	2,616	0	0.0	検出されないこと
鉛	3,360	10	0.3	0.01 mg/L 以下
六価クロム	3,187	1	0.03	0.05 mg/L 以下
砒　素	3,386	65	1.9	0.01 mg/L 以下
総水銀	2,833	2	0.1	0.0005 mg/L 以下
アルキル水銀	1,048	0	0.0	検出されないこと
PCB	1,818	0	0.0	検出されないこと
ジクロロメタン	3,534	0	0.0	0.02 mg/L 以下
四塩化炭素	3,675	2	0.1	0.002 mg/L 以下
1,2-ジクロロエタン	3,301	0	0.0	0.004 mg/L 以下
1,1-ジクロロエチレン	3,650	2	0.1	0.02 mg/L 以下
シス-1,2-ジクロロエチレン	3,657	12	0.3	0.04 mg/L 以下
1,1,1-トリクロロエタン	4,219	0	0.0	1 mg/L 以下
1,1,2-トリクロロエタン	3,286	0	0.0	0.006 mg/L 以下
トリクロロエチレン	4,225	22	0.5	0.03 mg/L 以下
テトラクロロエチレン	4,225	17	0.4	0.01 mg/L 以下
1,3-ジクロロプロペン	3,039	0	0.0	0.002 mg/L 以下
チウラム	2,528	0	0.0	0.006 mg/L 以下
シマジン	2,508	0	0.0	0.003 mg/L 以下
チオベンカルブ	2,453	0	0.0	0.02 mg/L 以下
ベンゼン	3,436	0	0.0	0.01 mg/L 以下
セレン	2,634	0	0.0	0.01 mg/L 以下
硝酸性窒素および亜硝酸性窒素	4,167	253	6.1	10 mg/L 以下
フッ素	3,276	25	0.8	0.8 mg/L 以下
ホウ素	3,210	16	0.5	1.0 mg/L 以下
合　計（井戸実数）	4,911	398	8.1	

出典：環境省『2000年度地下水質測定結果について』

表4.13 茨城県南部稲敷台地の地下水における硝酸性窒素および亜硝酸性窒素の検出状況

井戸の 区　分	調　査 井戸数	検出数 (検出率%)	環境基準値		最高濃度 mg/L
			超過数	超過率%	
不圧井戸	273	272(99.6)	95	34.8	38.7
被圧井戸	301	94(31.2)	2	0.7	18.0
全　体	574	366(63.8)	97	16.9	—

た調査によると，調査数1499本の井戸のうち119本が水道法水質基準値（10 mg/L 以下）を超過（超過率7.9%）していたと報告されている．

c. 農業との関係

前記のように，地下水汚染の推定原因として施肥があげられている．表4.13

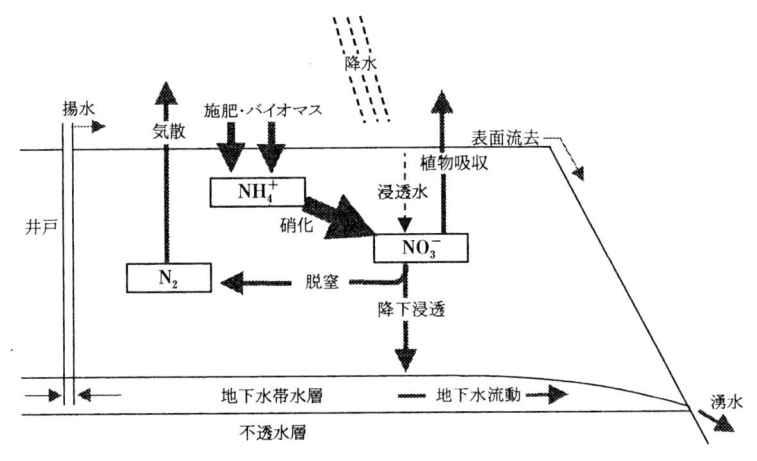

図 4.14 土壌断面における無機態窒素の動き
硝酸イオンの降下浸透速度は 1～2 m/y 程度である．

は，農村地域の地下水における検出状況の一例を示したものであるが，地表の影響を受ける不圧地下水における環境基準値の超過率がきわめて高い．これらの調査では，汚染原因が特定されているわけではないが，施肥以外に原因が推定できない事例があることが報告されている．

d. 硝酸性窒素による地下水の汚染機構

硝酸性窒素は，それ自体が窒素肥料として施肥されるが，肥料として利用される有機態窒素やアンモニウム態窒素も土壌中で亜硝酸性窒素を経由して硝酸性窒素に変換される．この土壌中の硝酸性窒素は，土壌にほとんど吸着されず，農用地の場合，作物に吸収されなかったものは，土壌の保水能力以上の降雨があったときには，水の移動に伴って地下に浸透し，地下水に到達する（図 4.14）．このため窒素施用量の多い野菜畑，茶園，果樹園などの地下水については，以前から硝酸性窒素による汚染が懸念されており，実態調査により汚染が確認された例が多い（2.4 節参照）．

亜硝酸性窒素は，土壌中で不安定であり，蓄積される例はほとんどない．また，現地調査で，農用地の地下水では亜硝酸性窒素が検出される例はきわめて少なく，農用地の地下水では硝酸性窒素が対象となる．

e. 施肥対策

農村地域における地下水の硝酸性窒素による汚染は，古くから報告されており，

4.4 硝酸性窒素および亜硝酸性窒素による水域の汚染

とくに上水道分野では問題視され，施肥や家畜排せつ物が原因と推定される地域では，対策の実施が上水道側から農業・畜産業側に要請されていたが，具体的な対策が実施されたのは，ごく一部の地域にすぎなかった．しかし，1999 年，硝酸・亜硝酸性窒素が環境基準健康項目に指定されるとともに，基準達成のための対策が動き出している．

(1) 岐阜県各務原台地のニンジン栽培地帯における施肥量削減の取り組み

岐阜県各務原台地では，1970 年代半ばに畑作地帯周辺で硝酸性窒素による地下水汚染が明らかになった．この地域では上水道のすべてを地下水に依存しており，水源への影響が懸念された．原因調査が実施され，その結果，原因は台地東部のニンジンを主作物とする畑作地帯で散布される窒素肥料の地下浸透であること，汚染された地下水は台地中部，さらに上水道の水源のある西部に向かって流動していることなどが明らかにされた．このため，汚染軽減の具体的な対策として，被覆肥料の導入による減肥を主体とした施肥改善試験が実施され，その成果も減肥対策に取り入れられた（追肥重点型減肥栽培）．減肥自体は，過剰施肥による品質低下がみられたために 1979 年頃から一部実施されていたが，これらの施肥改善試験の結果をもとに，行政担当者や農業関係者の協力により 1988 年から段階的に実施され，1997 年現在では，表 4.14 に示されているように，ニンジン 1 作当たりの窒素肥料の施肥量は，1970 年代の約 60% にまで減少し，同時にニンジンの品質の回復に結びついた．

表 4.14 ニンジン栽培 1 作当たりの年度別施肥量の推移

年度	窒素	リン	カリ
1970	256	272	232
1979	217	347	228
1989	175	226	181
1990	168	198	175
1991	153	216	167
1994	160	190	160
1997	152	198	176

単位：kg/ha
年間 2 作が通常．1997 年度における窒素の年間施肥量は 2 倍の 304 kg/ha．

表 4.15 各務原台地東部における硝酸性窒素濃度の推移

測定年月	畑作地帯分布井戸*					下流域分布井戸**			
	1	2	3	4	5	A	B	C	D
1984 年 7 月	—	—	26.2	20.5	18.9	—	12.2	12.3	11.3
1990 年 7 月	15.0	25.9	18.0	20.0	21.8	20.8	11.9	13.3	12.0
1994 年 7 月	12.7	21.0	16.6	12.1	13.7	16.4	8.7	8.4	9.5

単位：mg/L
*ニンジン栽培地帯の井戸
**地下水流動の下流域にある井戸

この対策により，汚染地域の地下水を中心に硝酸性窒素濃度の低下が認められるが，その効果は現在のところ小さく，依然として水道水の水質基準を超える地域が存在しており（表 4.15），さらなる減肥対策の必要性が指摘されている．

(2) 窒素施肥量の目安に関する提案 農業分野でとくに問題となる畑への窒素施肥に関して，土壌浸透水中の硝酸性窒素濃度を基準値以下とするための窒素施肥量が，窒素の溶脱率，浸透水量から計算により求められ，提案されている．すなわち「畑地で 333 kg/ha/年の施肥窒素量で溶脱率 30% ならば，約 100 kg/ha の溶脱量になり，年間浸透水量 1000 mm で 10 mg/L の濃度（年平均窒素濃度）になる．したがって，施肥窒素量 300 kg/ha/年が一つの目安になる」というものである．この施肥窒素量 300 kg/ha/年を念頭においた施肥改善試験が各地で実施されている．

(3) 行政的対策の展開 中央環境審議会環境基準健康項目専門委員会，同排水規制等専門委員会および土壌農薬部会における検討を踏まえて，環境省は，2001 年 7 月，「硝酸性窒素及び亜硝酸性窒素に係る水質汚染対策マニュアル」を提示した．これは，公共用水域および地下水の汚染の調査・対策手法を示したもので，水質汚濁防止法（水濁法）の枠組みの中で実施される従来の特定事業場対策に加えて，水濁法の対象とならない小規模事業場，家畜排せつ物，生活排水，施肥それぞれについて対策を示している．家畜排せつ物については，「家畜排せつ物の管理の適正化及び利用の促進に関する法律」に基づく対策の推進を指示している．また，施肥については，都道府県が定める「施肥基準などの土壌管理に関する指示」の遵守を周知徹底させるとともに，施肥基準が守られていても施肥由来の地下水汚染がある場合には，現行の土壌管理方法の見直しの必要性を指摘しており，そのための具体的内容を盛り込んだ「硝酸性窒素及び亜硝酸性窒素に係る土壌管理指針」を同時に提示して，対策の推進を図ることとしている．

EU（欧州連合）では，地下水の硝酸塩レベルの指導値を 25 mgNO$_3$/L（5.65 mgNO$_3$-N/L）以下とし，これを超過する地域では，農耕地での窒素施肥や家畜排せつ物の施用を制限している．

f. 汚染地下水の浄水方法

イオン交換法が歴史的にも確立されており，逆浸透膜法も実際に使用されている．この他，電気透析などの物理化学的方法，微生物の脱窒作用を利用した生物学的方法などが検討されている（表 4.16）．

表 4.16 水道水中の硝酸性窒素の除去技術

処理技術		原理	長所	短所
イオン交換による脱窒素	向流式樹脂再生	強塩基性陰イオン交換樹脂	食塩による再生通水時と逆方向で再生液通過	操作,設置が容易	高濃度廃再生食塩水
	並流式樹脂再生	同上	食塩による再生通水時と同方向で再生液通過	同上	同上
	生物による再生	同上	食塩による再生排水を生物学的に処理	再生食塩量は上記の10%	装置が複雑化
	CO_2再生	同上	二酸化炭素による再生	再生排水処理が不要	再生費用が高い
生物学的脱窒素	有機物添加	従属栄養細菌による脱窒素	有機物およびリン酸の添加	維持管理が容易	洗浄排水処理過剰有機物
	水素添加	独立栄養細菌による脱窒素	水素,炭酸ガス,およびリン酸の添加	汚泥発生量が少 H_2ガスは無害	H_2ガス防災
	S/石灰	同上	有機物の添加なし(硫黄が消費される,リンが必要)	有機物が不要ろ床の洗浄不要	原水の減圧脱気硫酸イオン対策
その他	逆浸透法等	浸透膜等による濃縮除去	添加物なし	電力費
	紫外線照射	紫外線照射による硝酸イオンの還元脱窒素	消毒処理も同時に行う	処理水量が少ない

BOX 10

カナートとマンボ

カナート (quanat) は,中国の新疆ウイグル自治区からアフリカ北部に至る大乾燥地帯のほぼ全域に分布する地下かんがい水路であり,呼び名,発音綴りともに20種類以上ある(アフガニスタンではカレーズと呼ばれている).

傾斜のある土地の上方で井戸を掘り,水脈に当たると,そこから傾斜に沿って20〜30m間隔でタテ穴を掘る.タテ穴の底から横穴を掘り,タテ穴同士を地下で連結させ,低地へ水を導くというものである.この地下水路は乾燥地帯における特徴的な水利用方法の一つであるが,湿潤気候にあるわが国にも存在する.

その一つが三重県北勢地方(四日市市,鈴鹿市)に現存する地下水路で「マンボ」と呼ばれ,過去には水田かんがい用水の導水路として利用されていた.マンボの存在する地域は花木と茶の生産地帯で,硝酸性窒素による水質汚染が指摘されている.三重県では施肥改善によるマンボ用水の水質改善とともに,水田かんがい用水としての利用を再開し,水田の浄化機能を利用した水質改善に取り組んでいる.マンボは淡路島南部の扇状地上の乾田地帯にもみられ,ここはタマネギの産地で,北勢地方と同様の問題を抱えている.

5. 有害物質による環境汚染

　産業革命以後，化学や工業は，人類に多大な利益をもたらした．しかし，一方では，機械工業，製鉄業，鉱業などの近代化・大規模化に伴って大量の化石燃料が消費され，また，各種化学物質が発明，製造されて広い範囲で利活用されるようになると，それらが緑の地球のあらゆる局面を汚染し始めた．それはある場面では大気汚染であり，またある場面では水質汚濁，土壌汚染であった．

　わが国では，太平洋戦争後の高度経済成長期に，生産活動の拡大により各種化学物質の生産量が増大し，それに伴う汚染物質の環境への排出が急激な環境汚染をもたらした．その結果の典型的なものが，1960～1970年代にかけて発生した，いわゆる四大公害病（水俣病，新潟水俣病，イタイイタイ病，四日市ぜんそく）である．

　現在，世界全体で約10万種類，日本でも約5万種類の化学物質が流通しており，危険性が指摘される多くの有害化学物質が環境中から検出されている．それがダイオキシンであり，環境ホルモン（内分泌かく乱化学物質）などである．

5.1 大気の汚染

　大気汚染とは，狭義には「これまで大気中にまったく，あるいはほとんど存在しなかった有害物質が動植物，生態系に影響を及ぼす濃度レベルに達した状態」と定義づけられる．

　人為的な大気汚染は人間が化石燃料，主として石炭を使用することによって始まった．ロンドンでは13世紀後半に石炭の燃焼に伴うばい煙の影響が注目されており，一時，石炭の使用制限とそれに代わる薪の使用が提案されている．しかし，大気汚染が本格的に社会問題化したのは，産業革命の進行とともにエネルギー源として石炭が大量に消費されるようになった18世紀以降である．

　わが国で石炭使用による大気汚染問題が顕在化したのは明治以降であるが，それ以前にも鉱山の銅製錬に伴う排煙，すなわち硫化鉱を精錬する過程で発生する

5.1 大気の汚染

表 5.1　大気の組成（磯野編, 1979）

物質名	記号	濃度	備考
窒素	N_2	78.09%	
酸素	O_2	20.94%	
アルゴン	Ar	0.93%	
二酸化炭素	CO_2	330 ppm	
ネオン	Ne	18 ppm	
ヘリウム	He	5.2 ppm	
クリプトン	Kr	1 ppm	
キセノン	Xe	0.08 ppm	
水素	H_2	0.5 ppm	
メタン	CH_4	1.5 ppm	
水蒸気	H_2O	0〜4%	地表付近
オゾン	O_3	0〜0.07 ppm	地表付近

表 5.2　汚染物質のバックグラウンド濃度（磯野編, 1979）

物質名	記号	濃度	備考
オゾン	O_3	0.02 ppm	地表付近平均
		3〜6 ppm	成層圏極大値
二酸化炭素	CO_2	330 ppm	
一酸化炭素	CO	0.10 ppm	
二酸化硫黄	SO_2	0.2〜1.7 ppb	
硫化水素	H_2S	0.2 ppb	
一酸化二窒素	N_2O	0.25 ppm	
酸化窒素	NO 等	1〜10 ppb	
アンモニア	NH_3	0.2 ppb	
塩素	Cl_2	0.5〜1 ppb	対流圏
		0.1〜1 ppb	成層圏
炭化水素	HC	1以下 ppb	CH_4 を除く

SO_2 を主体とする汚染物質による山林被害が発生していた．大気汚染被害の規模および範囲が広域化するようになったのは，第二次世界大戦以降の高度経済成長に伴う工業の大復興によって各地に大規模な石油コンビナートが進展し始めてからである．この時期の汚染の主体は燃料の重油燃焼に伴って排出された硫黄酸化物であったが，1960年代後半から光化学オキシダントによる大気汚染問題が新たに浮上してきた．

表 5.1 に正常な大気の組成を，表 5.2 に主な汚染物質のバックグラウンド濃度（自然状態での濃度）を示した．

5.1.1　大気汚染物質と植物被害

農作物に被害を及ぼす各種大気汚染物質の被害発生限界濃度，主な被害症状およびその発生源を表 5.3 に示した．表中の汚染物質の並び順は植物に対する毒性の強い順である．

a. 被害の分類

大気汚染による作物の被害は大きく急性被害と慢性被害とに分類される．また，これらの被害の累積的影響として作物の生育や収量が低下することが明らかになってきた．

急性被害は症状の発現が急激で顕著な被害を指す．一般的には，汚染物質の濃度が高くて比較的短時間で発生する場合をいい，それぞれの汚染物質に特有の壊死斑点（ネクロシス）を伴う（図 5.1）．

表 5.3 大気汚染と農林作物被害（千葉県，1989 を改変）

汚染物質	急性被害発生の限界濃度（ppm）	症状	主な発生源
フッ化水素 HF	0.005	葉の周縁部や先端部枯死，クロロシス，落葉	リン鉱石工業，アルミ精錬，窯業，フッ素樹脂廃材の燃焼
パン PAN	0.003	葉裏面の金属光沢	燃焼過程から排出される窒素酸化物と炭化水素を原料とする光化学反応生成物
オゾン O_3	0.06	葉表面の白色および褐色斑点，色素形成，落葉	
エチレン C_2H_4	0.05	葉柄の上偏生長，開花異常，落蕾，落花，落果，落葉	化石燃料の燃焼，エチレン工場，自動車排ガス
二酸化硫黄 SO_2	0.1	葉脈間不定形斑点，クロロシス，落葉	化石燃料の燃焼
塩素 Cl_2	0.1	葉脈間白色斑点，落葉	化学工場からの漏えい
二酸化窒素 NO_2	2.5	葉脈間不定形斑点	高温燃焼する施設，内燃機関
アンモニア NH_3	8	葉の萎凋	化学工場からの漏えい
塩化水素 HCl	10	葉縁部クロロシス，壊死斑点	塩化ビニール廃材の燃焼，化学工場からの漏えい
硫化水素 H_2S	20	葉先から萎凋	火山からの噴煙

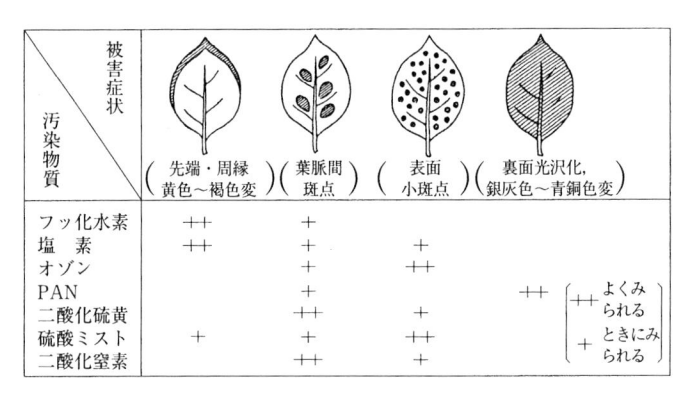

汚染物質＼被害症状	先端・周縁 黄色〜褐色変	葉脈間 斑点	表面 小斑点	裏面光沢化，銀灰色〜青銅色変	
フッ化水素	++	+			
塩素	++		+		
オゾン		+	++		
PAN		+		++	++ よくみられる
二酸化硫黄		++	+		
硫酸ミスト	+	++	+		+ ときにみられる
二酸化窒素		++	+		

図 5.1 各汚染物質による植物葉の被害症状の特徴（山添，1975）

慢性被害は汚染物質の濃度が低い汚染，あるいは間欠的な汚染を長期間にわたって受けた場合の被害で，害徴の発現が不明瞭である．葉の黄化現象（クロロシス），紅葉現象，萎凋が現れるが，急性被害の場合ほど汚染物質による固有の症

5.1 大気の汚染

状はみられない．また，汚染によって光合成，呼吸，体内代謝，酵素活性などの諸作用が阻害される生理的障害（不可視被害）も発生する．

b. 汚染と被害との関係

大気汚染による植物被害は，汚染物質が体内に取り込まれることによって生ずる障害作用である．したがって，被害が発生するか否か，被害程度が大きいか小さいかは取り込まれる汚染物質の吸収速度，吸収量に大きく影響される．植物に取り込まれる汚染物質量は基本的には汚染物質濃度とばく露時間で決定される．

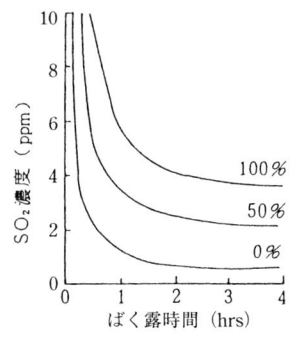

図5.2 二酸化硫黄によるアルファルファ葉身の被害・濃度曲線（千葉県，1989）

アルファルファのSO_2による被害発現に対する濃度と時間との関係を図5.2に示した．この関係が双曲線で描かれているということは，ある濃度以下ではばく露時間がどんなに長くなっても，また，一定時間以内であればどんなに高濃度であっても，被害はそれ以上大きくならないことを示している．また，被害程度別に曲線が使い分けられているのは，ある程度の被害が発現するためには一定以上の濃度や時間の条件が必要であることを示している．この図の被害0％の曲線からわかるように，ある濃度以下であれば，どんなに長時間ばく露されても被害は発現しない．この濃度を"いき値≒限界濃度"という．また，一定時間以内のばく露であれば，どんなに高濃度でも被害は発生しないことになる．このような現象は大気汚染被害の一般的特徴で，汚染物質が異なっても共通に認められる．

汚染濃度とばく露時間以外で被害発生に影響を及ぼす要因としては，品種，生育ステージ，気孔，体内成分濃度などの植物側の内的要因と，温湿度，光条件，水分条件，施肥量など生育環境側の外的要因があげられる．とくに，大気汚染物質の大部分は気孔を介して吸収されることから，気孔の密度・大きさ・開度は汚染物質の吸収速度に大きく影響する．

5.1.2 二酸化硫黄

a. 発生源

二酸化硫黄（SO_2，亜硫酸ガスともいう）は硫黄を含む石炭や石油の燃焼，硫

化鉱金属の製錬などの際に発生する．石炭の硫黄含有率は炭質や産地によって異なるが，一般的には0.5～2.5％の範囲のものが多い．石油はその精製過程で硫黄化合物が重油の方に濃縮されるので，硫黄含有率は重油で最高3.0％と多く，軽油では最高0.75％，ガソリンでは0.25％以下である．各種金属の硫化鉱は10％程度の硫黄を含み，SO_2の発生はとくに非鉄金属（鉛，銅，亜鉛など）の製錬で著しい．また，火山の噴煙中には作物に急性被害が発生する濃度（数ppm）のSO_2が含まれている場合がある．

b. 被害症状と被害発生濃度

SO_2によって葉に発生する可視被害は，最も生理的活性の旺盛な葉位に発生しやすく，若い葉や老化した葉には発生しにくい．症状の特徴は葉の形状別に次のように大別できる（図5.3）．葉脈が羽状になっている植物（モモ，クリ，ホウレンソウ，コマツナなど）の葉は葉縁や葉脈間の葉肉部に不定形の壊死斑点が生じる．葉脈が放射状になっている植物（ブドウ，サツマイモ，ワタなど）の葉は壊死斑点の色や形態が羽状脈葉種とよく似ているが，斑点の発生しやすい部分は扇状になった葉脈の基部で，被害が甚だしいときは周辺に向かって広がっていく．葉脈が平行になっている植物（イネ，ムギなど）の葉は葉脈に沿って斑点が縞状に並ぶとともに，先端やそれに近い周辺が壊死する．

SO_2に対する植物の感受性は作物の種によって大きく異なるだけでなく，同一植物でも品種間差がある．感受性の高い植物では濃度0.1～0.3ppm，数時間のばく露で被害が発生する．表5.4にSO_2に敏感な植物を示す．

c. 被害の発生機構

SO_2は葉面の気孔から吸収され，細胞質溶液に溶解して，毒性の強い亜硫酸イオン（SO_3^{2-}）や重亜硫酸イオン（HSO_3^-）となり，水素イオン（H^+）を生成する．SO_3^{2-}やHSO_3^-は酸化されて毒性の弱い硫酸イオン（SO_4^{2-}）となり，体内に蓄積される．SO_3^{2-}から毒性の低いSO_4^{2-}への酸化反応はSO_2の解毒作用と考えられるが，SO_4^{2-}もある程度以上葉内に蓄積すると障害が発生する．高濃度汚染の場合は，硫酸イオンへの酸化反

羽状脈葉　　掌状脈葉　　平行脈葉

図5.3 二酸化硫黄による被害の葉形別形状

表 5.4 二酸化硫黄に敏感な植物（千葉県, 1989 を改変）

農作物		
アルファルファ	ワタ	ダイズ
オオムギ	エンバク	コムギ
マメ	ライムギ	
クローバー	ベニバナ	

花卉		
アスター	オシロイバナ	ハナガサソウ
ヤグルマソウ	マルバアサガオ	スミレ
コスモス	スイートピー	ヒャクニチソウ

樹木		
リンゴ	カラマツ	ストローブマツ
シラカンバ	クワ	ポンデローサマツ
ハナキササゲ	ナシ	セイヨウハコヤナギ
アメリカニレ		（ポプラ）

野菜		
マメ	レタス	ホウレンソウ
カエンサイ	オクラ	セイヨウカボチャ
（根菜ビート）	シマトウガラシ	カンショ
ブロッコリー	カボチャ	フダンソウ
メキャベツ	ハツカダイコン	カブ
ニンジン	マルバダイオウ	キクヂシャ

野草		
セイヨウヒルガオ	ヒメジョオン	ブタクサ
ソバ（野性）	アキノノゲシ	ヒマワリ
ヒユ科野草	ゼニアオイ	イヌヤマモモソウ
ギシギシ		

応が律速条件となって SO_3^{2-} や HSO_3^- が一時的に葉内に蓄積される（図5.4）.

SO_2 による障害発現は SO_3^{2-} が O_2^- や H_2O_2（過酸化水素）などの活性酸素を連続的に生成することによって起こる．活性酸素は非常に酸化力の強い物質で，これが体内に蓄積されるとクロロフィルが分解され，可視被害が発生する．

また，SO_2 により速やかに光合成が阻害される．SO_2 のばく露時間が短ければ光合成阻害は急激に回復に向かうが，ばく露時間が長くなると，SO_2 を除いても回復がみられなくなる．

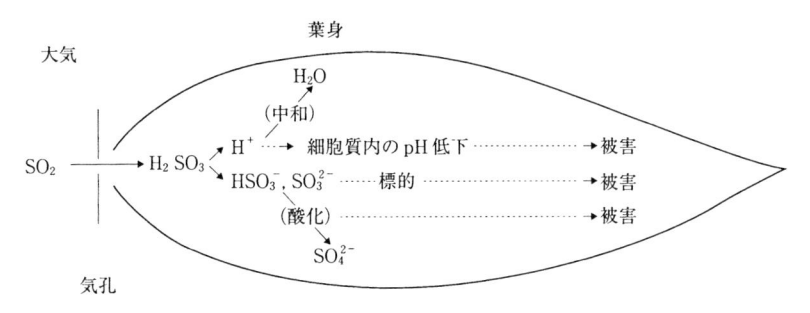

図 5.4 SO_2 取り込みから被害に至る SO_2 植物毒性発現過程における植物の防御機構の概略図 (近藤・菅原, 1978)

5.1.3 フッ化水素
a. 発生源
フッ素は化学的に活性が高いため単体のガスとして発生することはまれで, 大気中には主としてフッ化水素 (HF) の形で存在する.

HFの発生源としては, 氷晶石 (Na_3AlF_3, cryolite) を使用するアルミナの電気分解工場, リン鉱石 (fluor-apatite) を原料とするリン酸肥料製造工場, フッ化物をうわ薬に使用するタイル, 色瓦, ほうろうなどの陶磁器製造工場があげられる. 陶磁器製造工場は規模は小さいが, 数が多いことから, わが国の HF 排出量の 70～80% がこれに由来する. また, 近年は, テフロンのようなフッ素樹脂やフッ素コーティングした農業用ビニル資材などが広く利用されるようになってきたことから, それらの焼却による汚染が心配される. 一方, 自然発生源としては火山の噴煙がある.

b. 被害症状と被害発生濃度
HF による害徴は, 被害が葉の先端や葉縁部に発生することである. 羽状脈葉の植物では, ネクロシスが葉の先端か周辺から発生し, 被害が激しいときには葉脈間にまで及ぶ. 平行脈葉の植物ではほとんど先端から枯れる. いずれの場合も, 葉組織の壊死部と生存部との境界は濃い褐色で縁どられることが多い. HF に冒されやすい葉位はやや若い葉である.

また, HF によってモモの果実に縫合線赤斑症という特異的なフッ素障害が発生する. その症状は果実の成熟前に縫合線に沿って赤く着色し, さらに軟化するもので, 葉に異常が出ない低濃度でも症状は発生する.

表 5.5　フッ化水素に敏感な植物（千葉県，1989）

アンズ	スイートコーン	ポンデローサマツ
コケモモ	グラジオラス	カラマツ
ブドウ	チューリップ	トウヒ
プラム	モモ（果実）	

HFは植物にとって最も毒性の強い大気汚染物質で，二酸化硫黄の数十〜数百倍の毒性をもっている．HFにきわめて敏感なグラジオラスでは1 ppb×10日〜10 ppb×20時間で，感受性の低いトマトでは10 ppb×6日〜100 ppb×10時間程度で被害が発生する（表5.5）．

c. 被害の発生機構

HFは葉の気孔から吸収され，水に溶けてフッ化水素酸として柔細胞間隙を通って導管に達する．さらに植物体内を蒸散流とともに移動し，先端部や葉縁に蓄積する．蓄積したフッ素があるレベル以上になるとクロロシスやネクロシスなどの被害が発生する．

イネやムギなどのケイ酸植物では，ケイ酸とフッ素が結合（Si-F結合）して比較的難溶性のケイフッ化物を形成し，ダイズやナタネなどの石灰植物では，カルシウムとフッ素が結合（Ca-F結合）して難溶性のフッ化物を生成し，それぞれの局所に存在すると考えられている．

5.1.4　光化学オキシダント

a. 発生源

光化学オキシダントとは工場，自動車などから排出された窒素酸化物（nitrogen oxides）および炭化水素（hydrocarbon）が，太陽の紫外線下で光化学反応によって二次的に生成した過酸化物の総称である．その構成成分は，オゾン（O_3），PAN（$CH_3COO_2NO_2$, peroxyacetyl nitrateの略），アルデヒド類，アクロレイン，過酸化水素などで，全成分の90％以上をO_3が，3〜10％をPANが占める．植物毒物質として問題になっているのは主としてO_3とPANである．

高温燃焼に伴って放出された一酸化窒素（NO）は大気中で酸化されて二酸化窒素（NO_2）が生成する（式(1)）．NO_2は紫外線照射下で光分解してNOと原子状酸素（O）を生成し（式(2)），それが大気中の酸素（O_2）と化合してO_3が発生する（式(3)）．

$$2NO + O_2 \longrightarrow 2NO_2 \tag{1}$$
$$NO_2 + h\nu \longrightarrow NO + O \tag{2}$$
$$O + O_2 \longrightarrow O_3 \tag{3}$$

ただし,O_3 は大気中の NO と反応して分解してしまうため(式 (4)),これだけでは O_3 の増加は説明できない.しかし,ここに炭化水素(RH)が存在すると大気中で有機過酸化物(RO_2)が生成され,RO_2 は NO とすぐに反応し NO を NO_2 に変える(式 (5)).したがって,RH の存在は大気中の O_3 濃度を高めるための役割を果たしている.

$$NO + O_3 \longrightarrow NO_2 + O_2 \tag{4}$$
$$NO + RO_2 \longrightarrow NO_2 + RO \tag{5}$$

また,RH と O_3 とが化合して形成された物質の分解生成物として,PAN,アルデヒドなどが生成される.

光化学オキシダント汚染の発生には気象条件が強く影響する.とくに,日射が強く,気温が24℃以上,風速が毎秒4 m 未満で,視程が2~3 km 以内のときに発生しやすい(表5.6).

発生源から大気中に排出された汚染物質は風によって運搬され,拡散希釈され

表5.6 光化学スモッグが発生しやすい気象条件(太田・長尾,1974)

	東 京
発生最盛期	6~8月中旬,他の月にも散発
発生時の気圧配置のパターン	・大部分は前線の変動,高・低気圧の通過など気圧配置の変化が大きい ・梅雨の中休み,梅雨明け前:梅雨前線の南北変動や消長に支配され,東谷傾向で北陸方面から南下する高気圧前面で発生 ・最盛期:北緯35°線に東西に走る高圧帯の南辺に入るとき,または気圧傾度がきわめて弱いとき ・高圧帯が弱まり北日本を通る気圧の谷の後面に入るとき
逆転層	移流(前線)性
気 温	20℃からとくに24℃以上
風速(現地)	4 m/sec 未満
湿 度	60~80%(9 h)以後漸減
視 程	<2~3 km(丸の内)
日 射	14時前,少なくとも2~3時間
近海水温	やや高い(東京湾7月,24~25℃)
進水地域	海岸から10~100 km
その他	オキシダント高濃度域は海風前線の移動と対応

表5.7 光化学オキシダントによる被害の症状とその分類（千葉県，1989を改変）

被害症状		症状の特徴	感受性の高い植物
オゾン型	白色斑点	葉表面の葉脈間に白色の小さな斑点や，やや大きめ（直径2～5 mm程度）の斑点が現れる．葉肉組織が分化している植物においては柵状組織が選択的に破壊される．甚だしい被害の場合は斑点が葉裏面にまで及ぶ．	［小斑点］ラッカセイ，トマト，キュウリ，ダイコン，ネギ，アサガオ ［大斑点］タバコ，ホウレンソウ，トウモロコシ
	褐色斑点	葉表面の葉脈間に赤褐色ないし黒褐色の斑点が現れる．葉肉組織が分化している植物においては柵状組織が破壊される．ラッカセイは大きな褐色斑点となるが，白色小斑点を伴うことが多い．サトイモは葉脈に沿って，羽毛状に褐色化する．バレイショは葉裏面に明確に褐色斑点がみられる．	［小斑点］水稲，インゲン，ダイズ，トマト ［大斑点］タバコ，バレイショ，ラッカセイ，サトイモ
PAN型	裏面光沢	葉裏面の被害部分が陥没して，銀白色または銅色の光沢症状が現れる．	フダンソウ，トマト，インゲン，レタス，サラダナ，キュウリ，ナス，ホウレンソウ，ペチュニア

るため，汚染の広がりはせいぜい数 km～十数 km の範囲に収まる．しかし，光化学オキシダントの場合は移動性高気圧の動きに対応して，高濃度汚染の発生地域が数百 km のスケールで移動する．そのため，大都市から離れた地域においても高濃度汚染がしばしば観測される．

b. 被害症状と被害発生濃度

光化学オキシダント，とくにオゾンによる植物被害は早ければ汚染発生当日の夕方，通常は汚染の翌日に目に見えるようになる．その初期症状は水浸状の陥没斑であり，葉色はやや黒ずんでみえる．時間の経過とともに陥没部分の細胞から水が失われ，最終的には白色もしくは褐色の斑点となる．汚染を受けてからそこに至るまでに要する日数は，通常1～3日で，それ以降，症状はほとんど進行しない．

光化学オキシダントによる植物被害の最終的な症状は，被害が葉の表面に現われるオゾン型と，葉の裏面に現われるPAN型とに大別することができる（表5.7）．オゾン（O_3）は葉肉部の細胞組織が分化している葉では，表面側の柵状組織を選択的に破壊するため，被害は葉の表面に発生する．激しい被害の場合は裏面側の海綿状組織まで破壊され，葉の表，裏両面とも斑点がみられるようになる．O_3の被害を受けやすいのは成熟直後の葉であり，老化した葉や展開途中の

表5.8 可視被害からみた農作物および園芸作物種間差の相対的なオゾン感受性リスト（野内ら，1989）

非常に感受性	感受性	やや抵抗性	非常に抵抗性
アサガオ	ダイズ	カリフラワー	チコリ
タバコ	サントウサイ	シュンギク	コモチカンラン
ハツカダイコン	アルファルファ	ソラマメ	キャベツ
ホウレンソウ	トマト	タイサイ	グラジオラス
ダイコン	ラッカセイ	ゴボウ	ゼラニウム
インゲン	ペチュニア	ハクサイ	フクシア
サトイモ	イネ	アオジソ	パンジー
ネギ	ニンジン	ピーマン	
キュウリ	ナス		
	レタス		
	シロナ		
	ミズナ		
	フダンソウ		
	カブ		

若い葉には被害がほとんど発生しない．一方，PANによる被害は，比較的若い葉の裏面に銀白色や銅色の光沢症状として発生する．これは，PANが葉の裏面側の海綿状組織を選択的に破壊するためである．

オゾン型被害は，一般的には 0.10 ppm 以上の濃度の光化学オキシダント汚染が数時間継続すると発生するが，感受性の高い植物では 0.07～0.08 ppm の濃度に1～2時間曝されるだけで発生する（表5.8）．PAN型被害は，感受性の高いペチュニアの白花種では 0.003 ppm の濃度が数時間継続すると発生する．

なお，4～10月の期間中に高濃度の光化学オキシダントが発生した場合は，各地方自治体が光化学スモッグ注意報を発令している．その発令基準はオゾン濃度として 0.12 ppm である．感受性の高い植物では注意報発令基準より低い濃度でも被害は発生する．

c. 被害の発生機構

O_3 は非常に酸化力の強いガスで，それ自身の毒性によって被害を発生させる．葉面の気孔から葉内へ侵入した O_3 は細胞膜の透過性を損傷させ，そのため細胞から水が失われ破壊される．また，O_3 は活性酸素解毒代謝系を阻害することから，被害の発生に活性酸素が関与している可能性が考えられる．さらに，O_3 は光合成を阻害するが，SO_2 による光合成阻害に比べると比較的ゆっくりした反応である．

PAN は O_3 よりも1桁低い濃度で被害を発生させる非常に酸化力の強いガスである．気孔から吸収された PAN は液相の細胞内で細胞成分ときわめて速く反応すると考えられているが，被害発生機構についてはほとんど不明である．

5.1.5 その他の汚染ガス
a. エチレン
植物ホルモンの一種でもあるエチレン（C_2H_4）は，他の汚染物質とは異なり植物の葉にネクロシスを発生させることはない．エチレンによる被害としては，ミカンの異常落葉，ケヤキやイチョウなど樹木の早期落葉，ミカン，モモ，ウメ，イチジクなどの早期落果，洋ランなどの花弁やがくの脱水萎凋，ウメ，キュウリ，スイカなどの雄花の雌花化など，多くの現象が認められる．また，トマト，ゴマなどの葉が下方へ屈曲する現象（上偏生長：epinasty）もみられる．

エチレンの発生源はエチレン関連工場，都市ガス製造工場，火力発電所などであるが，自動車排ガス中にも含まれる．

b. 窒素酸化物
窒素酸化物には種々の形態があるが，主なものは一酸化窒素（NO）と二酸化窒素（NO_2）である．このうち，植物にとっては NO_2 の方が毒性が強いが，主要大気汚染物質の中では弱い部類に属し，その単独汚染による野外での被害事例はほとんどみられない．特異な事例として，施設栽培での NO_2 ガス障害がある．これは有機質窒素肥料が多量に施用されたビニルハウスなどの密閉環境下で土壌中に亜硝酸が集積し，温度上昇とともにその亜硝酸がガス化して発生する障害である．

NO_2 の高濃度人工ばく露による植物の可視害徴は，白色または淡褐色の壊死斑点として葉脈間の葉肉部に発生し，その斑点の大きさは被害の程度によって異なる．また，被害は活性の高い成熟葉に発生しやすい．これらの特徴は二酸化硫黄（SO_2）による症状と類似している．

NO_2 はそれ自身もオゾン（O_3）生成の原料としての役割をもっているほか，SO_2 や O_3 と共存することにより植物に対する害作用（相乗作用）を発揮することが明らかになってきた．

c. 塩素および塩化水素
塩素（Cl_2）は貯蔵タンクからの漏えいなど，事故に伴って発生することが多

表 5.9 大気汚染による植物被害の判定手順
(松丸, 1995)

1. 症状の特徴を把握する (現場, 細部)
2. 被害発生状況の特徴を把握する (現場, 全体)
3. 植物体の化学分析を行う (実験室)
4. 汚染物質の環境濃度測定データで確認する

い. 急性の可視症状は葉の先端部または葉縁部のネクロシスが主体である. 塩化水素 (HCl) は農業用塩化ビニルフィルムの焼却などによって発生する. 急性の可視症状は葉縁部ネクロシスや局所的な斑点である.

5.1.6 被害の判定方法

大気汚染による植物被害を判定する基本的な手順は表 5.9 に示したとおりである. まず第 1 に, 被害の発生葉位や一枚の葉における発生部位, 被害症状の外観などを把握する. 次に調査地域・圃場における被害発生分布, 発生経過, 発生経路などを把握し, 推定される発生源を調べる. 必要であれば, 植物体の化学分析や顕微鏡観察を行ったり, 汚染物質の環境測定データを入手し, 確認する. 最終的には, 病気や害虫による障害, 養分の欠乏・過剰による障害, 気象障害など, 種々の要因を考慮して総合的に判断する.

二酸化硫黄 (SO_2) やフッ化水素 (HF) などの汚染を受けた植物は汚染物質を取り込み, 葉などに蓄積することから, 葉中の硫黄 (S) もしくはフッ素 (F) を分析することによって被害原因や被害程度を判定することができる. ただし, S は植物の必須成分であることから, 非汚染地の植物にもある程度含有されている. この非汚染レベルの含有量 (バックグラウンド値) は植物の種類によって異なる. S 含有量のバックグラウンド値は, 農作物では 1500 〜 3000 mg/kg (乾物当たり), 針葉樹では 1000 mg/kg 前後である. 葉中 F 含有量のバックグラウンド値は一般的には 20 mg/kg (乾物当たり) 以下であるが, ツバキ, サザンカ, チャなどツバキ科の植物は汚染の影響を受けていない葉でも F を 100 〜 1000 mg/kg 程度含むため, 葉分析の判定には注意を要する (表 5.10).

一方, 光化学オキシダントによる被害は SO_2 や HF による被害とは異なり, 植物体の化学分析によって汚染との関係を判定することはできない.

表 5.10　各種植物の葉内フッ素含量（松浦・国分，1973）

ホウレンソウ	15	ダイコン	16	サカキ	22
ネギ	14	サツマイモ	6	アカマツ	15
キャベツ	12	カリフラワー	30	ツバキ（若葉）	50
ハクサイ	21	ビワ	8	〃（古葉）	1,600
パセリ	18	温州ミカン	8	サザンカ（若葉）	100
シュンギク	36	カキ	14	〃（古葉）	800
ミツバ	43	クワ（若葉）	10	チャ（若葉）	60
シソ（緑葉）	16	〃（古葉）	24	〃（古葉）	800

F mg/kg 乾燥物

5.1.7　大気汚染の被害対策

大気汚染による植物被害を防止するための根本的な方策は，発生源対策を行い汚染物質の排出量を削減することである．SO_2 による被害は工場の高煙突化，燃料原油の低硫黄化，並びに硫黄酸化物の排出抑制によって，現在ではほとんど解消されている．しかし，光化学オキシダントの場合は，汚染の低減を図るために，原因物質である窒素酸化物の発生源対策を進めているが，個別の排出源を特定しにくいこともあって成果が思うように上がっていない．このため，現時点では被害を受ける農業側が，自ら対策を講じなければならない状況である．

植物に発生する光化学オキシダント被害は，一義的には汚染濃度に支配されるが，それ以外にも植物の内的条件である遺伝的，生理的条件や，外的条件である光，温度，湿度，土壌水分，肥料成分などの生育環境条件によって大きく左右される．これらの性質を利用して，以下に示した対策が考えられる．

① 植物が先天的にもっている抵抗性を利用する方法
② 施肥や土壌水分などをコントロールすることによって，栽培期間中の植物の光化学オキシダント抵抗性を常に高い状態にしておく方法
③ 気孔閉鎖物質，蒸散抑制物質や活性酸素消去物質などの化学薬剤を利用する方法
④ 被覆資材を利用して植物を汚染物質から保護する方法

5.2　水質の汚濁

わが国では，工場，事業場排水に関しては，排水規制の強化などの措置が効果を現しているが，生活排水については，下水道整備などがいまだ十分でないなど

対策が遅れている．とくに流域内に人口や産業が集中する都市内などの河川や，集水域の都市化が進んでいる湖沼においては，排出負荷量に占める生活排水の割合が大きくなっている．このほか，面としての広がりをもつ市街地，土地造成現場，農地などの非特定汚染源から降雨などにより流出する汚濁や，従来からの水質汚濁の結果として沈殿・堆積した底質からの栄養塩の溶出などによる汚濁が水質汚濁の大きな要因となっている．

5.2.1 水質汚濁に係る環境基準

環境基本法第16条第1項に基づく「水質汚濁に係る環境基準（水質環境基準）」は，公共用水域（河川，湖沼，海域）および地下水の水質について達成し，維持することが望ましい基準を定めたものであり，「人の健康の保護に関する環境基準（健康項目）」と「生活環境の保全に関する環境基準（生活環境項目）」からなる．

a. 人の健康の保護に関する環境基準（健康項目）

健康項目はカドミウムなど26項目からなり，すべての公共用水域・地下水で一律であり，ただちに達成すべきものとされており，基準値は年間平均値として定められている．ただし，全シアンについては急性毒性が懸念されることから，最高値とされている（付表2）．この健康項目に加えて，人の健康の保護に関連する物質ではあるが公共用水域などにおける検出状況からみて，ただちに環境基準とせず，引き続き知見の集積に努めるべきものとされている要監視項目として22項目が位置づけられ（付表6），水質測定の実施と知見の収集が行われている．

b. 生活環境の保全に関する環境基準（生活環境項目）

生活環境項目はCODなどの7項目（一般項目）からなり，水質汚濁の防止を図る必要のある公共用水域を対象として，河川，湖沼，海域ごとに利用目的に応じた水域類型を設けてそれぞれ基準を定め，該当する水域について類型の指定を行うことにより，基準値が決定されている（付表3）．1999年度までに全国で3274水域（河川2537，湖沼142，海域595）について指定がなされている．生活環境項目の達成期間は，水域類型のあてはめの際におのおのの公共用水域ごとに，水域の状況に応じて定められ，可能な限り早くその達成と維持を図るように施策が実施される．この項目は水域が通常の状態にあるときに測定することとされており，河川のBOD，湖沼・海域のCODについて，測定されたデータ（日間平

均値）の年間データのうち，75％以上のデータが基準値を満足しているとき，その基準点において環境基準に適合しているとみなす．水域が複数の基準点をもつ場合は，すべての基準点において環境基準に適合しているときに，その水域が環境基準を達成したことになる．

c. 湖沼及び海域における全窒素及び全燐の環境基準

湖沼および海域の富栄養化を防止するために全窒素および全燐（リン）について環境基準が定められている（湖沼：1982年，海域：1993年，付表3）．これらの項目は，CODなどの一般項目とは別に水域類型が定められ，1996年3月までに，全国の54湖沼，49海域について指定されている．

5.2.2 水質汚濁の状況

a. 公共用水域

2000年度における公共用水域の環境基準健康項目の達成率は，従来の23項目について99.4％，1999年に新たに環境基準が設定された硝酸性窒素および亜硝酸性窒素，フッ素，ホウ素の3項目を含めても99.2％であり，ほぼ環境基準を達成している（表4.11）．一方，利水上の障害などをもたらす有機汚濁（生活環境項目）に関しては，2000年度までに類型があてはめられた3274水域（河川2537，湖沼142，海域595）について，有機汚濁の代表的な水質指標であるBOD（またはCOD）の2000年度の環境基準達成率は79.4％である．水域別にみると，河川82.4％，湖沼42.3％，海域75.3％であり，とくに，湖沼，内湾，内海などの閉鎖性水域で低達成率であった（図5.5）．また，生活排水が流入する都市内の中小河川は水質改善が進んでいない傾向にある．

b. 閉鎖性水域

近年におけるわが国の公共用水域の水質汚濁の状況は，とくに後背地に大きな汚濁源を有する閉鎖性水域では，流入汚濁負荷が大きい上に汚濁物質が蓄積しやすく，汚濁が生じやすい状況にある．これに加えて，窒素，リンなどを含む物質が流入し，藻類その他の水生生物が増殖繁茂することに伴って，その水質が累進的に悪化するという富栄養化に伴う，赤潮などの現象がみられている．2000年における赤潮の発生状況は，東京湾64件，伊勢湾13件，瀬戸内海106件，有明海35件となっており，東京湾などでは青潮の発生もみられる．また，湖沼についても富栄養化に伴い水道水の異臭，漁業への影響，透明度の低下などの問題が

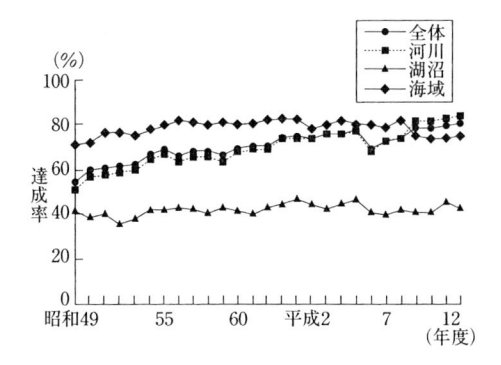

図5.5 水質環境基準（BODまたはCOD）達成率の推移
注1：河川はBOD，湖沼および海域はCOD
 2：達成率(%)＝(達成水域数/あてはめ水域数)×100
出典：環境省『2000年度公共用水域水質測定結果』

生じており，水質改善対策の実施が急務となっている．湖沼に流入する汚濁負荷の発生源は生活系，産業系，自然系など多岐にわたり，各発生源の影響の度合いは流域の土地利用や産業構造によって異なるため，一律の対策が困難となっている．

5.2.3 水質汚濁防止のための施策
a. 水質汚濁防止法
水質汚濁防止法は，公共用水域のすべてを対象として，汚水などを排出する施設として政令で定められている特定施設を設置する工場，事業場（特定事業場）から公共用水域への排出水を規制するものである（1970）．

(1) 排出基準　排出基準には，国が定める一律基準（付表7）と，都道府県がその流域の実態に応じて条例で定める上乗せ基準とがある．排水基準の遵守のために事業者の自主的測定義務，都道府県知事による公共用水域の常時監視などの体制がとられている．地下水については，有害物質を含む水の地下への浸透の禁止，地下水汚染者に対する都道府県知事からの浄化措置命令の制度などがある．法施行以来の逐次政令改正により，規制対象施設や水質項目の拡充が実施されている．また，無過失賠償責任制度（事業活動に伴う有害物質の排出によって健康被害を発生させた場合には事業者が賠償責任を負う）も設けられている．

b. 湖沼の水質保全

わが国の湖沼は，富栄養化によるアオコや淡水赤潮の発生がみられるものも少なくない．このような状況に対処するため流入 COD の削減だけでなく，富栄養化の防止をも含む総合的な水質保全対策の推進が求められている．

(1) 湖沼水質保全特別措置法　　湖沼の水質保全を図るため，国が湖沼水質保全基本方針を定め，水質環境基準の確保が緊要な湖沼を指定湖沼として指定するとともに，湖沼水質保全計画を策定し，下水道などの水質保全事業の推進および水質汚濁発生源に対するきめ細かな規制を実施するなどの特別措置を講じ，もって国民の健康で文化的な生活の確保に寄与することを目的として 1984 年に湖沼水質保全特別措置法（湖沼法）が制定された．

(2) 指定湖沼，指定地域および湖沼水質保全計画　　指定湖沼の指定は，都道府県知事の申し出により内閣総理大臣が閣議決定を経て行うとともに，指定湖沼の集水域を指定地域として指定する．これを受けて，都道府県知事は 5 年ごとに内閣総理大臣の同意を得て湖沼の水質保全に関する方針，水質保全事業，規制などの事項を定めた湖沼水質保全計画を策定する．

現在の指定湖沼は，釜房ダム貯水池（宮城県），霞ヶ浦（茨城県），手賀沼，印旛沼（千葉県），諏訪湖，野尻湖（長野県），琵琶湖（滋賀県），中海，宍道湖（島根県），児島湖（岡山県）の 10 湖沼である．

(3) 汚濁負荷削減のための規制　　湖沼法では，指定地域において水質汚濁防止法（水濁法）による規制に加えて，次のような特別措置がとられている．

① 新増設の工場・事業場に対する汚濁負荷量の規制：　水濁法に定められた特定施設（一部を除く）を有する一定規模以上の工場・事業場の新増設に対し排出水の汚濁負荷量の規制を行うもの

② みなし指定地域特定施設に対する排水規制：　水濁法の特定施設になっていない施設の一部を水濁法の指定地域特定施設とみなして同法の規定を適用するもの

③ 指定施設，準用指定施設に対する構造および使用方法の規制：　排水濃度による規制になじまないものを指定施設として定め，その構造および使用方法の規制を行うもの．また，水濁法の特定施設であっても排水量が少ないため排水基準が適用されない施設を準用指定施設として，指定施設に準じた構造および使用方法の規制を行うもの

(4) 非特定汚染源対策　非特定汚染源からの流入汚濁負荷の削減を図るため環境庁は，2000年，「湖沼等の水質汚濁に関する非特定汚染源負荷対策ガイドライン」をとりまとめ，指定湖沼関係府県に提示している．このガイドラインには，自然地域（山林など），都市地域および農業地域の非特定汚染源における具体的な負荷削減対策技術（一部技術では削減効果を含む）が盛り込まれており，湖沼水質保全計画の策定における活用が期待されている．この他，農業分野では，「持続性の高い農業生産方式の導入の促進に関する法律」（1999年法律第110号）が，畜産分野では，「家畜排せつ物の管理の適正化及び利用の促進に関する法律」（1999年法律第112号）が制定され，負荷削減対策の推進が図られている．

c. 水質総量規制制度

東京湾，伊勢湾，瀬戸内海などの広域の閉鎖性水域では，地形的な条件から水の交換が悪く，汚濁物質が滞留しやすい条件にある上に後背地に人口や産業が集中し，大量の排水が流入しているため，水質汚濁防止法に基づく従来の濃度規制だけでは水質の改善が困難な状況にあった．このため当該水域への汚濁負荷量を全体的に削減するために設けられた制度である．本制度の対象水域には東京湾，伊勢湾，瀬戸内海が指定され（指定水域），指定水域ごとにその水域の水質に関係のある地域（指定地域）が定められており，規制対象となる水質項目にはCOD（化学的酸素要求量），全窒素および全リンが指定されている．この制度に基づく負荷量削減のための主要な方途は，総量規制基準による工場，事業場の規制である．総量規制基準は，1日当たりの排水量が $50\ m^3$ 以上の特定事業場（指定地域内事業場）に適用され，事業場ごとに排出水の汚濁負荷量の値を許容限界としている．また，生活系の負荷量削減対策として下水道，生活排水処理施設の整備などの生活排水対策も定められている．

第1次総量規制は1984年度を目標年度として開始されたが，指定水域の水質改善は十分でなく依然として赤潮，青潮の発生もみられる（図5.6）ことから，総量規制の継続が必要とされており，現在は2000年度からの第5次総量規制が実施されている．なお，第5次からは，第4次までのCODに加えて全窒素および全リンが対象水質項目に追加されている．

d. 瀬戸内海の環境保全

瀬戸内海は，近畿，中国，四国，九州に囲まれたわが国最大の内海である．500以上の島々，多数の瀬戸，湾入，岩礁などを含み，古来より優れた景勝地で

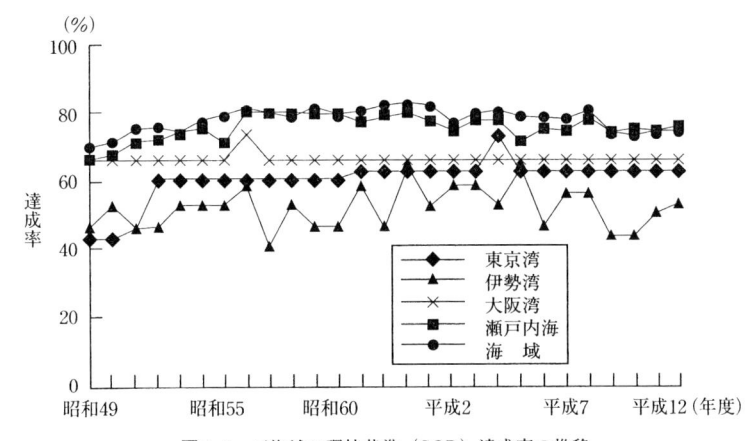

図 5.6 三海域の環境基準（COD）達成率の推移
伊勢湾は三河湾を含み，瀬戸内海は大阪湾を含む．
出典：環境省『2002 年度公共用水域水質測定結果』

あり，貴重な漁業資源の宝庫でもある．このように豊かな自然をもつ瀬戸内海であるが，閉鎖性の海域であるため，産業や人口の集中に伴って 1965 年以降，水質の汚濁が急速に進行し，大規模な赤潮が発生した（図 5.7）．

(1) 瀬戸内海環境保全特別措置法　このような状況を背景として，瀬戸内海の環境保全を図るため 1973 年に瀬戸内海環境保全臨時措置法が制定され，続いて 1978 年に瀬戸内海環境保全特別措置法（瀬戸内法）が制定され，この法律に基づいて環境保全対策が推進されている．

(2) 栄養塩類の削減指導　大規模な赤潮の発生という事態を重視して，富栄養化を防止する観点から，瀬戸内海関係府県では，代表的な栄養塩類の一つであるリンについて 1980 年から 3 期にわたり削減指導を行うとともに，もう一つの代表的な栄養塩類である窒素を第 4 次から追加し，削減指導を実施している．

(3) 自然海浜の保全　瀬戸内海沿岸は優れた景勝地である一方，埋立てなどにより自然海岸の減少が著しい地域でもある．残された自然海岸を，海水浴などの海洋性レクリエーションや憩いの場として好適な状態で保全するため，関係府県は条例で自然海浜保全地区を指定し，工作物などの新築などに関して届出の義務を課している．1998 年時点で 91 地区が指定されている．

(4) 埋立てに当たっての特別な配慮　瀬戸内法では，瀬戸内海における埋立

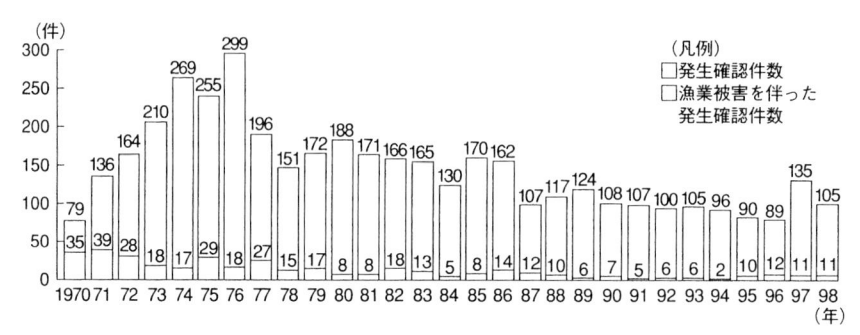

図 5.7 瀬戸内海における赤潮の発生実件数
水産庁瀬戸内海漁業調整事務所「瀬戸内海の赤潮」による．

ての免許または承認に当たって，関係府県知事は，優れた景勝地であり，漁業資源の宝庫である瀬戸内海の特殊性について十分に配慮しなければならないとされている．このための埋立ての基本指針が瀬戸内海環境保全審議会から示されており，そこでは，埋立ては厳に抑制すべきであり，やむをえず承認する場合においても環境保全に十分に配慮することとされている．

5.2.4　生活排水対策

調理，洗濯，入浴など，人の日常生活に伴い排出される生活排水は，公共用水域における水質汚濁の主要な原因の一つとなっており（図 5.8），水質保全対策として，従来，産業系の排水規制が中心であった水質汚濁防止法の改正が行われ，生活排水対策の推進に関する規定が設けられた．その主要な点は以下のとおりである．

(1) 行政の責務の明確化

市町村：　生活排水処理施設の整備，生活排水対策の啓発などの実施
都道府県：　市町村実施の生活排水対策の総合調整
国：　知識の普及，地方公共団体が行う生活排水対策の援助

(2) 国民の責務の明確化

・調理くず，廃食用油の適正処理，洗剤の適正使用などの水質保全への心がけ
・国・地方公共団体が行う生活排水対策の実施への協力
・生活排水処理施設の整備に関する努力

5.2 水質の汚濁

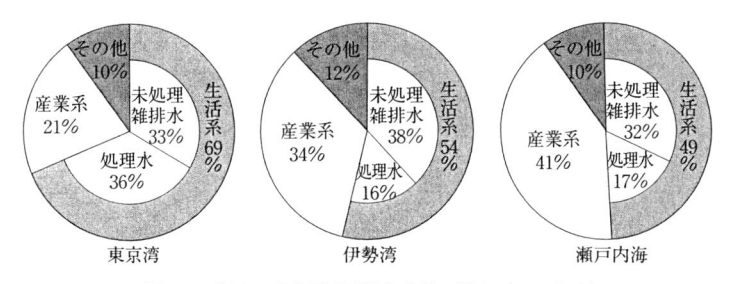

図 5.8 海域の発生源別汚濁負荷量の割合（1994年度）

(3) 生活排水対策重点地域における対策の計画的推進
都道府県知事： 生活排水対策重点地域（対策実施必要地域）の指定
指定地域内市町村： 生活排水対策推進計画の策定と対策の推進

(4) 総量規制地域における排水規制対象施設の拡大
・水質総量規制指定地域における浄化槽の規制対象規模の拡大

5.2.5 地下水汚染

地下水は，一般に良質で水温の変化も少ない貴重な水資源であり，都市用水（生活および工業用水）の約 1/3 は地下水に依存している．また，わが国では上水道を通じて約 3000 万人の飲料水として利用されているほか，約 200 万戸の家庭で飲料水として利用されており，重要な水資源となっている．

a. 地下水汚染問題の経緯

1982 年度に環境庁が実施した全国 15 都市における地下水質の実態調査において，トリクロロエチレンなどの有機溶剤が 30％近くの井戸で検出され，WHO の飲料水水質ガイドライン値を超過する井戸も全体の 3％以上の割合で存在するなど，全国的な汚染状況が明らかにされた．その後，実施された都道府県などによる地下水質調査も同様な汚染が各地に存在することを確認する結果となった．

b. 地下水汚染に対する取り組み

地下水は，いったん汚染されるとその回復が困難であり，汚染の未然防止を図ることが重要であるため，1989 年には水質汚濁防止法が改正され，有害物質を使用する特定施設からの有害物質を含む水の地下浸透の禁止，都道府県知事による地下水質の常時監視などの対策が開始されたが，その後も依然として汚染がみられる状況を踏まえて，1997 年には「地下水の水質汚濁に係る環境基準」が設

定(2002年現在26項目,付表2)され,地下水の水質保全対策は環境基準の達成・維持を目標に推進されることとなった.また,最近では環境 ISO 取得を目指す事業者によって自主的な取り組みが増加しており,これを効率的・効果的に支援するために,環境庁は,調査から対策に至るまでの一連の手順・手法を示した「土壌・地下水汚染に係る調査・対策指針及び運用基準」を1999年に策定・

BOX 11

バイオレメディエーション (bioremediation)

　自然界に生息する細菌,酵母,糸状菌などの微生物を用いて汚染物質を分解して無毒,あるいは毒性の低い物質に変換するのがバイオレメディエーション (bioremediation) である.汚染サイトに分解微生物が生息している,あるいは外から分解微生物を接種するだけでは,汚染環境の修復はできない.汚染物質の分解を進めるには,分解に関与する微生物が活性状態にあることが必要であり,バイオレメディエーション技術は,汚染物質を最大限に分解させるために,分解微生物に最適の条件を与え,微生物の成育と個体数の増加を助けるものである.具体的な技術は,存在する微生物のタイプ,汚染サイトの状態,汚染化学物質の質と量といった要因で決まる.異なる微生物は異なる物質を分解し,異なった条件下で生育する.土着の微生物とは汚染サイトにすでに生息している微生物であり,これらを利用する場合には,これらの増殖を支援するために,適正な温度,酸素,養分を供給する必要がある.仮に,目的の汚染物質を分解する微生物がそのサイトに生息していない場合には,他の場所から分離され,効果が確認された分解微生物を添加するが,この場合も添加した微生物にとって最適な条件を用意する必要がある.

　バイオレメディエーション技術は,汚染土壌や地下水をその場(原位置)で修復する In Situ Bioremediation (原位置処理法) と汚染土壌を掘り出して処理する Ex Situ Bioremediation に大別される.後者には,スラリーフェーズ処理法とソリッドフェーズ処理法がある.ソリッドフェーズ処理法には,① ランドファーミング,② 土壌バイオパイルおよび ③ コンポスティングがある.

　バイオレメディエーション技術に用いる微生物は,多様で厳しい自然環境のもとで分解機能を発揮する必要があり,このような微生物を自然環境中から分離するか,あるいは,従来の微生物の機能を組み換え DNA 技術などを用いて強化することなどが必要とされている.また,微生物の投入自体が環境へ悪影響を与えないことも必要である.このような状況を背景に世界各国で研究が進められており,わが国では1993年に環境庁により「地下水汚染に係るバイオ・レメディエーション環境影響評価指針」が策定されている.

表 5.11 地下水質常時監視結果（1989 年度概況調査）

物質名	調査数	検出率(%)	超過数(%)
シアン	1,561	1(0.1)	1(0.1)
鉛	1,566	7(0.4)	0(0.0)
ヒ素	1,537	58(3.8)	4(0.3)
トリクロロエチレン	3,388	135(4.0)	30(0.9)
テトラクロロエチレン	3,388	208(6.1)	42(1.2)
1,1,1-トリクロロエタン	3,952	113(2.9)	3(0.1)
四塩化炭素	2,008	4(0.2)	0(0.0)

注）1. ほかの有害物質については，検出されなかった．
    2.「超過数」は，評価基準などを超過した井戸数を示す．

公表している．

c. 最近の地下水汚染の状況

水質汚濁防止法に基づく地下水水質監視の初年度に当たる 1989 年度には 13 項目を対象に全国の 6694 本の井戸で調査が実施されている．そのうち，地域の全体的な地下水質の状況を把握するための概況調査の結果は，表 5.11 に示したとおりであり，2000 年度の調査結果は表 4.12 に示されている．1999 年 2 月に追加された硝酸性窒素および亜硝酸性窒素の基準値超過率が 6.1%と最も高い．この推定原因については，未処理の生活排水，施肥，家畜ふん尿の不適切な処分があげられており，地下水質の保全を図るために農業分野における施肥対策が重視されている（4.4 節参照）．

5.2.6 水道水源水域の水質保全

近年，水道水から発ガン性の疑いのあるトリハロメタンなどの有害物質が検出され，また水道水の異臭味の問題も依然として解消されないことなどから，国民の水道水に対する関心が高まっている．このため，水道水源水域の水質の保全に資する施策を総合的・計画的に講ずることにより，これらの問題に対応しようとする「特定水道利水障害防止のための水道水源地域の水質保全に関する特別措置法」が 1994 年に制定されている．

5.2.7 健全な水循環の確保

a. 水の機能

水は基本的に流域を単位として「降水→土壌水→地下水→河川・湖沼（地表水）

→海洋→蒸発→降水」という循環系を形成している．とくに地下水は，降水と地表水を連結し，緩やかに流動する特性をもち，水量の確保と，水の浄化という点で自然の水循環系に不可欠の役割を果たしている．このような水循環は，人間の生命活動や自然の営みに必要な水量の確保のみならず，熱や物質の運搬，植生や水面からの蒸発散と水のもつ大きな比熱効果による気候緩和，土壌や流水による水質の浄化，多様な生態系の維持といった，環境保全上重要な機能をもっている．

b. 水環境の現状と問題解決の着眼点

しかしながら，水循環をめぐっては，20世紀後半以降，都市への人口集中に伴う急激な都市域の拡大や農林業をめぐる厳しい経営環境などを背景に，森林，水田などのかん養域である土地の荒廃や減少，都市域での雨水の不浸透域の拡大が進行したり，水需要が増大した結果，湧水の枯渇，水質の悪化，生物の生息環境が悪化したりなど，さまざまな障害が生じている．

このような水にかかわるさまざまな問題を総合的に解決するための着眼点として「水循環」がきわめて重要であり，環境保全上の視点から健全な水循環の確保に向けた施策の展開が図られようとしている．

c. 今後の方向に関する中央環境審議会の具申意見

中央環境審議会は，1999年「環境保全上健全な水循環に関する基本認識及び施策の展開について」の報告をとりまとめ，環境庁長官に意見具申した．この中で，「環境保全上健全な水循環とは，自然の水循環がもたらす恩恵が基本的に損なわれていない状態のことである」との基本的な考え方を示すとともに，次のような施策の展開方向を示している．

① 水循環に関する現状，課題，目標の共通認識の形成
② 国などにおける水循環の回復，促進を図る上で必要となる体系的な施策の追求
③ 流域ごとの水循環の回復計画などの策定と施策の具体化
④ 地域別推進施策の方向

5.3 土壌の汚染

現在の地球の土壌の厚さは平均で18 cm（固体地球半径6400 kmのおよそ

1/3556万) しかないが，その生成には数千～数十万年を要したとされている．この土壌は，環境の重要な構成要素であり，人や生物の生存基盤として，また，水質浄化，地下水かん養，食料・木材の生産などの多様な機能をもち，物質循環や生態系維持に重要な役割を果たしており，その適切な保全が推進されなければならない．

5.3.1 土壌環境基準

土壌環境基準とは，環境基本法第16条第1項に基づく「土壌の汚染に係る環境基準」(1991年環境庁告示第46号) の略称であり，溶出基準と農用地基準からなる (7.1節および付表8参照)．

これらの基準は，人の健康を保護し，生活環境を保全する上で維持されることが望ましい基準であり，土壌の汚染状態の有無を判断する基準として，また，汚染土壌の改善対策を講ずる際の目標となる基準として設定され，政府の施策を講ずる際の目標となるものである．現行の土壌環境基準は，既往の知見や関連する諸基準に即して，設定可能なものについて設定するとの考え方に基づき，次の2つの視点から設定されている．

a. 溶出基準

溶出基準は，水質浄化・地下水かん養機能を保全する観点から，水質環境基準のうち人の健康の保護に関する環境基準 (健康項目) の対象となっている項目について，土壌 (重量：g) の10倍量 (容量：mL) の水でこれらの項目にかかわる物質を溶出させ，その溶液中の濃度が，おのおの該当する水質環境基準の値以下であることを環境上の条件としている．この溶出基準は原則として農用地を含めたすべての土壌に適用される．なお，カドミウムなどの8項目にかかわる溶出基準の値については，汚染土壌が地下水面から離れており，かつ原状において当該地下水が汚染されていない場合には，溶出基準値の3倍の値 (3倍値基準) が適用される (付表8, 備考1)．

b. 農用地基準

農用地基準は，土壌環境機能のうち，食料を生産する機能を保全する観点から，「農用地の土壌の汚染防止等に関する法律」(1970年法律第139号) に基づく特定有害物質について，農用地土壌汚染対策地域の指定要件に準拠して環境上の条件としている．なお，農用地基準は，農用地 (ヒ素および銅については，田に限

る）の土壌に適用されている．

この農用地基準は，現在，付表8のように，カドミウム，銅およびヒ素について農用地土壌汚染対策地域の指定要件に準拠して設定されている．

c. 農用地土壌汚染対策地域の指定要件

① その地域内の農用地において生産される玄米に含まれるカドミウムの量が1 mg/kg 以上であると認められる地域．検定方法は硫酸-硝酸分解法．

② その地域内の農用地（田に限る）の土壌に含まれる銅の量が125 mg/kg 土壌以上であると認められる地域．検定方法は0.1 規定塩酸抽出法．

③ その地域内の農用地（田に限る）の土壌に含まれるヒ素の量が15 mg/kg 土壌以上であると認められる地域．検定方法は1 規定塩酸抽出法．ただし，ヒ素に関しては特例が認められている（10 ～ 20 mg/kg 範囲内）．

d. Codex 委員会における食品中カドミウムの最大許容基準の検討

世界の消費者の健康を保護し，食品の健全な貿易慣行を確保し，国産貿易を促進するため食品の国際基準を作成することを目的として1962年に設立されたFAO/WHO 食品規格委員会（Codex 委員会）は，食品（米を含む穀類，豆類，いも類，野菜，果実，肉類，家畜の内臓，甲殻類および軟体動物）中のカドミウムの最大許容基準を検討している．わが国では，米のカドミウムに関する基準は，1 mg/kg 玄米以下であるが，これよりはるかに低いレベルでの検討が行われており，成り行きが注目される．

e. ダイオキシン類の土壌環境基準

2000年1月に施行された「ダイオキシン類対策特別措置法」に基づいて大気，水質とともに土壌の基準が設定されている（付表9）．すなわち，大気：0.6 pg-TEQ/m^3 以下，水質：1 pg-TEQ/L 以下，土壌：1000 pg-TEQ/g 以下である．なお，土壌については，周辺の発生源の立地状況やダイオキシン類の状況などについて必要な調査を開始する基準（調査指標）が定められており，その値は250 pg-TEQ/g 以上である（5.4節参照）．

5.3.2 土壌汚染の現状と対策

a. 市街地などの土壌汚染

近年，工場跡地や研究機関跡地の再開発に伴い，有害物質の不適切な取り扱い，汚染物質の漏えいなどによる汚染が判明する事例が増加している．1999年度に

5.3 土壌の汚染

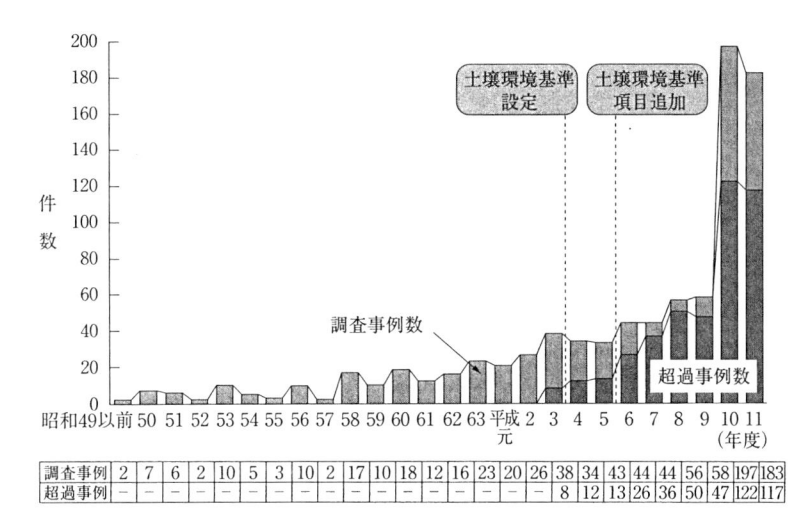

年度	昭和49以前	50	51	52	53	54	55	56	57	58	59	60	61	62	63	平成元	2	3	4	5	6	7	8	9	10	11
調査事例	2	7	6	2	10	5	3	10	2	17	10	18	12	16	23	20	26	38	34	43	44	44	56	58	197	183
超過事例	-	-	-	-	-	-	-	-	-	-	-	-	-	-	-	-	-	8	12	13	26	36	50	47	122	117

図 5.9　年度別の土壌汚染判明事例数
資料：環境省

おける汚染判明件数は 117 件（図 5.9）にのぼっている．

　市街地などの土壌については，環境基準の達成維持に向け，「土壌・地下水汚染に係る調査・対策指針」に基づき，土壌汚染が明らかであるか，または，そのおそれがある場合には，土地改変の機会に環境基準の適合状況の調査を実施し，汚染土壌の存在が判明した場合には可及的速やかに必要措置を講じるように，事業者などの自主的取り組みを環境省が指導している．

　b．農用地の土壌汚染

　基準値以上検出地域のうち，2001 年 11 月 30 日現在までに 6266 ha（67 地域，図 5.10）が農用地土壌汚染対策地域として指定され，そのうち 6181 ha（67 地域）において農用地土壌汚染対策計画が策定済みである．公害防除特別土地改良事業などにより 5872 ha について対策事業が完了しており，対策事業の進捗率は 81.9％となっている（表 5.12）．

5.3.3　土壌管理基準

　土壌管理基準とは，正式には「農用地における土壌中の重金属等の蓄積防止に係る管理基準」といい，重金属類を含有する再生有機質資材の農用地における長期連用に伴う土壌の汚染を防止する目的で設定されたものである．その管理指標

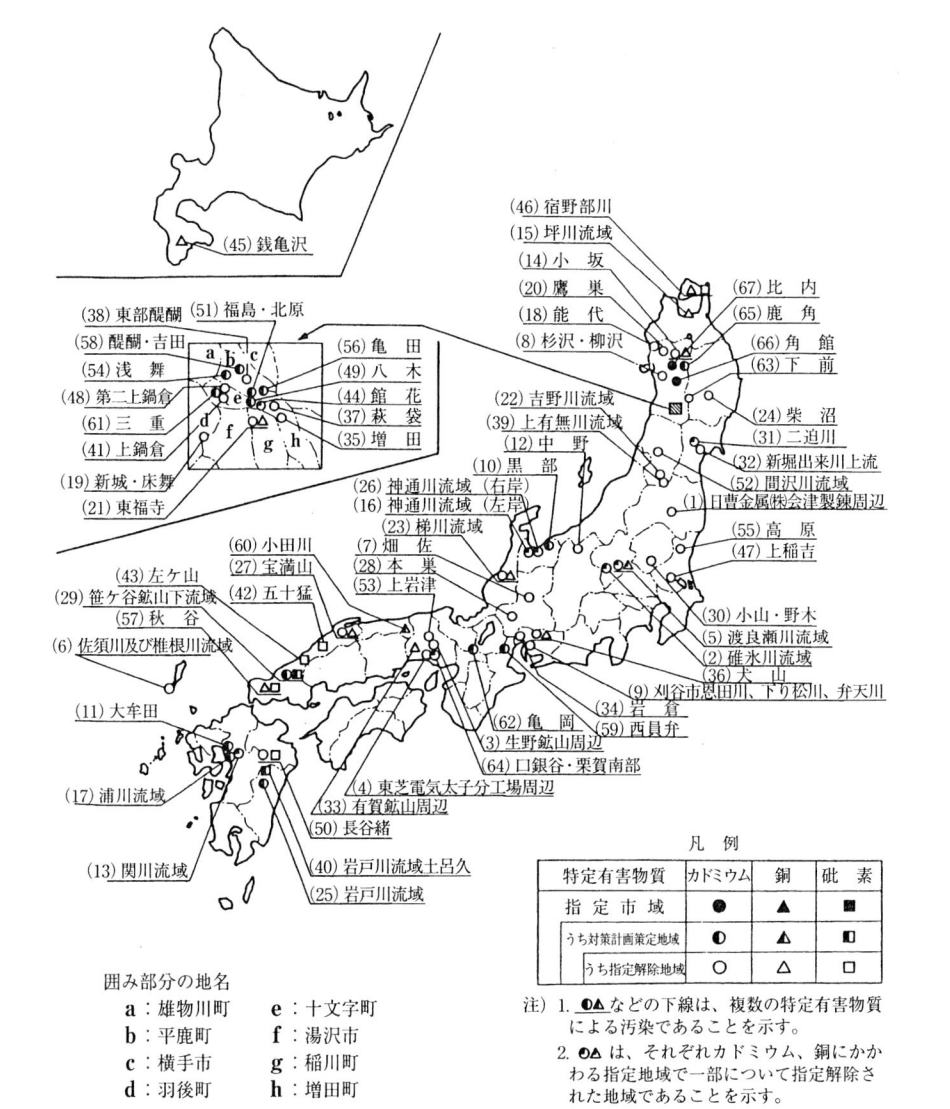

138　　　5. 有害物質による環境汚染

(45) 銭亀沢
(46) 宿野部川
(15) 坪川流域
(14) 小坂
(20) 鷹巣
(18) 能代
(67) 比内
(65) 鹿角
(38) 東部醍醐
(51) 福島・北原
(56) 亀田
(8) 杉沢・柳沢
(66) 角館
(63) 下前
(58) 醍醐・吉田
(49) 八木
(54) 浅舞
(44) 館花
(22) 吉野川流域
(24) 柴沼
(48) 第二上鍋倉
(37) 萩袋
(61) 三重
(35) 増田
(39) 上有無川流域
(52) 間沢川流域
(41) 上鍋倉
(12) 中野
(31) 二迫川
(19) 新城・床舞
(10) 黒部
(32) 新堀出来川上流
(21) 東福寺
(26) 神通川流域(右岸)
(1) 日曹金属㈱会津製錬周辺
(16) 神通川流域(左岸)
(23) 梯川流域
(55) 高原
(60) 小田川
(7) 畑佐
(47) 上稲吉
(43) 左ケ山
(27) 宝満川
(28) 本巣
(30) 小山・野木
(29) 笹ケ谷鉱山下流域
(42) 五十猛
(53) 上岩津
(5) 渡良瀬川流域
(57) 秋谷
(2) 碓氷川流域
(6) 佐須川及び椎根川流域
(36) 犬山
(11) 大牟田
(9) 刈谷市恩田川,下り松川,弁天川
(62) 亀岡
(34) 岩倉
(17) 浦川流域
(3) 生野鉱山周辺
(59) 西貝弁
(64) 口銀谷・栗賀南部
(4) 東芝電気太子分工場周辺
(33) 有賀鉱山周辺
(50) 長谷緒
(13) 関川流域
(40) 岩戸川流域土呂久
(25) 岩戸川流域

凡例

特定有害物質	カドミウム	銅	砒素
指定市域	●	▲	■
うち対策計画策定地域	◐	▲	◨
うち指定解除地域	○	△	□

注) 1. ●▲などの下線は、複数の特定有害物質による汚染であることを示す。
2. ◐▲は、それぞれカドミウム、銅にかかわる指定地域で一部について指定解除された地域であることを示す。

囲み部分の地名
 a：雄物川町　　e：十文字町
 b：平鹿町　　　f：湯沢市
 c：横手市　　　g：稲川町
 d：羽後町　　　h：増田町

図 5.10　農用地土壌汚染対策地域位置図

表 5.12 農用地土壌汚染対策の進捗状況

(2001 年 11 月 30 日現在)

特定有害物質	① 基準値以上検出地域	② 指定地域	③ 対策計画策定地域	④ 対策事業完了地域		⑦ 対策事業実施中地域	⑧ 対策計画未策定地域	⑨ 県単独事業等完了地域	⑩ 未指定地域
				⑤ 指定解除地域	⑥ 未解除地域				
カドミウム	6,626ha 94	6,118ha 58	6,033ha 58	5,253ha 58	4,373ha 49	880ha 13	780ha 13	85ha 1	328ha 38	181ha 18
銅	1,403ha 36	1,224ha 12	1,224ha 12	1,187ha 12	1,115ha 11	71ha 2	37ha 2	—	56ha 16	123ha 8
ヒ素	391ha 14	164ha 7	164ha 7	164ha 7	84ha 5	80ha 2	—	—	95ha 2	132ha 6
計 面積	7,166ha	6,266ha	6,181ha	5,397ha	4,455ha	942ha	784ha	85ha	475ha	426ha
計 地域数	131	67	67	67	56	15	14	1	53	31

上段:面積,下段:地域数
注)1:「基準値以上検出地域」は,2000 年度までの細密調査等の結果によるもの
2:縦の欄の面積,地域数を加算したものが,合計欄のそれと一致しないのは,重複汚染があるため
3:横の欄の地域数を加算したものが,合計および「基準値以上検出地域」と一致しないのは,部分解除した地域,一対策事業が完了した地域等があるため
4:「対策計画策定地域の事業完了」および「県単独事業等完了地域」には,他用途転用面積を含む
5:「対策計画策定地域の事業完了」は,国の助成にかかわる対策事業の面工事が完了している(2001 年度末完了予定を含む)地域
出典:環境省『農用地土壌汚染防止対策の概要』(2001 年 11 月)

を亜鉛含有量(表層土壌を強酸分解法で分解し,分解液中の亜鉛を原子吸光光度法によって測定する)とし,管理基準値を亜鉛 120 mg/kg 土壌(乾土)としている.この基準の特徴は,資材の重金属類の含有量ではなく,受け入れ側の土壌の条件に基づいているところにある.食品リサイクル法などリサイクル関係の法律・制度との関係が今後注目される.

5.3.4 重金属類による農用地土壌の汚染と農作物の生育

農用地土壌汚染防止法では,水稲の生育に障害となる銅とヒ素が有害化学物質として取り上げられているが,これら以外の有害化学物質による農作物の生育障害も発生している.なかでも,比重 5 以上のいわゆる重金属によるものに関しては,これまでに多数の研究が行われている.

重金属が農作物に与える影響は次のように区分されている.また,重金属によ

表5.13 重金属過剰による作物の被害症状

元素	作物の被害症状
ヒ素（As）	生育が全体に悪くなり，葉は湾曲して垂れ下がるのではなく，全体に下を向く．
カドミウム（Cd）	過剰により作物が生育障害を受ける前に，作物がCdを十分に吸収し，人畜に有害な食品，飼料が生産される．過剰に吸収されると，クロロシスを起こし，作物が生育障害を受けることもあるが，水耕栽培の水稲では葉鞘が黒褐色化し，ダイズでは葉脈が褐変するとの報告がある．
銅（Cu）	銅の大部分は根にとどまって，他の成分の吸収を阻害する．とくに鉄の吸収を阻害する．銅が過剰になると作物の生育が悪くなる．障害はまず根に現れ，主根の伸長が阻害され，分岐根が発生してもそれは短く，根は有刺鉄線のような形状をとる．地上部には比較的症状が現れにくいが，新葉でクロロシス（黄化）の発生，旧葉ではネクロシス（壊死）の発生，葉柄，葉身の裏面の紫変などがあげられる．稲麦類では茎数や穂数が減少し，水稲にゴマ葉枯病がでやすくなる．
マンガン（Mn）	被害症状は作物によって異なるが，根が褐変し，葉に褐色あるいは白色のスポットを生じ，その部分が紫色となり，若い葉は巻き上がる．典型的な過剰症として，リンゴの粗皮病，ミカンの異常落葉，施設栽培における蒸気消毒に伴うキュウリ，メロンなどの過剰症などがある．ダイコンはMnの過剰によりコップ状葉（Mo欠乏と同じ）を呈する．多肥は発生を助長する傾向にある．
モリブデン（Mo）	多量に吸収しても過剰症は現れにくいが，バレイショ，トマトなどナス科の作物は，オオムギ，ソラマメより敏感ではっきりとクロロシスが現れる．バレイショでは，分枝が赤黄色になり，トマトでは黄金色を呈する．これはMoが色素と結合するためである．
ニッケル（Ni）	エンバクにその症状が顕著であり，葉脈間クロロシスを起こしたり，新葉の葉脈に沿って白色の縞模様を生じる．著しくなると葉全体が白化する．根の生育も阻害され，有刺鉄線状の根（Cu同様）となる．著しい場合は出穂しない．水稲に対しては，亜鉛欠乏症らしきものを誘発する．葉身中肋の白化，下位葉の小褐色斑点，ロゼット（根生葉）状生育が認められるとする報告あり．コカブは初期には葉の先端が褐変し，やがて葉全体に広がり葉脈を残し葉脈間がモザイク状に褐変．その他，コムギ，トウモロコシ，ダイコン，ナシ，クワなどでクロロシスを中心とする過剰症が報告されている．
鉛（Pb）	可視被害はほとんど認められない．鉛の過剰は作物に被害を与えることは少ないが，根中の含量は高まる．経根的な吸収はほとんど問題ないが，大気汚染による可食部への付着の恐れがある．
亜鉛（Zn）	わが国は一般的に酸性土壌が多いので，亜鉛含量の高い微量要素肥料や汚泥などを多用すると，亜鉛の過剰症が発生しやすい．スモモの過剰症は，新葉の葉先から褐変し，葉全体が褐変すると落葉する．この症状は上位葉より始まり次第に下位葉に移る．ダイズでは，はじめ葉の中肋の基部に赤褐色の色素が現れ，ついで葉が外側にカールし，甚だしい場合は枯死する．
セレン（Se）	水稲では葉身が葉耳から垂れ下がる．葉身の周囲が黄化し，節間伸長が抑えられ，白根が多くなるとの報告がある．
クロム（Cr）	コムギでは，根の伸長が阻害され，地上部はクロロシスを起こし，ついには枯死する．この影響を与える濃度は六価クロムの方が三価クロムより低く，前者の毒性が強い．

5.3 土壌の汚染

る農作物の生育障害の症状は，表 5.13 に示されている．

```
┌─作物の生育阻害を主とするもの
│  ┌─① 他要素の欠乏症を引き起こすもの …… Cu, Mn, (As)
│  └─② 直接作物細胞を害するもの ………… Hg, Cr, Ni, Zn, Mo, Pb,
│                                         Se, Sr, V, As
└─有害な食品，飼料が生産されるもの ……… Hg, Cd, Mo（牧草），
                                         Se（牧草）
```

前記のように，銅とヒ素については，水田土壌中の含有量で基準値が定められているが，水稲以外の作物の過剰障害が発現する土壌中の存在量については，作物の種類によって過剰障害発現濃度が異なるだけでなく，同一作物においても，土壌のpH，酸化還元状態のような土壌条件の相違や，元素間の拮抗作用や相助作用，沈殿現象などが作物による重金属の吸収に影響を与えるために，過剰障害の発現濃度が異なる．一方，作物体中の含有量と過剰障害との関係についても多くの報告があるが，作物の種類，土壌，栽培法，気候などによっても過剰症状の発現限界含有量は変化するので，結果は必ずしも一致していない．しかし，作物に異常が認められ，元素の含有量が通常より高い場合にはその元素による障害と考えてよいとされている．その判断の参考として，植物体中の元素の分布幅と異常値の領域が図 5.11 のように示されている．

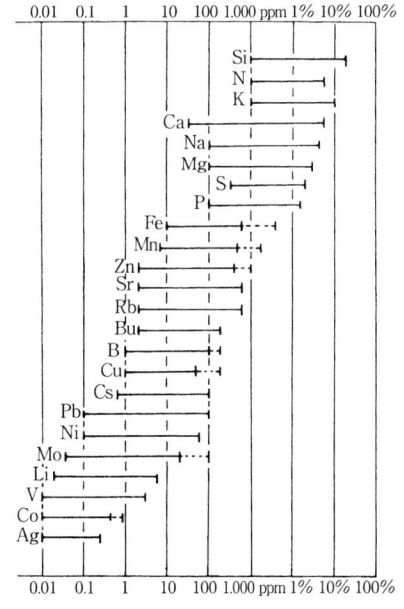

図 5.11 植物体中に普遍的に検出される元素の分布幅（Mitchell, 1954；北岸修正）点線は異常に高い値を示す．

BOX 12

IT 産業と環境汚染——携帯電話はクリーンな製品か——

IT（information technology：情報技術）革命という言葉もあるように，IT はこれからのわが国や世界経済を主導し，産業や生活のあり方を抜本的に変えるものとして期待が寄せられている．IT 産業と聞くと煙突のないクリーンな先端技術で，環境汚染や職業病とは無縁な産業と思うかもしれないが，数多くの有害化学物質が使われており，環境へ大きな影響を及ぼしている．

IT 産業の生産の場面では，すでに 1980 年代からアメリカ・シリコンバレーで半導体工場からの有機溶剤漏出事件が発生したのを契機に，先天異常や発ガンなどの健康障害や飲料水汚染，土壌・地下水汚染が多発してきた．わが国においても，兵庫県太子町（わが国初のハイテク汚染），福井県武生市（菊とハイテクの町），千葉県君津市（ハイテク汚染浄化のモデル）などで地下水汚染が発生した．1995 年における有機溶剤トリクロロエチレンによる地下水汚染が存在する市町村数は 195 にのぼる．また，IT 生産がアジアに広がることで汚染も台湾，韓国，タイ，マレーシアの工業団地などに拡大し，問題視されている．しかし，国や多国籍企業が IT 化を主導していることもあり，IT 産業固有の化学物質の安全管理や土壌・地下水汚染対策は十分でない．わが国においては，経済の再生と関連した都市再開発が課題であるが，それを困難にしている一因も土壌・地下水汚染の存在である．

使用済み IT 製品も，潜在的な有害廃棄物である．IT 製品は製造過程に有害な化学物質が使用されているだけでなく，製品にも鉛，カドミウム，水銀などの化学物質が使われている．製品の有害性を減らし，リサイクルを徹底することが課題となっているが，現在では 1 日約 7 万台もの携帯電話が廃棄されている．携帯電話の場合，金やパラジウムなどの貴金属や希少金属が含有されていることもあり，技術的には 100% リサイクル可能となっている．しかし，リサイクル率は約 40% 程度にすぎないと推定されている．携帯電話をはじめ，数々の IT 製品について，生産・流通・消費から廃棄に至るまでの一貫した環境管理が求められている．

5.4 ダイオキシン類

5.4.1 性質と環境中の挙動

a. ダイオキシン類の性質

ダイオキシン類（dioxins）は，「ダイオキシン類対策特別措置法（1999 年）」により，① ポリ塩化ジベンゾ-パラ-ジオキシン（PCDDs），② ポリ塩化ジベンゾフラン（PCDFs）および ③ コプラナーポリ塩化ビフェニル（Co-PCBs）と定

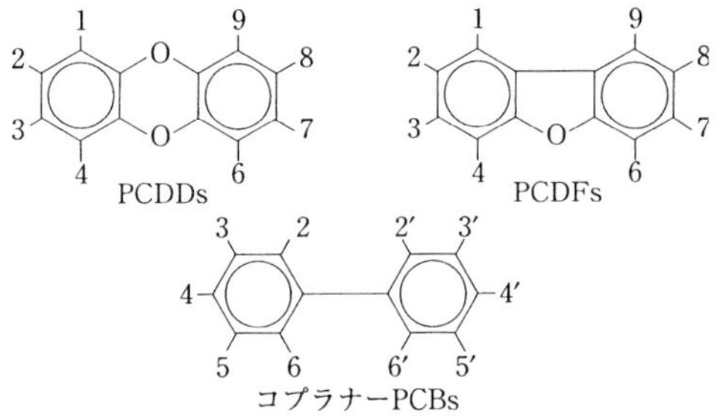

5.4 ダイオキシン類

図 5.12 ダイオキシン類の骨格構造

義されており，基本的には2個のベンゼン環が直接または酸素を介して結合し，それにいくつかの塩素が水素と交換結合した構造となっている（図5.12）．塩素の結合数や結合位置によりPCDDは75種類，PCDFは135種類，コプラナーPCBは数十種類の異性体が存在する．このうち毒性をもつとされているのは29種類である（表5.14）．

ダイオキシン類全体の毒性の強さは，毒性等量（TEQ）で表示される．ダイオキシン類は，毒性の強さがそれぞれ異なっており，PCDDのうち2,3,7,8の位置に塩素が結合したもの（2,3,7,8-TCDD）が最も毒性が強い．この毒性を1として他のダイオキシン類の毒性の強さを換算した係数（毒性等価係数：TEF，表5.14）が示されている．ダイオキシン類の量や濃度のデータは，各化合物量にこのTEFを乗じた数値の和を毒性等量（TEQ）として表示する．

ダイオキシン類は，通常は無色の固体であり，水に難溶性で蒸発しにくいという性質をもつが，脂肪などに溶けやすいため，生体内に蓄積しやすい．また，他の化学物質や酸，アルカリにも簡単に反応せず，安定した状態を保つことが多いが，太陽光の紫外線で徐々に分解されるといわれている．人工物としては最も強い急性毒性をもつ物質である．

ダイオキシン類は，分析のための標準品の作成などの研究目的で製造される以外には，意図的に製造されることはなく，炭素・水素・塩素を含むものの燃焼過程などで意図しないもの（非意図的生成化学物質）として生成される．

b. 環境中における挙動

環境中における挙動は，まだ十分には把握されていないが，たとえば，焼却施設から排出された後，大気中の粒子などに付着したダイオキシン類は，地上に落

表 5.14 ダイオキシン類の毒性等価計数 (TEF)*

	化合物名	TEF
PCDD (ポリ塩化ジベンゾ-パラ-ジオキシン)	2,3,7,8-TCDD	1
	1,2,3,7,8-PnCDD	1
	1,2,3,4,7,8-HxCDD	0.1
	1,2,3,6,7,8-HxCDD	0.1
	1,2,3,7,8,9-HxCDD	0.1
	1,2,3,4,6,7,8-HpCDD	0.01
	OCDD	0.0001
PCDF (ポリ塩化ジベンゾフラン)	2,3,7,8-TCDF	0.1
	1,2,3,7,8-PnCDF	0.05
	2,3,4,7,8-PnCDF	0.5
	1,2,3,4,7,8-HxCDF	0.1
	1,2,3,6,7,8-HxCDF	0.1
	1,2,3,7,8,9-HxCDF	0.1
	2,3,4,6,7,8-HxCDF	0.1
	1,2,3,4,6,7,8-HpCDF	0.01
	1,2,3,4,7,8,9-HpCDF	0.01
	OCDF	0.0001
コプラナー PCB	3,4,4',5-TCB	0.0001
	3,3',4,4'-TCB	0.0001
	3,3',4,4',5-PnCB	0.1
	3,3',4,4',5,5'-HxCB	0.01
	2,3,3',4,4'-PnCB	0.0001
	2,3,4,4',5-PnCB	0.0005
	2,3',4,4',5-PnCB	0.0001
	2',3,4,4',5-PnCB	0.0001
	2,3,3',4,4',5-HxCB	0.0005
	2,3,3',4,4',5'-HxCB	0.0005
	2,3',4,4',5,5'-HxCB	0.00001
	2,3,3',4,4',5,5'-HpCB	0.0001

* 1997 年に WHO より提案され,1998 年に専門誌に掲載されたもの

下してきて土壌や水を汚染し,食物連鎖を通じてプランクトンや魚介類に取り込まれることにより,生物に蓄積していくものと考えられている.

5.4.2 わが国におけるリスク
a. 発生源
現在,わが国における主要な発生源はごみ焼却施設であるが,その他に製鋼用電気炉,タバコの煙,自動車排ガスなどさまざまな発生源がある.また,過去に使用されていた PCB や一部の農薬に不純物として含有されていたものが底泥な

表 5.15 ダイオキシン類の排出量の目録(排出インベントリ)(概要)
(WHO–TEF (1998) 使用)

発生源	排出量			
	1997 年	1998 年	1999 年	2000 年
(Ⅰ) 大気への排出				
一般廃棄物焼却施設	5,000	1,550	1,350	1,019
産業廃棄物焼却施設	1,500	1,100	690	555
小型廃棄物焼却炉等	368 ~ 619	368 ~ 619	307 ~ 509	353 ~ 370
火葬場	2.1 ~ 4.6	2.2 ~ 4.8	2.2 ~ 4.9	2.2 ~ 4.9
産業系発生源				
製鋼用電気炉	228.5	139.9	141.5	131.1
鉄鋼業　焼結工程	135.0	113.8	101.3	69.8
亜鉛回収施設	47.4	25.4	21.8	26.5
アルミニウム合金製造等施設	25.066	23.166	17.366	16.566
その他の業種	22.7640	21.9719	14.0309	14.6977
タバコの煙	0.1 ~ 0.2	0.1 ~ 0.2	0.1 ~ 0.2	0.1 ~ 0.2
自動車排出ガス	1.61	1.61	1.61	1.61
(Ⅱ) 水への排出				
一般廃棄物焼却施設	0.044	0.044	0.035	0.035
産業廃棄物焼却施設	5.27	5.27	5.29	2.47
産業系発生源	6.0825	5.6095	5.7115	4.7345
下水道終末処理施設	1.09	1.09	1.09	1.09
共同排水処理施設	0.126	0.126	0.126	0.126
最終処分場	0.093	0.093	0.093	0.056
合　計	7,343 ~ 7,597	3,358 ~ 3,612	2,659 ~ 2,864	2,198 ~ 2,218
(うち,水への排出)	(12.7)	(12.2)	(12.3)	(8.5)

注　排出量の単位:g-TEQ/年
資料:環境省

どの環境中に蓄積している可能性も指摘されている.

b. 発生と汚染の状況

1997 年のわが国のダイオキシン類の年間排出量は,約 7340 ~ 7600 g-TEQ,2000 年は 2200 ~ 2220 g-TEQ で,1997 年からの 3 年間で約 70%の削減がなされたことになる(表 5.15).

わが国の環境中におけるダイオキシン類の平均濃度(2000 年度)は,大気中で約 0.15 pg-TEQ/m^3,公共用水域で約 0.31 pg-TEQ/L,土壌中で約 6.9 pg-TEQ/g と報告されており(表 5.16),大気中濃度については 1997 年度以来減少傾向にあるものの,諸外国と比較すると,まだ高い傾向にあるとされている.

表5.16 ダイオキシン類の環境中濃度（2000年度）

環境媒体	地点数	環境基準超過地点数	平均値	濃度範囲
大気**	920地点	10地点	0.15 pg-TEQ/m^3 *	0.0073 〜 1.0 pg-TEQ/m^3 *
公共用水域水質	2,116地点	83地点	0.31 pg-TEQ/L *	0.012 〜 48 pg-TEQ/L *
地下水質	1,479地点	0地点	0.097 pg-TEQ/L *	0.00081 〜 0.89 pg-TEQ/L *
公共用水域底質	1,836地点	—	9.6 pg-TEQ/g *	0.0011 〜 1,400 pg-TEQ/g *
土壌***	3,031地点	1地点	6.9 pg-TEQ/g	0 〜 1,200 pg-TEQ/g

* 大気，公共用水域（水質，底質）および地下水質における平均値は各地点の年間平均値の平均値であり，濃度範囲は年間平均値の最小値および最大値である．

** 大気については，全調査地点（961地点）のうち，夏期および冬期を含め年2回以上調査した地点についての結果であり，環境省の定点調査結果および大気汚染防止法政令市が独自に実施した調査結果を含む．

*** 土壌については，全調査地点（3,187地点）のうち一般環境把握調査および発生源周辺状況把握調査についての結果である．

資料：環境省

c. 摂取量

わが国では，最新の科学的知見をもとにダイオキシン類の耐容1日摂取量（TDI：長期にわたり体内に取り込むことにより健康影響が懸念される化学物質について，その量までは人が一生涯にわたり摂取しても健康に対する有害な影響がないと判断される体重1kg当たりの1日摂取量）を4 pg-TEQ/kg/日と設定している（ダイオキシン類対策特別措置法施行令第2条）．

日本人が1日に食事などで摂取するダイオキシン類の量は，1999年度の労働省調査では，約1.5 pg-TEQ/kg/日と推定されている（図5.13）．

5.4.3 わが国における対策

a. ダイオキシン対策推進基本方針

1999年3月開催のダイオキシン対策関係閣僚会議において，2002年度までにダイオキシン類の排出総量を1997年に比べて約9割削減することを目標とした「ダイオキシン類対策基本指針」が策定され，各種基準の作成，検査体制の整備，健康および環境への影響の実態把握，調査研究および技術開発，廃棄物処理およびリサイクル対策の推進などの施策を強力に推進することとされた．

b. ダイオキシン類対策特別措置法

1999年7月16日，「ダイオキシン類対策特別措置法」が公布された．この法律は，ダイオキシン類による環境汚染の防止や除去を図り，国民の健康を保護す

5.5 外因性内分泌かく乱化学物質

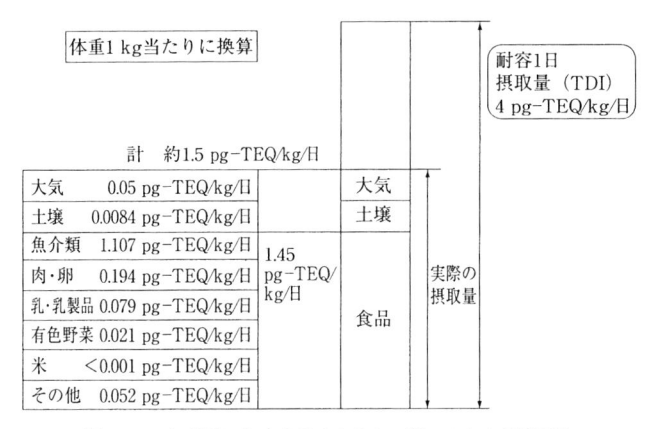

体重1 kg当たりに換算		耐容1日摂取量 (TDI) 4 pg-TEQ/kg/日
計 約1.5 pg-TEQ/kg/日		
大気 0.05 pg-TEQ/kg/日		大気
土壌 0.0084 pg-TEQ/kg/日		土壌
魚介類 1.107 pg-TEQ/kg/日	1.45 pg-TEQ/kg/日	食品
肉・卵 0.194 pg-TEQ/kg/日		
乳・乳製品 0.079 pg-TEQ/kg/日		
有色野菜 0.021 pg-TEQ/kg/日		
米 <0.001 pg-TEQ/kg/日		
その他 0.052 pg-TEQ/kg/日		

図 5.13 わが国におけるダイオキシン類の1人1日摂取量
資料：厚生労働省資料に基づき環境省作成

ることを目的とし，耐容1日摂取量（前出），大気・水質・土壌の環境基準（付表9），廃棄物焼却炉などの特定施設の排出基準（付表10），土壌汚染にかかわる措置などを内容としている．

5.5 外因性内分泌かく乱化学物質

5.5.1 外因性内分泌かく乱化学物質とは

外因性内分泌かく乱化学物質（endocrine disrupting chemicals，いわゆる環境ホルモン：environmental hormone）とは，「動物の生体内に取り込まれた場合に，本来，その生体内で営まれている正常なホルモン作用に影響を与える外因性の物質」である，と環境庁（1998）によって定義されている．また，欧州委員会（EC）は，「外因性であり，無処置の生物の内分泌系に対して，その個体もしくはその子孫の世代のいずれかの段階で健康障害性の変化を起こさせる物質」と，アメリカ・ホワイトハウス科学委員会などは，「外因性物質で，生体の恒常性，生殖，発生，あるいは行動に関与する種々の生体内ホルモンの合成，貯蔵，分泌，体内輸送，受容体結合，ホルモン作用，そのクリアランス（分解・排せつ）などの過程を阻害する物質」と，それぞれ定義している．

近年，内分泌学をはじめとする医学，野生動物に関する科学，環境科学などの

研究者・専門家によって，環境中に存在するいくつかの化学物質が，動物の体内のホルモン作用をかく乱することを通じて，生殖機能障害や悪性腫瘍を引き起こすなどの悪影響を及ぼしている可能性があるとの指摘がなされている．これが「外因性内分泌かく乱化学物質問題」と呼ばれるもので，環境保全行政上の新たで重要な課題の一つと位置づけられている．

5.5.2　背　　景

1996年に刊行された，"Our Stolen Future（T. Colborn et al.）"（邦訳『奪われし未来』）という本の中で，DDT，クロルデン，ノニルフェノール（界面活性剤の原料）などの化学物質が人への健康影響（男性の精子数減少，女性の乳ガン罹患率の上昇）や野生生物への影響（ワニの生殖器の奇形，ニジマスなど魚類の雌性化，鳥類の生殖行動異常など）をもたらしている可能性が指摘された．また，わが国においては，イボニシ（巻き貝の一種）の雌が雄性化する現象が見出され，船底塗料や漁網の防腐剤として使用されている有機スズ化合物が原因物質として疑われている．野生生物に対する影響の報告を表5.17に示した．

5.5.3　作用メカニズム

外因性内分泌かく乱化学物質が動物体内に侵入した後，どのような過程を経て正常なホルモン作用をかく乱するのか，あるいは天然のホルモン作用に比べてどの程度の強さで作用するのかなどの詳細については必ずしも解明されていない．しかし，次のように説明されている．

体内の内分泌腺で合成された性ホルモンは，標的臓器に到達すると，受容体（receptor）に結合し，DNA（遺伝子）に働きかけ，機能たんぱく質を合成することによって機能を発揮する．ホルモンの種類によって結合する受容体が決まっていることから，ホルモンと受容体の関係は「鍵と鍵穴」の関係に例えられる．内分泌かく乱化学物質の作用メカニズムは，本来ホルモンが結合すべき受容体に化学物質が結合することによって，遺伝子が誤った指令を受けるという観点から研究が進められてきた．内分泌かく乱化学物質が受容体に結合して生じる反応には，① 本来のホルモンと類似の作用がもたらされる場合と，逆に ② 作用が阻害される場合がある．しばしば論議されるPCBやDDT（殺虫剤），ノニルフェノール，ビスフェノールA（ポリカーボネートとエポキシ樹脂の原料）などの化学

5.5 外因性内分泌かく乱化学物質

表5.17 野生生物への影響に関する報告

生物		場所	影響	推定される原因物質	報告した研究者
貝類	イボニシ	日本の海岸	雄性化, 個体数の減少	有機スズ化合物	Horiguchi et al. (1994)
魚類	ニジマス	イギリスの河川	雌性化, 個体数の減少	ノニルフェノール *断定されず	Sumpter et al. (1985)
	ローチ (鯉の一種)	イギリスの河川	雌雄同体化	ノニルフェノール *断定されず	Purdom et al. (1994)
	サケ	アメリカの五大湖	甲状腺過形成, 個体数減少	不明	Leatherland (1992)
は虫類	ワニ	アメリカ, フロリダ州の湖	雄のペニスの矮小化, 卵のふ化率低下, 個体数減少	湖内に流入したDDT等有機塩素系農薬	Guillette et al. (1994)
鳥類	カモメ	アメリカの五大湖	雌性化, 甲状腺の腫瘍	DDT, PCB *断定されず	Fry et al. (1987) Moccia et al. (1986)
	メリケンアジサシ	アメリカ, ミシガン湖	卵のふ化率の低下	DDT, PCB *断定されず	Kubiak (1989)
ほ乳類	アザラシ	オランダ	個体数の減少, 免疫機能の低下	PCB	Reijinders (1986)
	シロイルカ	カナダ	個体数の減少, 免疫機能の低下	PCB	De Guise et al. (1995)
	ピューマ	アメリカ	精巣停留, 精子数減少	不明	Facemire et al. (1995)
	ヒツジ	オーストラリア(1940年代)	死産の多発, 奇形の発生	植物エストロジェン(クローバ由来)	Bennetts (1946)

「外因性内分泌攪乱化学物質問題に関する研究班中間報告書」による.

物質のエストロジェン (女性ホルモン) 類似作用は ① の例であり, 化学物質がエストロジェン受容体に結合することによってエストロジェンと類似の反応がもたらされる (図5.14). ② の例としては, DDE (DDTの代謝物) やビンクロゾリン (殺菌剤) などがあり, これらはアンドロジェン (男性ホルモン) 受容体に結合し, アンドロジェンの作用を阻害する (抗アンドロジェン作用) ことが知られている.

また, 最近では, ホルモン受容体に直接結合するのではなく, 細胞内のシグナル伝達経路に影響を及ぼすことによって遺伝子を活性化し, 機能たんぱく質の産生などをもたらす化学物質の存在も指摘されるようになった. たとえば, ダイオキシンはエストロジェン受容体やアンドロジェン受容体には直接結合しないが, ある種の細胞内たんぱく質に結合することにより遺伝子を活性化し, 間接的にエ

ホルモンの正常な作用のメカニズム

・ステロイドホルモン（性ホルモンなど）
・アミノ酸誘導体ホルモン（甲状腺ホルモンなど）
・ペプチドホルモン（成長ホルモンなど）

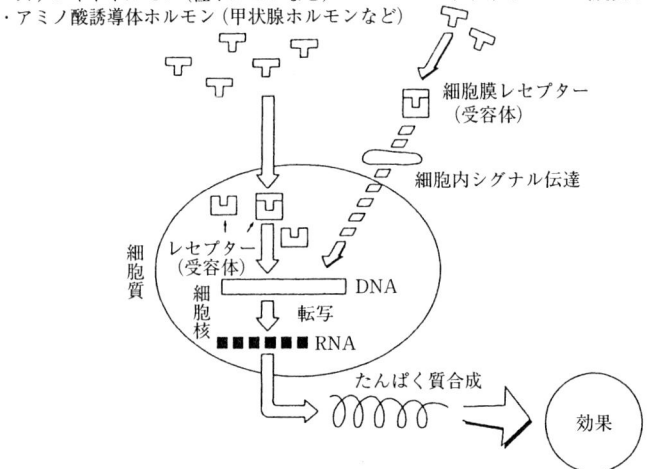

細胞膜レセプター（受容体）
細胞内シグナル伝達
レセプター（受容体）
細胞質
細胞核
DNA
転写
RNA
たんぱく質合成
効果

エストロジェン類似作用のメカニズム

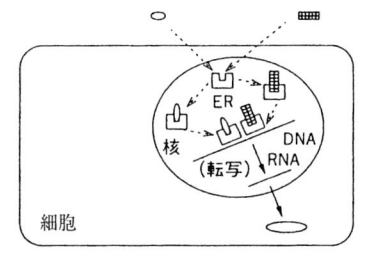

エストロジェン　　内分泌かく乱化学物質

内分泌かく乱化学物質がERと結合することによってエストロジェンと類似の作用がもたらされる

ER
核
DNA
(転写)
RNA
細胞

ER（エストロジェンレセプター）：エストロジェンと結合して、遺伝子（DNA）を活性化させる

図 5.14　ホルモンの働きと内分泌かく乱作用のメカニズム
資料：各種資料により環境庁作成

ストロジェン作用に影響を与えるとされている．

5.5.4　対　　策

　外因性内分泌かく乱化学物質問題については，その有害性など未解明な点が多い．行政機関，研究機関が広く連携して，汚染実態の把握，試験方法の開発および健康影響に関する科学的知見の集積に努めている．1998，99年には「内分泌

表 5.18 内分泌かく乱作用を有すると疑われる化学物質

番号	化学物質名	番号	化学物質名
1	ダイオキシン類	35	トリフルラリン
2	ポリ塩化ビフェニル類 (PCB)	36	4-n-ペンチルフェノール
3	ポリ臭化ビフェニル類 (PBB)		4-n-ヘキシルフェノール
4	ヘキサクロロベンゼン (HCB)		4-n-ヘプチルフェノール
5	ペンタクロロフェノール (PCP)		4-オクチルフェノール
6	2,4,5-トリクロロフェノキシ酢酸		ノニルフェノール
7	2,4-ジクロロフェノキシ酢酸	37	ビスフェノール A
8	アミトロール	38	フタル酸ジ-n-エチルヘキシル
9	アトラジン	39	フタル酸ブチルベンジル
10	アラクロール	40	フタル酸ジ-n-ブチル
11	CAT (シマジン)	41	フタル酸ジシクロヘキシル
12	ヘキサクロロシクロヘキサン (HCH)	42	フタル酸ジエチル
	エチルパラチオン	43	ベンゾ(a)ピレン
13	NAC (カルバリル)	44	2,4-ジクロロフェノール
14	クロルデン	45	アジピン酸ジ-n-エチルヘキシル
15	オキシクロルデン	46	ベンゾフェノン
16	trans-ノナクロル	47	4-ニトロトルエン
17	1,2-ジブロモ-3-クロロプロパン	48	オクタクロロスチレン
18	DDT	49	アルディカーブ (アルジカルブ)
19	DDE	50	ベノミル
	DDD	51	キーポン (クロルデコン, ケポン)
20	ケルセン	52	マンゼブ (マンコゼブ)
21	アルドリン	53	マンネブ
22	エンドリン	54	メチラム
23	ディルドリン	55	メトリブジン
24	エンドスルファン (ベンゾエピン)	56	シペルメトリン
25	ヘプタクロル	57	エスフェンバレレート
26	ヘプタクロルエポキサイド	58	フェンバレレート
27	マラチオン	59	ペルメトリン
28	メソミル	60	ビンクロゾリン
29	メトキシクロル	61	ジネブ
30	マイレックス	62	ジラム
31	ニトロフェン	63	フタル酸ジペンチル
32	トキサフェン	64	フタル酸ジヘキシル
33	トリブチルスズ	65	フタル酸ジプロピル
34	トリフェニルスズ		

環境省により SPEED'98 (2000 年 11 月版) から作成されたもの [外因性内分泌かく乱化学物質問題への環境庁の対応方針について—環境ホルモン戦略計画 SPEED'98 —]

かく乱化学物質問題に関する国際シンポジウム」が開催され,国際的な研究交流の促進が図られている.

a. 環境ホルモン戦略計画 SPEED '98

環境庁は，1998年に「外因性内分泌かく乱化学物質問題への環境庁の対応方針－環境ホルモン戦略計画 SPEED'98」を公表した．この方針では，科学的研究を加速的に推進しつつ，今後急速に増すであろう新しい科学的知見に基づいて，行政的手段を遅滞なく講じうる体制を早期に準備することが必要としており，具体的な対応方針として，① 環境中での検出状況，野生生物などへの影響にかかわる実態調査の推進，② 試験研究および技術開発の推進，③ 環境リスク評価，環境リスク管理および情報提供の推進，④ 国際ネットワークのための努力などを実施することとしている．また，この中で環境ホルモンと疑われる物質をリストアップしている（表5.18）．

b. 実態調査

環境庁では，この方針に基づいて1998年度から全国の延べ2430地点（検体）で大気，水質，野生生物などの汚染状況について実態調査を実施し，1999年にその結果を公表した（表5.19）．ノニルフェノールなどが広い範囲で検出されたほか，野生生物のうち，食物連鎖の上位に位置するクジラ類や猛禽類においてPCBなどの蓄積がみられている．

この調査結果から得られた優先性の高い4物質（トリブチルスズ（船底塗料に配合），4-t-オクチルフェノール（界面活性剤の原料），ノニルフェノール，フタル酸ジ-n-ブチル（プラスチックの可塑剤））をはじめとして，環境リスク評価を開始している（2000年度12物質，2001年度8物質）．このうち2001年8月には，ノニルフェノールについて，世界で初めて環境中でみられるような低濃度で雄のメダカの精巣に卵巣がみられること，女性ホルモン受容体との結合性が強

表5.19 環境ホルモンと疑われる物質の環境実態調査結果の概況

	測定		検出物質数	本調査の最大値が環境庁の過去調査最高値を超えていた物質数 （ ）内の分母は過去の調査データのある物質数
	地点	物質		
大気	198(地点)	10(物質)	9(物質)	なし(0/4)
水質	1,177(地点)	61(物質)	27(物質)	7(物質)(7/45)
底質	266(地点)	61(物質)	24(物質)	8(物質)(8/44)
土壌	101(地点)	61(物質)	26(物質)	—
水生生物	189(地点)	61(物質)	22(物質)	3(物質)(3/12)
野生生物12種類	499(検体)	25(物質)	19(物質)	1(物質)(1/12)

大気，野生生物については，検出される可能性の高い物質を測定している．

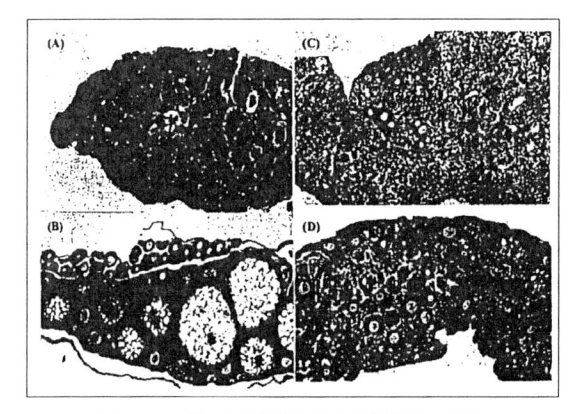

図 5.15 雄メダカ精巣における精巣卵の出現
(A) ふ化後 50 日令雄の正常な精巣．倍率は 100 倍．
(B) ふ化後 60 日令雌の正常な卵巣．倍率は 100 倍．
(C) 4-ノニルフェノールを用いたパーシャルライフサイクル試験における 23.5 mg/L 区で観察されたふ化後 60 日令個体の精卵巣．倍率は 200 倍．
(D) 同じく 44.7 mg/L 区のふ化後 60 日令個体にみられたより発達した精卵巣．倍率は 200 倍．
資料：環境省

いことを確認（図 5.15）し，同物質が魚類に対して強い内分泌かく乱作用を有すると推察している．環境省はこの結果を受けて，関係業界などに対して，環境リスク低減のための取り組みを要請するとともに，この結果を OECD（経済協力開発機構）に提供し，各国の専門家の意見を求めている．

BOX 13

本態性多種化学物質過敏状態（MCS）

　近年，微量な化学物質に対するアレルギー様の反応が生じ，さまざまな健康影響がもたらされる病態の存在が指摘されている．このような病態については，欧米において「MCS：multiple chemical sensitivity（本態性多種化学物質過敏状態）」などの名称が与えられ研究が進められてきたが，国際化学物質安全性計画（IPCS）では，化学物質との因果関係が不明確との立場から，この病態を「本態性環境非寛容症」と呼ぶことが提唱されている．わが国では一般に，「化学物質過敏症」と呼ばれているが，その病態をはじめ，実態に関する十分な科学的議論がなされていない状況にある．

　これに対して，環境省は，1997年度に関連分野の研究者からなる研究班を設置し，その実態の把握や原因究明のための調査研究を開始し，2000年および2001年にその結果を公表している．研究班では，このような病態に対し，本態性多種化学物質過敏状態（MCS）という名称を仮に使用し，現時点では，その発症機序や病態（症状・徴候）はいまだ仮説の段階であるとした上で，さらに調査研究を進めている．

　厚生労働省では1997年度に開催された「快適で健康的な住宅に関する検討会議―健康住宅関連基準策定専門部会化学物質小委員会」で報告がまとめられ，1996，97年度に本症に関する研究を行い，臨床医学，毒性学，免疫学，心理学など広範囲な観点から本症の病態などについて検討している．

6. 環境放射線

　　Einstein の特殊相対性理論（1905）では，質量とエネルギーの等価性が，彼の有名な方程式で表される．

$$E = mc^2 \tag{1}$$

ここで E はエネルギー，m は質量，c は光の速度である．原子核反応では，失われた質量（質量欠損）はこの式に従ってエネルギーに変換される．核分裂の実験的証明は 1939 年の Hahn と Strassman（ドイツ）による，ウランの中性子照射によってバリウムが生成したとする実験結果であるが，彼らは実験結果だけを発表し，核分裂とは呼んでいなかった．1945 年 8 月，核分裂に伴うばく大なエネルギーの発生はきわめて不幸な形で，万人に理解されることとなった．2 発の原子爆弾である．

6.1 放射線の種類

　天然の放射線源（放射性核）から出る電離放射線（粒子）の種類について表 6.1 に示した．また，自然の放射線である宇宙線の主なものは陽子と γ 線であるが，陽子は大気の上層部で吸収され，地表にとどくのは γ 線だけである．

　核分裂反応は多量のエネルギーを取り出すことができるので発電炉で使われ

表 6.1　放射性核から出る主な電離放射線

放射線	電荷	質量	透過力（阻止するアルミニウム箔の相対厚さ）
α 線	+2	4	運動性小，透過力最小，わずかな厚みの金属板により止まる　　　(1)
β 線	-1	0	α 線より透過力大，ある程度の厚みの金属板により止まる　　　(100)
γ 線	なし	電磁波	光と同じ速さ，透過力最大，25 cm の鉛でも透過　　　(10,000)

る．核爆弾と異なるのは，核分裂を一気に起こすのではなく，核物質の臨界量付近で，一定の反応速度を持続させる点である．核燃料から発生する中性子は高速中性子で，分裂対象核の総量が少ないときは，核に当たることなく燃料体の外に放射されてしまい，核分裂は持続しない．核の量がある限界を超えると核分裂は持続する．この量を臨界量という．臨界量は核燃料の純度と形状や形態によって異なる．実際の原子炉では，中性子を吸収しやすいカドミウム合金などでできた制御棒を使って反応速度を調節している．制御棒を燃料に差し込むと，中性子を吸収し，炉内の中性子密度を下げて核分裂を抑制する．

核分裂反応では，中性子と γ 線が発生する．たとえば，原子炉中で ^{235}U の核は，1個の中性子を吸収して，きわめて不安定な ^{236}U を作ると同時に，2個の核に分裂し，2個の中性子と γ 線を発生する．

$$^{235}U + \underset{\text{熱中性子}}{^{1}n} \longrightarrow [^{236}U] \longrightarrow ^{144}Ba + ^{90}Kr + \underset{\text{高速中性子}}{2(^{1}n)} + \gamma$$

BOX 14

核融合炉

太陽のような恒星が，核融合反応でエネルギーを発生していることは，1930年代からわかっていた．

$$4p \longrightarrow {^{4}He} + 2e^{+} + 26.7\,\text{MeV}$$
陽子　　　　陽電子　エネルギー

核融合反応は，10万℃以上の高温で，原子が核と電子に遊離したプラズマ状態を必要とする．恒星はその重力でプラズマの散逸を防いでいる．

将来，核燃料資源が枯渇した場合に有効とされる2個の重水素の核融合反応では，中性子と γ 線が発生する．次の2つの反応（D-D反応）は同じ確率で起こる．

$$^{2}H + {^{2}H} \longrightarrow {^{3}He} + {^{1}n} + \gamma$$
$$^{2}H + {^{2}H} \longrightarrow {^{3}He} + {^{1}H} + \gamma$$

このほかにも，D-T反応，D-He反応，D-Li反応などが知られている．しかし，プラズマの高温条件に長時間耐えられる物質で作られた容器は存在しない．核融合炉は，プラズマを磁場で閉じ込める形式で，1951年，Spitzer（アメリカ）によって研究が開始され，そのドーナッツ型の炉はStellarator（恒星を意味する）と名づけられた．その後直線型のものも作られた．わが国でも1997年に大型ヘリカル装置が完成し，実験が続けられている．しかし，いまだに長時間にわたってプラズマを維持できる技術は確立されていない．

この時発生したわずかな質量欠損が式 (1) に従ってエネルギーに転換する．高速中性子は，このままでは次の核分裂を起こさない．そこで原子炉では，減速剤として水を使って中性子の速度を落として熱中性子とし，連鎖的に核分裂が起こるように工夫されている．中性子自体は電荷をもたず，電離作用もないが，中性子を吸収した原子核は不安定となって，放射線を発生する．たとえば，^{238}U は核分裂しないが，原子炉中では 1 個の中性子を吸収して，^{239}Pu と 2 個の β 粒子を生成する．

$$^{238}\text{U} + {}^{1}\text{n} \longrightarrow [{}^{239}\text{U}] \longrightarrow \underset{\beta 線}{^{239}\text{Np} + e^{-}}$$

$$^{239}\text{Np} \longrightarrow {}^{239}\text{Pu} + e^{-}$$

^{239}Pu は核分裂を起こすので，新たな核燃料となる．

6.2 放射能の単位

放射能の単位として 2 つの基本的単位が用いられている．一つは放射線を発生する能力そのものを表すベクレル（becquerel：Bq で表す）で，1 Bq は 1 秒間に 1 個の原子崩壊を起こす放射能である．この単位は放射能を単位とした放射性物質の絶対量を表すもので，エネルギーの異なる放射線の影響を比較するには不適当である．生物に対する放射線の影響を評価するには，生体組織によって吸収される放射線量が問題となる．吸収線量の単位はグレイ（gray：Gy で表す）またはシーベルト（sievert：Sv で表す）である．1 Gy は放射線のイオン化作用によって，1 kg の物質に 1 J のエネルギーを与える吸収線量で，1 Sv は 1 Gy に放射線の生物学的効果の強さを乗じた量である．

6.3 放射線障害

放射線の被ばくには，放射線源が体外にある外部被ばくと体内にある内部被ばくがある．外部被ばくの場合は，放射線源との距離をとるか，放射線を吸収する遮蔽を設けることによって被ばくから逃れることができる．内部被ばくは放射線源が呼吸や飲食を通じて体内に入る場合と，外部から受けた中性子の照射によって，体内で放射性核種ができる場合がある．後に述べる JCO 東海事業所臨界事

故では，犠牲になった人の嘔吐物から，中性子照射で放射化したとみられる ^{24}Na が検出されている．^{24}Na は普通の ^{23}Na に中性子が当たってできたもので，約 15 時間の半減期で β 線を放射する．体内被ばくでは，外部からの照射の場合には簡単な遮蔽で防げる α 線や β 線による影響が強い．

電離放射線の生物への影響は，生体中の水の電離によって H_2O_2 などの活性酸素が発生することである．

放射線の全身被ばく線量と急性障害との関係を表 6.2 に，確定的影響のいき値（その線量以上でリスクがあり，それ以下では無作用）を表 6.3 に示した．胎児への影響は，低線量から危険があることがわかる．

放射線の被ばくによる障害にいき値があるかどうかは長い間の論争となっている．放射線被ばくの晩期効果は DNA の損傷である．DNA の 2 本鎖の 1 本が切れる場合，2 本鎖の 2 本とも切れる場合（向かい合いで切れる場合と斜めに切れる場合）がある．ヒトでもマウスでも，X 線（γ 線）による致命傷は 2 本鎖切断であると考えられている．2 本鎖切断ではペアとなる染色体上の相同 DNA を使って組み替え修復が行われる．これには複雑な過程を経ることになり，うまく直らない切断が多くなれば突然変異を起こし，ときとして致命的となる．被ばく線量が少なく DNA 損傷も少ない場合，すべて修復されるか，または，修復されない細胞がアポトーシス（apoptosis：一部の細胞が計画的に脱落死する現象）によって排除されれば，放射線の無作用域（いき値）があることになるし，直らない損傷が残るとすればいき値はないことになる．DNA 損傷の影響は，細胞分裂

表 6.2 全身被ばくによる放射線障害
(渡辺・稲葉, 1999)

線量(mSv)	影響
250	ほとんど症状なし
500	リンパ球の一時的減少
1,000	吐き気，倦怠感，リンパ球著しく減少
1,500	半数の人が放射線宿酔（二日酔い症状）
2,000	長期的な白血球の減少
3,000	一時的な脱毛
4,000	30 日以内に半数の人が死亡

表 6.3 確定的影響とそのいき値（日本保健物理学会・日本アイソトープ協会, 1993)

影響	いき値(mSv)
男性（精巣）	150
女性（卵巣）	650 以上
永久不妊	
男性（精巣）	3,500 以上
女性（卵巣）	2,500 以上
一時脱毛	3,000
白内障	2,000
胎児被ばく	
流産　　（受精〜15 日）	100
奇形　　（受精後 2〜8 週）	100
精神遅滞（受精後 8〜15 週）	120

表6.4 ICRP勧告による線量限度（1990）

	当量線量限度
職業被ばく	
実効線量	50 mSv/y および 100 mSv/5y
組織等価線量	眼の水晶体　150 mSv/y
	皮膚　500 mSv/y
妊娠女性従事者	妊娠期間中腹部表面において　2 mSv
公衆被ばく	
実効線量	1 mSv/y
組織等価線量	眼の水晶体　15 mSv/y
	皮膚　50 mSv/y

実効線量：組織・臓器ごとのリスクの大きさを考慮して定められた線量限度
組織等価線量：眼の水晶体は表面から 70 μm，皮膚は表面から 3 mm の位置における線量限度

表6.5 通常の1人当たりの年実効線量

線源	年実効線量当量 (μSv)		
	体外照射	体内照射	計
宇宙線　電離成分	300		300
中性子成分	55		55
宇宙線生成核種		15	15
^{40}K	150	180	330
^{87}Rb		6	6
^{238}U 系列	100	1,240	1,340
^{232}Th 系列	160	180	340
計	800	1,600	2,400

（UNSCEAR　1988年報告）

時のDNA複製の可能性にかかわっているので，細胞分裂の活発な部位，すなわち造血組織や生殖腺で大きい．

表6.4に国際放射線防護委員会（ICRP）の勧告（1990）による線量限度を示す．わが国の国内基準もこれを取り入れている．表6.5に通常のバックグラウンド地域における自然放射線源から1人が年間に受ける実効線量の推定値を示す．

6.4　原子力発電の事故

1998年現在，世界で420基以上，日本で51基（定格出力合計4491.7 kW）の発電用原子炉が稼働中である．世界の炉の80%，わが国の炉のすべては普通の

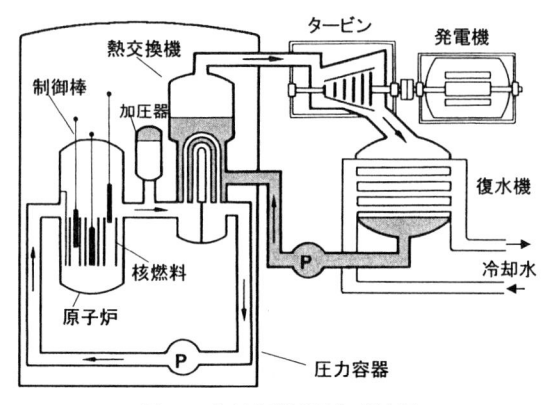

図6.1 加圧水型原子炉の概念図

水を冷却水として使う軽水炉である．核燃料としては，^{235}U濃度を3〜5％（天然ウランは0.7％）に濃縮したウランが用いられる．核分裂反応で発生した熱で水を沸騰させ，その蒸気で直接タービンを回して発電するのが沸騰水型軽水炉，原子炉を加圧容器中におき，1次冷却水は沸騰させず，熱交換機で2次冷却水を沸騰させてタービンを回すのが加圧水型軽水炉である．加圧水型の原子力発電施設の概念図を図6.1に示した．

アメリカの女性化学者 Lucy Pryde は1973年の著書"Environmental Chemistry"の中で，原子力発電の危険性について，通常の運転で危険が生じることはないとした上で，次のように述べている．

　　考えられるもっとも重大な事故は，おそらく炉心内部で冷却水配管が破損すると同時に，冷却水が漏出する場合であろう．この結果炉心が溶けると同時に，炉心部でスチームが発生する．蒸気の圧力は緊急用冷却水が炉心に入るのを妨げるだろう．炉心内の水分は，電離放射線によって水素と酸素に分解する．この気体混合物は爆発して炉心を囲んでいる隔壁を破壊する可能性があり，外壁も破壊されるかもしれない．このような一連の事故が起こる可能性はきわめて低いが，もし起こったとすれば大量の放射線が放出されるだろう．放射性物質が強風によって運ばれるとしたら，損害は遠くまで広がるだろう．このような事故による被害を最小にするために，施設を人口の集中地域からはるかに離れた場所に設置し，できれば全施設を地下に設けるべきであると主張している人々もある．（岡本　剛の訳による）

6.4 原子力発電の事故

　この本が出版された 6 年後の 1979 年にアメリカのスリーマイル島の原子力発電所で，さらに 1986 年には，ウクライナのチェルノブイリの原子力発電所で大事故が発生した．どちらも原因は，設備の故障や欠陥と，人為的なミスが重なったもので，Pryde の予想どおりの様相を呈した．スリーマイル島では 1 次冷却水が流失して，一部炉心溶融があったが，格納容器は破壊しなかった．周辺 8 km 以内の幼児と妊婦に避難勧告が出された．チェルノブイリでは運転の不注意から炉が暴走し，水素爆発までに至ってしまった．原子炉運転員，消防士など 31 人が直後に死亡，周辺 30 km の住民 13 万 5000 人が避難した．

　原子炉の事故ではないが，1999 年 9 月 30 日，JCO 東海事業所で，核燃料処理作業中事故が発生した．硝酸ウラン溶液をステンレス製円筒容器に規定量以上注入したため臨界に達し，19 時間 40 分にわたって，中性子を照射し続けた．現場から 350 m 以内の住民 161 人が避難した．注入作業に従事した 3 人の作業員のうち，推定被ばく線量が 16 Sv 以上であった 1 人は 12 月 21 日，6〜10 Sv であった 1 人は翌年 4 月 27 日に死亡，4.5 Sv 以下とみられる 1 人は回復した．

　Pryde は，金属疲労のような装置素材の劣化による事故を予想しており，人為ミスの可能性には触れていない．しかし，現実の事故は，機械的故障に加えて，人の操作ミスが重なっていた（JCO の事故は 100％人為である）．放射線障害にいき値があるか，ないかの議論にかかわりなく，核技術関係者の核反応に対する放射化学的理解が，安全対策の基本となることをあらためて示した．今後は，核燃料再処理施設や耐用年限のきた廃原子炉から出る高レベルの放射性廃棄物の取り扱いがとくに問題である．

7. 環境管理

　21世紀は「環境の世紀」といわれている．この言葉には，① 20世紀は人々に物的豊かさをもたらしたが，その代償として，かけがえのない地球環境を破壊してしまった世紀であり，② 無限の環境容量を前提に作り上げられた大量生産→大量消費→大量廃棄の一方通行だけで経済成長を求めるシステムを21世紀までもち込むと，次世代の生存条件も奪われかねない，という2つの問題意識が含まれている．これから，私たちは21世紀を，① さらなる環境悪化をくい止め，破壊されてしまった環境は修復し，人々が安心・安全に暮らせる持続可能な地球を取り戻すための努力が必要な世紀，② これまでの環境使い捨て型システムから，環境負荷の少ない，自然と人間が折り合える新しいシステムを作る世紀，として認識する必要がある．そのためには，「有限で，劣化する地球」という現実を受け入れた新しい環境観にねざした社会システム，ライフスタイルの構築が「考える葦」としての人類に求められている．
　環境の世紀に向けて，わが国では，1990年代からの10年ほどの間に資源循環型の社会への移行を促進させるための法律や制度が続々と生み出された．この章では，その基本となる環境基本法をはじめとして環境管理関連のいくつかの法律・制度を紹介する．

7.1　環境保全に関する国の施策

7.1.1　環境基本法

　今日の環境問題に適切に対処していくためには，多様な手法を活用することにより，社会経済活動や生活様式を問い直していく必要がある．環境基本法は，こうした観点からの環境施策を進めるための新たな枠組みとなるもので，具体的には，基本理念を定め，国，地方公共団体，事業者および国民の責務を明らかにするとともに，環境の保全に関する施策の基本となる事項などを定めている（1993年法律第91号）．

a. 環境基本法の内容
(1) 基本的な理念
① 環境の恵沢の享受と継承など（第3条）
② 環境への負荷の少ない持続的発展が可能な社会の構築など（第4条）
③ 国際的協調による地球環境保全の積極的推進（第5条）

(2) 各主体の責務
すべての主体による環境負荷の低減・環境保全のための活動が重要との観点に立ち，国，地方公共団体，事業者，国民それぞれの責務を規定．

(3) 環境基本法下での施策
① 環境基本法では，基本的な施策のメニューを規定．これらに沿った形で，

BOX 15

PRTR (pollutant release and transfer register)

環境汚染物質排出・移動登録制度のこと．「外因性内分泌かく乱化学物質（環境ホルモン）」やハイテク産業に伴う新たな化学物質などによる環境汚染に対しては世界的に関心が高まり，有害な環境汚染物質を管理する制度の導入が各国で検討されている．

1992年の「環境と開発に関する国連会議（地球サミット）」で採択された「アジェンダ21」の中で，化学物質のリスク低減の手法として，有害化学物質の排出や移動を管理する制度の必要性が指摘された．これを受けて経済協力開発機構（OECD）は1996年に加盟各国に対してその導入を勧告，1999年に導入に向けた取り組み状況が理事会に報告された．アメリカ，ドイツ，フランス，イギリス，オランダ，カナダ，オーストラリアなどで，この制度が法律で実施されている．

わが国でも1999年に「特定化学物質の環境等への排出量の把握及び管理の改善に関する法律（PRTR法）」を制定，2001年に本格施行された．この法律では，事業者（対象物質の取り扱い量5t以上の事業所）は，人の健康や生態系に有害な影響を与えるおそれのある約350種類の化学物質について，事業所から環境（大気，水，土壌）への排出量および廃棄物に含まれての事業所外への移動量を，事業者自らが把握し，都道府県を経由して国に届け出る義務を規定している．これにより，地域住民の関心が高まり，事業者が監視されることによって，自主管理を進めることが期待される．これからは環境汚染物質として指定された化学物質を扱う事業者には，大気，水域などの排出先ごとに，その化学物質の数量把握を行い，その結果によるリスク評価とリスク低減の取り組みが求められる．

環境保全分野での個別法の制定，予算措置などの個別措置を実施．
② 環境基本計画の策定など特定事務の実施規定も制定．
(4) その他
① 環境基本計画の策定（第15条）： 環境の保全に関する基本的な計画
② 環境基準の設定（第16条）： 大気の汚染，水質の汚濁，土壌の汚染および騒音にかかわる環境上の条件について，人の健康を保護し，生活環境を保全する上で維持されることが望ましい基準を定める．
③ 環境影響評価の推進（第19条）： 環境アセスメント

7.1.2 環境基本計画

環境基本計画とは，環境基本法第15条の規定に基づいて，政府全体の環境の保全に関する総合的・長期的な施策を定めるものである．1994年に「循環」「共生」「参加」「国際的取り組み」の4つの長期的目標を掲げた最初の計画が策定された．この計画は当初から策定後5年程度を目途に見直しをすることになっており，2000年12月に新しい基本計画が策定された．新基本計画では，持続可能な社会を作るために長期目標の4つはそのままとし，(1) 汚染者負担の原則，(2) 環境効率性，(3) 予防的な方策，(4) 環境リスク，の4つの方針を定め，あらゆる場面で環境配慮を織り込んだり，政策手段を組み合わせていくことなどをあげている（図7.1）．

7.1.3 環境基準

環境基準（environmental quality standards）は，環境基本法第16条に基づいて，人の健康を保護し，生活環境を保全する上で，大気，水質，騒音，土壌についての環境施策を実施していく際の行政上の目標を定めたものである．環境基準の考え方は，汚染許容限度や受認濃度ではなく，より積極的に維持されることが望ましい基準である．行政上の目標としての環境基準は，人の健康などを維持するための最低限度としてではなく，よりよい環境の確保を図ろうという，より積極的な目的をもっている．また，汚染が現在進行していない地域については，今後の汚染を未然に防止するための目標となる．

大気環境基準は，二酸化硫黄をはじめとする9項目について基準値が定められている（付表1）．水質環境基準は，公共用水域および地下水を対象として，人

7.1 環境保全に関する国の施策

第1部	環境の現状と環境政策の課題

第2部 21世紀初頭における環境政策の展開の方向
- 目指すべき社会＝持続可能な社会
- 4つの長期的目標

【循環】	【共生】	【参加】	【国際的取り組み】
環境への負荷の少ない循環を基調とする社会経済システムの実現	自然と人間との共生の確保	公平な役割分担の下でのすべての主体の参加の実現	国際的取り組みの推進

- 持続可能な社会の構築に向けた環境政策

環境政策の指針となる4つの考え方
（汚染者負担の原則，環境効率性，予防的な方策，環境リスク）

あらゆる場面における環境配慮の織り込み	あらゆる政策手段の活用と適切な組み合わせ	あらゆる主体の参加	地域段階から国際段階まであらゆる段階における取り組み

第3部 各種環境保全施策の具体的な展開

戦略プログラムの展開

環境問題の各分野に関するもの
- 地球温暖化対策
- 物質循環の確保と循環型社会の形成
- 環境への負荷の少ない交通
- 環境保全上健全な水循環の確保
- 化学物質対策
- 生物多様性の保全

政策手段にかかわるもの
- 環境教育・環境学習
- 社会経済の環境配慮のための仕組みの構築
- 環境投資

あらゆる段階における取り組みにかかわるもの
- 地域づくりにおける取り組み
- 国際的寄与・参加

環境保全政策の体系

第4部 計画の効果的実施

○推進体制の強化
- 政府への環境管理システムの導入の検討
- 各省庁における環境配慮方針の策定

○計画の進捗状況の点検
- 各省庁による自主的な点検の実施
- これを踏まえた中央環境審議会の点検，政府への報告
- 政府からの点検結果の国会への報告（環境白書），環境保全経費への反映

図 7.1　新環境基本計画の構成

の健康の保護に関する環境基準（健康項目）と生活環境の保全に関する環境基準（生活環境項目）に分けて設定されており，前者はカドミウムなど26項目（付表2），後者は河川，湖沼，海域ごとに水域類型に分け，pHなどの項目（付表3）について基準値が定められている．土壌環境基準は，農用地を含むすべての土壌に適用される溶出基準と農用地基準に分けられており，前者はカドミウムなど26項目，後者はカドミウム，銅および砒素の3項目について定められている（付表8）．騒音については，道路に面する地域とそれ以外の地域について定められているほか，新幹線鉄道および航空機騒音についても設定されている（付表11）．

7.2 環境管理手法としてのアセスメント

7.2.1 リスク・アセスメント

食品や飲料水，大気，土壌，表流水，地下水などの環境中に存在し，人の健康や生態系に悪影響を及ぼす可能性がある生物的，化学的，物理的物質について，あらかじめその危険性を評価することをリスク・アセスメント（risk assessment）という（図7.2，化学物質を例とした場合）．

a. リスク・アセスメントの手順

リスク・アセスメントは，① 有害性の確認，② 用量（dose）-反応（response）関係の評価，③ ばく露量の評価，および ④ リスクの判定の4つのプロセスからなる．化学物質を例として各プロセスの具体的内容をみると次のようになる（図7.3）．

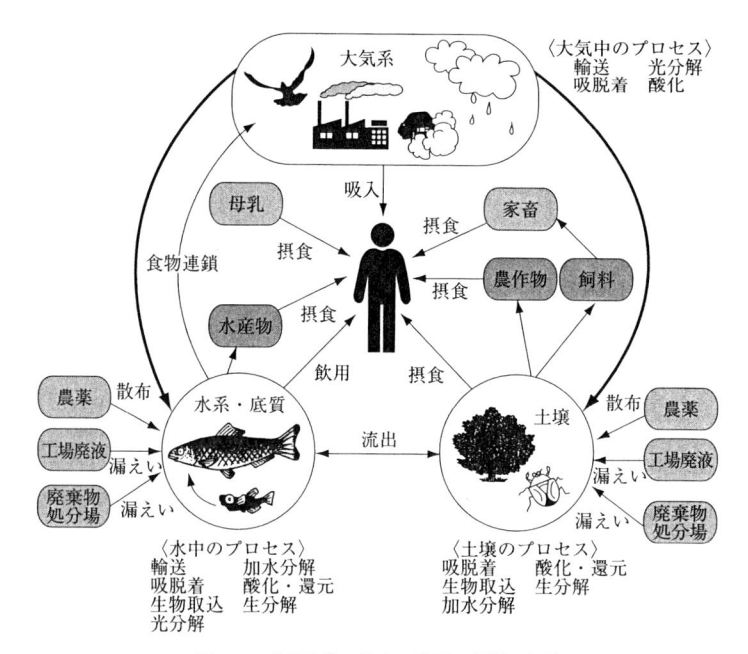

図7.2 化学物質の発生，移動，影響の経路
人間活動によって大気，表流水，地下水を汚染した化学物質は，飲料水や食物の摂取や呼吸を通じて，人や生物にばく露され，その健康や生態系にさまざまな悪影響を及ぼすおそれがある．

7.2 環境管理手法としてのアセスメント

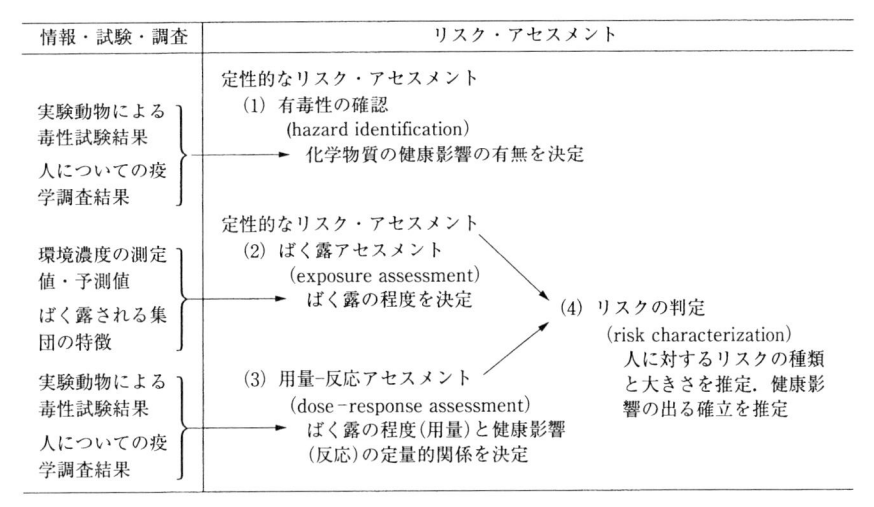

情報・試験・調査	リスク・アセスメント
実験動物による毒性試験結果 人についての疫学調査結果	定性的なリスク・アセスメント (1) 有毒性の確認 (hazard identification) → 化学物質の健康影響の有無を決定
環境濃度の測定値・予測値 ばく露される集団の特徴	定性的なリスク・アセスメント (2) ばく露アセスメント (exposure assessment) → ばく露の程度を決定
実験動物による毒性試験結果 人についての疫学調査結果	(3) 用量-反応アセスメント (dose-response assessment) → ばく露の程度(用量)と健康影響(反応)の定量的関係を決定

(4) リスクの判定
(risk characterization)
人に対するリスクの種類と大きさを推定. 健康影響の出る確立を推定

図 7.3 化学物質汚染のリスク・アセスメントの手順（内山, 1988）
リスク・アセスメントは, ①有害性の確認, ②ばく露量の評価, ③用量・反応関係の評価および, ④リスクの判定の4つのプロセスを経て実施される.

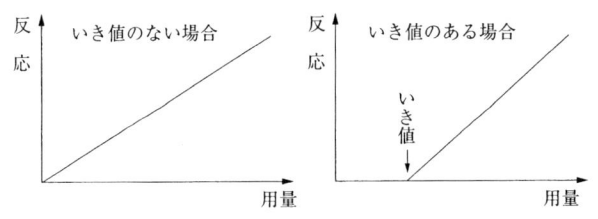

図 7.4 化学物質のばく露量と健康影響の関係
化学物質による健康影響のなかには, 発ガン性のように, わずかでも存在すれば影響のあるものと, ある濃度（いき値）以上になって初めて影響が現れるものがある. それぞれの影響に対してリスクの評価方法が異なる.

① 有害性の確認: 疫学調査や動物実験の結果に基づき, 化学物質がどのような有害性をもっているかを明らかにする.
② 用量-反応関係の評価: 化学物質のばく露量と影響の関係を定量的に明らかにする. 化学物質の人や生物に対する影響には, ある濃度（いき値: threshold dose）以上になって初めて現れるものと, わずかでも存在すれば現れる（いき値のない）ものがある（図 7.4）.
ア. いき値の存在する影響については, 悪影響の現れない最大ばく露量（最大

無作用量）を求め，安全係数で割って1日許容摂取量（TDI）を求める．
　イ．いき値が存在しない影響（発ガン性など）については，ばく露量と一生涯のばく露による危険率との関係を求める．

これらの関係は，動物実験の結果に基づいて決定される場合が多いが，化学物質によっては人と動物の代謝系が異なるため，動物実験の結果から推定したリスクの妥当性が問題となる場合もある．一方，いき値のない影響については，高濃度で行った動物実験の結果から環境中における濃度（環境濃度）のような低濃度でのリスクを推定する必要がある．推定は，実験データの統計解析や影響を及ぼす機構を仮定した数学モデルを用いて行われる．さまざまなモデルが提案されている．

③　ばく露量の評価：　摂取する飲料水や食品と吸入する室内空気中の濃度を直接測定して行うことが望ましい．しかし，一般には数学モデルを用いた計算や測定によって求めた環境濃度に，飲料水や食品の摂取量あるいは呼吸量をかけてばく露経路ごとに化学物質のばく露量が算定される．環境中の化学物質濃度は常に変化するため，測定では平均濃度を求めてリスク評価を行う必要がある．一方，数学モデルで算定するには，化学物質の使用量や環境挙動に関する詳細なデータが必要となる．

④　リスクの判定：　推定されたばく露量に対する影響の程度をばく露量と影響の関係から求め，化学物質汚染に伴うリスクを判定して，対策の必要性やその方法を総合的に考えていく．

b. リスク・アセスメントと環境基準

環境基準や飲料水水質基準（水道における水質基準）などの基準は，このようなリスク・アセスメントを行って決定される．いき値のあるものは1日許容摂取量から基準が設定され，いき値のないものは許容できるリスクに対応する濃度として基準が設定される．

しかし，多くの化学物質について，定量的なリスク・アセスメントを実施できるだけの情報を揃えることは困難であるので，定性的なリスク・アセスメントに基づくリスク・マネジメント（防止対策の立案・実施）も行われている．

c. 化学物質の審査及び製造等の規制に関する法律

この法律では，化学物質の環境中での分解性と生物濃縮性の2段階評価によってばく露量を評価し，毒性情報と合わせてリスクを判定して，製造・使用などの

制限を行っている．また，化学物質を扱う企業の立地に際して，定性的なリスク・アセスメントを行い，立地の可否を判断する方法も検討されている．

7.2.2 環境アセスメント

環境アセスメント（環境影響評価：environmental impact assessment）は，開発事業の実施に先立って，その事業がもたらす環境への影響について調査・予測・評価を行い，その結果を公表して地域住民などの意見を聴き，十分な環境保全対策を講じようとするものであり，開発事業による環境悪化を未然に防止し，環境に十分配慮された事業を行う上できわめて重要な施策である．

a. 環境アセスメントの概念

開発事業による環境への悪影響を防止するためには，事業の内容を決めるに当たって，事業により得られる利益や事業の採算性だけではなく，環境の保全についてもあらかじめよく考えておくことが重要である．このような考え方に基づいて生まれたのが環境アセスメント制度である．環境アセスメントは，開発事業の内容を決めるに当たって，それが環境にどのような影響を及ぼすのかについて調査・予測・評価を行い，その結果を公表して住民，地方公共団体などから意見を聴き，それらを踏まえて環境保全の観点からよりよい事業計画を作り上げていこうとする制度である．

b. わが国の環境アセスメント

これまでは，1984年に閣議決定された環境影響評価実施要項をよりどころとして環境アセスメントが実施されてきた．その後，地球環境問題の顕在化，社会活動に起因する環境負荷の集積など環境問題の多面的な広がりを受けて，1993年の環境基本法第19条に環境影響評価の推進が定められた．環境影響評価法は1997年に成立（法律第81号）し，1999年6月に施行された．

c. 環境影響評価法の概要

環境影響評価法では，生物の多様性，地球環境，廃棄物の発生の抑制など新たなニーズへの対応，従来の保全目標達成型から環境影響をできる限り回避・低減させるための検討経過を記述させる枠組みとしたこと，スクリーニング，スコーピング手続きの導入など新しい考え方が盛り込まれている．

(1) 環境アセスメントの対象事業（表7.1）　環境影響評価法の対象事業は，道路，ダム，鉄道，空港，発電所などの13種類である．このうち，規模が大き

表 7.1 環境影響評価法の対象事業

事業の種類		第1種事業の規模	第2種事業の規模
1	道路（大規模林道を新規追加）		
	高速自動車国道	すべて	—
	首都高速道路など	4車線以上のものすべて	—
	一般国道	4車線 10 km 以上	7.5 km 以上 10 km 未満
	大規模林道	2車線 20 km 以上	15 km 以上 20 km 未満
2	河川（二級河川にかかわるダム，工業用水堰，かんがい用水堰，上水道用堰を追加，規模の引下げ）		
	ダム	湛水面積 100 ha 以上	75 ha 以上 100 ha 未満
	堰		
	湖沼水位調節施設	改変面積 100 ha 以上	75 ha 以上 100 ha 未満
	放水路		
3	鉄道（普通鉄道，軌道（普通鉄道相当）を新規追加）		
	新幹線鉄道（規格新線を含む）	すべて	
	普通鉄道（地下化，高架化を含む）	10 km 以上	7.5 km 以上 10 km 未満
	軌道（普通鉄道相当）		
4	飛行場	滑走路長 2,500 m 以上	1,875 m 以上 2,500 m 未満
5	発電所（新規追加，自家発電，卸供給を含む）		
	水力発電所	出力 3 万 kW 以上	2.25 万 kW 以上 3 万 kW 未満
	火力発電所（地熱以外）	出力 15 万 kW 以上	11.25 万 kW 以上 15 万 kW 未満
	火力発電所（地熱）	出力 1 万 kW 以上	7,500 kW 以上万 1 万 kW 未満
	原子力発電所	すべて	—
6	廃棄物最終処分場	30 ha 以上	25 ha 以上 30 ha 未満
7	公有水面埋立ておよび干拓	50 ha 超	40 ha 以上 50 ha 以下
8	土地区画整理事業	100 ha 以上	75 ha 以上 100 ha 未満
9	新住宅市街地開発事業		
10	工業団地造成事業		
11	新都市基盤整備事業		
12	流通業務団地造成事業		
13	宅地の造成の事業（工業団地を含む）		
	環境事業団		
	住宅都市整備公団		
	地域振興整備公団		
	港湾計画	埋立て・掘込み 300 ha 以上	—

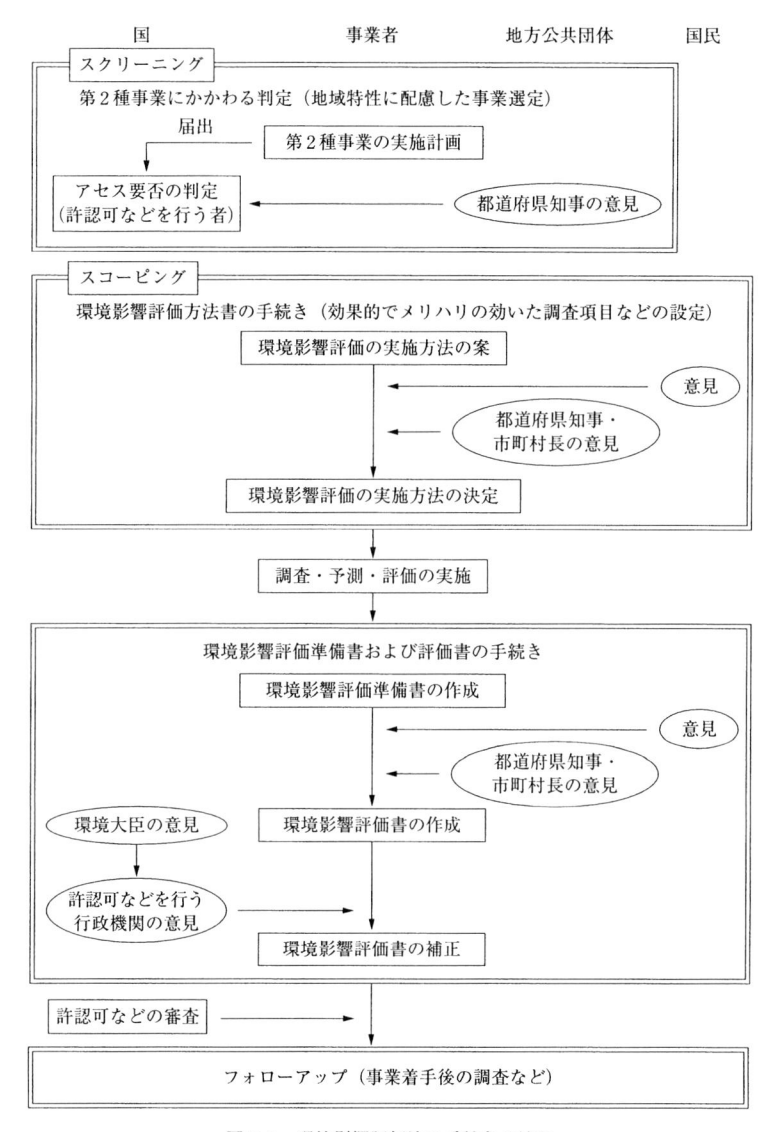

7.2 環境管理手法としてのアセスメント

```
      国              事業者          地方公共団体        国民

┌─ スクリーニング ─────────────────────────────────────┐
│  第2種事業にかかわる判定（地域特性に配慮した事業選定）        │
│                    届出                                  │
│         ┌──────── 第2種事業の実施計画                     │
│         ↓                                                │
│   アセス要否の判定  ←──────────  都道府県知事の意見       │
│   （許認可などを行う者）                                  │
└─────────────────────────────────────────────────────┘

┌─ スコーピング ──────────────────────────────────────┐
│  環境影響評価方法書の手続き（効果的でメリハリの効いた調査項目などの設定）│
│         環境影響評価の実施方法の案                        │
│                    ←──────────────────  意見           │
│                    ←── 都道府県知事・市町村長の意見      │
│         環境影響評価の実施方法の決定                      │
└─────────────────────────────────────────────────────┘

              調査・予測・評価の実施

┌───────────────────────────────────────────────────┐
│  環境影響評価準備書および評価書の手続き                  │
│         環境影響評価準備書の作成                          │
│                    ←──────────────────  意見           │
│                    ←── 都道府県知事・市町村長の意見      │
│  環境大臣の意見                                          │
│         ↓                                                │
│  許認可などを行う                                        │
│  行政機関の意見  ──→ 環境影響評価書の作成               │
│                      環境影響評価書の補正                │
└───────────────────────────────────────────────────┘

  許認可などの審査 ───────→

              フォローアップ（事業着手後の調査など）
```

図 7.5 環境影響評価法の手続きの流れ

く必ず環境アセスメント手続きを行う必要のあるものを「第1種事業」，第1種事業に準ずる規模で手続きを行うかどうかを個別に判断するものを「第2種事業」という．

(2) 環境アセスメントの手続き（図7.5）

① **スクリーニング:** 第2種事業について，環境アセスメントを行うかどうかを個別に判定する手続きを「スクリーニング（「ふるいにかける」という意味）」という．

② **スコーピング（方法書の手続き）:** 事業者は環境アセスメントの方法を決めるに当たって住民，地方公共団体などの意見を聴くこととなっており，この手続きを「スコーピング（「絞り込む」という意味）」という．この手続きにより（事業計画のより早い段階で意見を聴くため）住民などの意見を柔軟に反映でき，また，地域の状況に応じた有効な環境アセスメントが行えるとしている．

③ **環境アセスメントの実施:** 事業者は②で定めた方法に従って環境アセスメントを行う．

④ **準備書の手続き:** 事業者は，アセスメントの結果を記載した「準備書」を作成し，都道府県知事，市町村長に送付するとともに，これを1ヶ月間一般に縦覧する．事業者は提出された意見（誰でも意見書を出すことができる）の概要とその意見に対する見解を都道府県知事，市町村長に送付し，その後，都道府県知事は市町村長の意見を聴いた上で事業者に意見を述べる．

⑤ **評価書の手続き:** 事業者は受け取った意見の内容を検討して準備書の内容を見直し，評価書を作成する．作成された評価書は，事業の認可などを行う者（たとえば，道路や空港であれば国土交通大臣）と環境大臣に送付され，環境保全の観点から審査が行われる．審査の結果，環境大臣は事業の許認可などを行う者に意見を述べ，事業の許認可などを行う者は環境大臣の意見を踏まえて事業者に意見を述べることとなっている．事業者は，意見の内容をよく検討して評価書の内容の見直しを行う．

⑥ **事業内容の決定への反映:** 環境影響評価法の対象となる事業は，行政が許認可の権限をもっている事業である．しかし，事業に関する法律（道路法，河川法など）では，事業が環境の保全に配慮していなくても許認可などをしてよいことになっている場合がある．そこで，環境影響評価法では，環境の保全に配慮していない場合には許認可などをしないようにする規定「横断条項」を設けている．

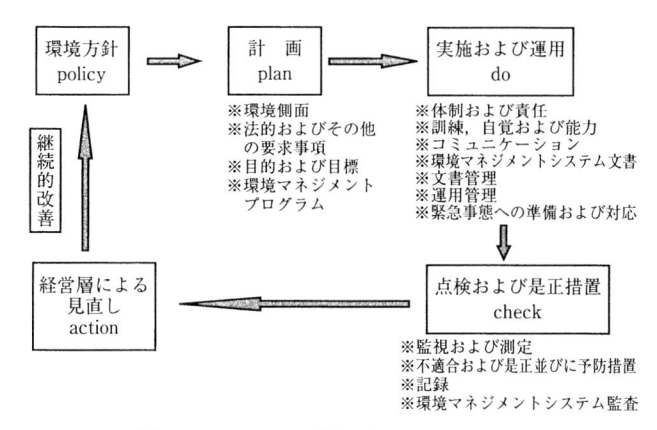

7.2 環境管理手法としてのアセスメント 173

```
        環境方針              計 画              実施および運用
        policy     ⇒         plan      ⇒            do
          ↑              ※環境側面              ※体制および責任
          │              ※法的およびその他        ※訓練,自覚および能力
        継続              の要求事項            ※コミュニケーション
        的改              ※目的および目標        ※環境マネジメントシステム文書
        善                ※環境マネジメント      ※文書管理
          │                プログラム            ※運用管理
          │                                      ※緊急事態への準備および対応

        経営層による                           点検および是正措置
          見直し       ⇐                          check
         action
                                             ※監視および測定
                                             ※不適合および是正並びに予防措置
                                             ※記録
                                             ※環境マネジメントシステム監査
```

図 7.6 ISO14001 の環境マネジメントシステム

7.2.3 環境マネジメントシステム

1996年10月に ISO(国際標準化機構,International Organization for Standardization:1947年に多国間交易の促進のために,規格の統一を図り,技術的貿易障害を取り除くことを目的として設立された非政府機関,スイスに本部)は環境マネジメントシステムの国際規格 ISO14001 を定めた.それには,企業活動,製品およびサービスの環境負荷の低減など,継続的な改善を図る仕組みを構築するための要求事項が規定されている.この規格は,世界各国で認証取得が進み,2001年5月時点におけるわが国の取得数は約 7000 社と世界最多となっている.ISO の認証取得が世界貿易への参加資格であるとともに,企業の環境管理の継続的改善が制度化されることに意義があるとされている.

ISO14001 の基本的システムの構造を図 7.6 に示した.

(1) 環境方針 環境方針は,企業の業務内容や環境影響とのかかわりが反映していることが必須である.すなわち,規模,業種,環境影響に見合った方針とし,遵法や継続的改善,汚染の予防を誓約し,環境対策のキーワードを提示しなければならない.この方針を全従業員に周知するとともに,第三者が入手可能にしておくことも必要である.このような方針は経営者が定める.

(2) 計画(plan) 計画の作成には,工場ならエネルギー,原材料などをどのくらい使って製品を作っているか,その過程で環境負荷(不要な排出物——排水,排ガス,騒音,振動,廃棄物など)はどのくらい出ているかを調べる.その

中で環境に影響を与えそうなものは何かを決定し，リストにする（環境側面）．次に，法律などで規制されている事項をリストアップする（法的およびその他の要求事項）．これらのリストと方針でいっていること，現在の技術レベル，経営上の事情，利害関係者の意向などを勘案し，環境目的，目標を自主的に設定する（目的および目標）．この目的・目標を実現するため，達成手段と時期を含んだプログラムを策定する（環境マネジメントプログラム）．

(3) 実施と運用（do）　計画の実施体制を明確にし，役割，責任，権限を定める（体制および責任）．実務を進めるために必要な教育訓練を実施し，作業に必要な資格者を配置する．外部との環境情報のやりとりを直接担当する窓口と手

BOX 16

環境と貿易

1990年，アメリカが，メキシコ漁民がキハダマグロの捕獲の際に大量のイルカを混獲し殺していることを問題として，メキシコ産のキハダマグロとその缶詰などの製品輸入を禁止したイルカ・マグロ事件を契機として，環境と貿易（the environmental effects of trade）の問題は国際的な注目を集めるようになった．以後，この問題はWTO（世界貿易機関），OECD（経済協力開発機構），国連，NAFTA（北米自由貿易協定），APEC（アジア・太平洋経済協力），ITTA（国際熱帯林協定）などさまざまな場で論議されることとなった．

この問題に関する主な論点は，貿易および貿易政策が環境に与える影響と環境政策が貿易に与える影響に二分され，前者については，貿易活動が環境に悪影響を及ぼす場面がある反面，自由貿易を通じた発展途上国の健全な経済成長によって環境への配慮や投資が可能になるという面もあり，関係は複雑とされている．後者についても，環境目的のための措置であるものの，環境を名目とした保護主義につながるとの懸念があり，論議を複雑にしている．しかし，原理的には，各国が適正な環境政策を実施し，環境費用が適切に製品価格に内部化されていれば，自由貿易と環境保全とは両立可能なはずであり，持続可能な開発という目的達成のために，貿易政策と環境政策とは相互に支持的でなければならないという点では，国際的にはほぼ合意がなされている．

ドイツの包装材の強制リサイクルシステムや，デンマークのビールと清涼飲料について再充填可能な容器しか認めないという飲料容器規制には，輸入品を事実上閉め出しているという指摘もあり，環境保全のための規制が，事実上の貿易制限措置に当たるとの懸念もある．

順などを定めておく（コミュニケーション）．仕事の進め方や運用基準を文書にし，実行する（文書管理および運用管理）．これとは別の仕組みとして，緊急事態への準備とその対応をしておく（緊急事態への準備および対応）．

(4) 点検および是正処置（check）　実務を行った結果は，目標に対してどうであったかを，運用する立場でチェックする（監視および測定）．不具合があれば，それに対し是正措置を講じる（不適合および是正並びに予防措置）．これとは別に独立した立場で内部環境監査を実施する（環境マネジメントシステム監査）．教育訓練や監査などの環境記録は保存する（記録）．

(5) 経営層による見直し（action）　これらの結果を経営者自ら定めた間隔で見直し，必要なら方針をはじめとしてシステムを修正する（継続的改善）．

7.2.4　ライフサイクル・アセスメント

製品のもたらす環境負荷の低減を図るためには，原料採取・製造から廃棄・リサイクルに至る（ゆりかごから墓場まで），製品のライフサイクル全体における環境負荷の低減を図る必要がある．ライフサイクル・アセスメント（life cycle assessment：LCA）とは，その製品にかかわる資源の採取から製造，使用，廃棄，輸送などのすべての段階を通して，投入された資源・エネルギーや，排出された環境負荷およびそれらによる地球や生態系への環境影響を定量的，客観的に評価する手法のことである．

1979年以来，欧米でLCAを積極的に推進してきたSETAC（Society of Environmental Toxicology and Chemistry）において，その枠組みが確立されてお

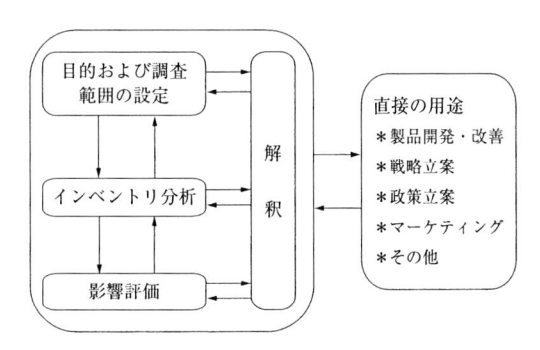

図7.7　ISO14040（ライフサイクル・アセスメント）の構成

り，そこでは，LCAを構成する4つの段階が定義されている（図7.7）．
① 目標設定と分析対象範囲（これを製品システムという）を特定する問題設定
② 具体的な対象製品システムへの投入，排出の完全な収支決算を行うインベントリ分析
③ その資源の消費と環境への排出による周囲の環境への影響を定性的，定量的に評価する影響分析
④ これを総合的に評価して，代替的な製品，製造プロセスなどを比較評価する改善評価

ここに示されるようにLCAは一つの製品に対して，その製造段階，材料選定あるいは商品デザインなどを対象に，同じ性能を達成することが可能な代替案を評価し，その中で全ライフサイクルにわたる総合的な環境への影響が最も少なくなるものを選定するための評価手法として成立してきた．国際規格化の議論の過程では，LCAは生産主体の政策決定までを規定するものではないとする産業界の意見が強く，④の改善評価は，影響評価結果の説明，解釈ということで落ち着いた．また，影響分析は，その実施上の困難さから必ずしも「LCA」に必須のものとは限らないという認識が強く，インベントリ分析の結果を適当に解釈することにより十分にその目的が達成できるという理解が固まりつつある．この結果，ISOの枠組みでもLCAとは，インベントリ分析につきるという現状を反映したものとなった．ISO14040はライフサイクル・アセスメント―一般原則―，14041はLCA―インベントリ分析：一般―であり，前者が1997年，後者が1998年にISOから発行されている．

わが国でもすでにいくつかの事業者がLCAに取り組んでおり，製品の最適化設計を推進する上で欠かせないものとなりつつある．また，日本におけるエコマーク（環境ラベル）の認定基準にもLCAの考え方が部分的に取り入れられており，ISOの規格に基づいたタイプⅠ型（第三者承認型）の環境ラベルとなっている．

7.3 循環型社会の構築に向けて――廃棄物とリサイクル――

1990年代以降，今日までの間にリサイクル関連諸法が急速に整備・強化された．その理由は，20世紀の経済社会が人々にかつて経験しなかったような物質

的豊かさをもたらした反面，その代償として大量の廃棄物を副産物として生み出し，深刻な社会問題を引き起こしているところにある．

7.3.1 深刻化する廃棄物問題
廃棄物が大きな社会問題となっている理由は大きく分けて2つある．

(1) 廃棄物が有害物質を少なからず含有すること　たとえば，化石燃料の燃焼によって排出される硫黄酸化物（SOx）や窒素酸化物（NOx）は酸性雨の原因になり，ディーゼルエンジンの排ガスに含まれる粒子状物質はぜんそくなどの呼吸器障害の原因となり，半導体で使用されるガリウム（Ga）やヒ素（As）なども廃棄物として排出されると土壌や水質汚染の原因となり，廃棄物の焼却処理過程で発生するダイオキシン類は人の健康や生態系への大きな脅威となる．

有害物質を含む廃棄物が無制限に排出されると，自然環境を著しく破壊し，人の健康にもさまざまな影響を与えるようになる．それを回避するためには，有害物質の環境中への無秩序な拡散を防止するための規制が必要となる．2001年4月に施行された「特定化学物質の環境への排出量の把握及び管理の改善の促進に関する法律」（略称：PRTR法あるいは化学物質管理法）や「ダイオキシン類対策特別措置法」（ダイオキシン法）などがそのための法律である．

(2) 増え続ける廃棄物の最終処分場が極端に不足してきていること　廃棄物は，さまざまな産業活動によって排出される「産業廃棄物」と一般家庭や商店などから排出される「一般廃棄物」に区分される．わが国における一般廃棄物の総排出量は，1997年度は5120万tで国民1人1日当たり1112gであり，最終処分場の残余年数は全国平均11.2年である．一方，産業廃棄物の総排出量は，1997年度で約4億1500万t，最終処分量は約6700万tであり，総排出量に占める割合は増加しているが，最終処分場の残余年数は，1997年度時点で全国平均3.1年と，一般廃棄物の最終処分場以上に厳しい状況にある．とくに首都圏での残余年数は，0.7年ととくに厳しい．

7.3.2 動き出す廃棄物のリサイクル——循環型社会を目指して——
1990年代は，環境悪化を防ぎ，資源循環型社会の構築を支援し，促進させるさまざまな法律や制度（環境インフラと呼ばれる）が集中的に整備された画期的な年代とされている．1993年の環境基本法の成立を皮切りに，環境影響評価法，

改正省エネルギー法，地球温暖化対策推進法，容器包装リサイクル法，家電リサイクル法，化学物質管理法（PRTR法），ダイオキシン類対策法などが相次いで成立している．さらに2000年春の通常国会においては，① 循環型社会形成推進基本法，② 改正廃棄物処理法，③ 資源有効利用促進法，④ 食品リサイクル法，⑤ 建設リサイクル法，⑥ グリーン購入法の6つの法律が一気に成立したため，この国会は「環境国会」と呼ばれている．

これらの法律は，事業者に廃棄物の再資源化という新しいルールの定着を促す一方で，消費者，行政にも一定の役割分担を義務づけている．つまり経済活動を構成する各主体が一体となって，これまでの一方通行型経済から循環型経済へ転換していくことを強調している．

これら循環型社会づくりを推進するための一連の法律がどのような位置関係にあるかを図7.8に示した．環境基本法の精神を受けて，循環型社会形成推進基本法があり，その下に，資源有効利用促進法と改正廃棄物処理法が循環型社会形成推進基本法を支える車輪の両軸となっている．さまざまな製品の原材料となる天然資源は，可能な限り再利用や再生利用などにより何度も利用することが重要であり，資源有効利用促進法はそれを促すものである．しかし，再利用・再生利用にも限界があり，いつかは廃棄物として処理する必要がある．その適正処理を定めているのが改正廃棄物処理法である．この2つの法律の下に，個別物品ごとの4つの法律（食品リサイクル法，建設リサイクル法，家電リサイクル法，容器包装リサイクル法）と，需要面から環境に配慮した製品を意識的に購入することを義務づけたグリーン購入法がある．

それぞれの法律の内容は以下のとおりである．

(1) 循環型社会形成推進基本法（2001年1月施行）：　この法律は，循環型社会形成のための原則，各主体の役割，循環型社会形成推進基本計画の策定，用語の定義などを規定している．その第2条に，循環型社会とは，「天然資源の消費抑制による環境への負荷ができる限り低減される社会」と定義するとともに，従来の「廃棄物等」のうち，有用なものは「循環資源」として位置づけ，再使用・リサイクルを推進することとしている．また，廃棄物処理に優先順位をつけ，第1に廃棄物の発生抑制（reduce），第2に使用済み製品や部品の再使用（reuse），第3に回収されたものを原材料として利用するリサイクル（recycle）を行い，それが技術的または環境負荷の観点から適切でない場合，環境保全に万全を期し

7.3 循環型社会の構築に向けて——廃棄物とリサイクル——　　　　179

```
                    ┌─────────────────┐
                    │   環境基本法    │
                    │ ┌─────────────┐ │
                    │ │ 環境基本計画│ │
                    │ │   ┌─自然循環│ │
                    │ │循環┤         │ │
                    │ │   └─社会の物質循環│
                    │ └─────────────┘ │
                    └─────────────────┘
```

循環型社会形成推進基本法(基本的枠組み法)　｜　社会の物資循環の確保
　　　　　　　　　　　　　　　　　　　　　　　天然資源の消費の抑制
　　　　　　　　　　　　　　　　　　　　　　　環境負荷の低減

○基本原則, ○国, 地方公共団体, 事業者, 国民の責務, ○国の施策

循環型社会形成推進基本計画：国の他の計画の基本

　　　　　　　廃棄物の適正処理　　　　　リサイクルの推進

改正廃棄物処理法	→拡充強化	資源有効利用促進法	→拡充整備
①廃棄物の発生抑制 ②廃棄物の適正処理 ③廃棄物処理施設の設置規制 ④廃棄物処理業者に対する規制 ⑤廃棄物処理基準の設定など	発生抑制政策の強化 不適正処理対策 公共関与による施設整備など	①再生資源のリサイクル ②リサイクルの容易な構造・材質などの工夫 ③分別回収のための表示 ④副産物の有効利用の促進	リサイクル→ ┌リデュース 　　　　　　│リユース 　　　　　　└リサイクル (1R)　　(3R)

　　　　　〔個別物品の特性に応じた規制〕　　　　　　〔需要面からの支援〕
　　　　（既制定）　　　　　　（新規制定）　　　　　（新規制定）

容器包装リサイクル法	家電リサイクル法	建設リサイクル法	食品リサイクル法	グリーン購入法
ビン, ペットボトル, 紙製・プラスチック製容器包装など	エアコン, 冷蔵庫, テレビ, 洗濯機	木材, コンクリート, アスファルト	(食品残渣)	例：再生紙, コピー紙

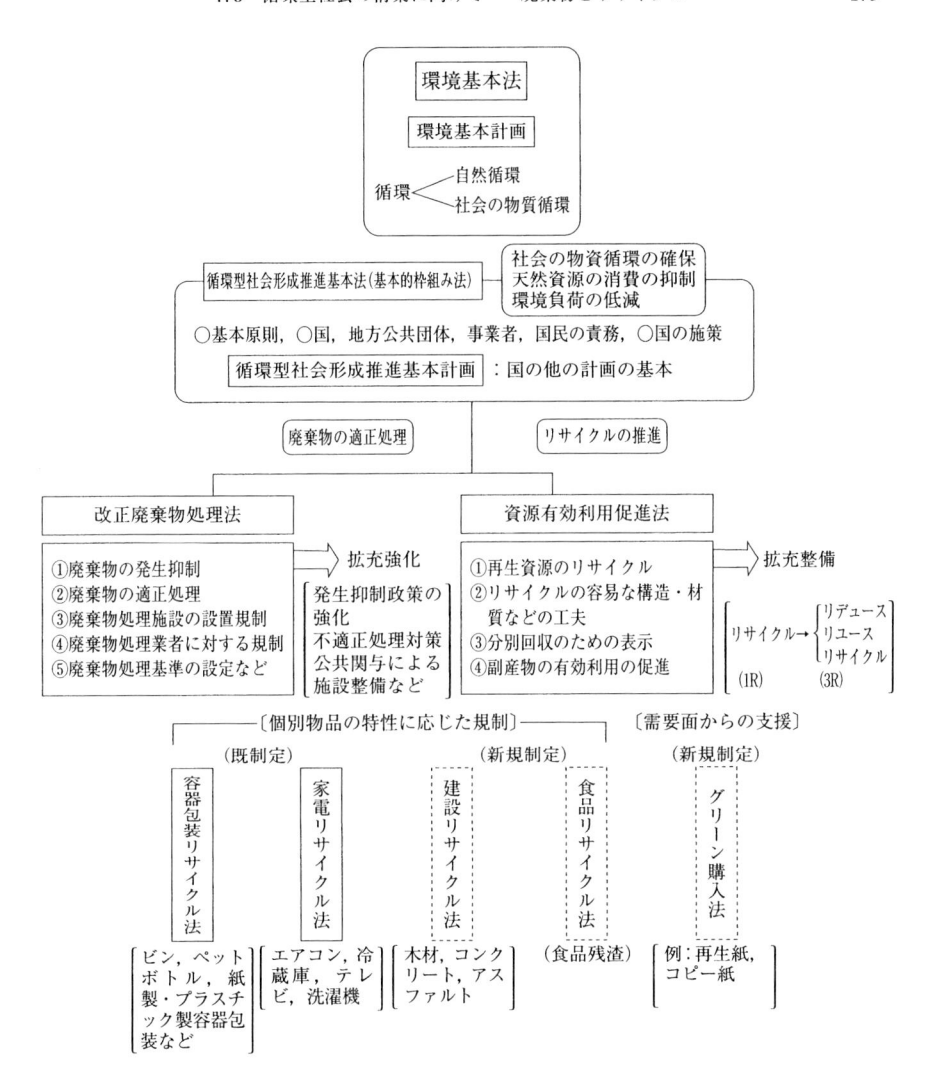

図7.8 資源循環型社会の形成を推進するための施策体系

　略　　称　　　　　　　正式名
改正廃棄物処理法：廃棄物の処理及び清掃に関する法律
資源有効利用促進法：資源の有効な利用の促進に関する法律
容器包装リサイクル法：容器包装に係る分別収集及び再商品化の促進等に関する法律
家電リサイクル法：特定家庭用機器再商品化法
建設リサイクル法：建設工事に係る資材の再資源化等に関する法律
食品リサイクル法：食品循環資源の再生利用等の促進に関する法律
グリーン購入法：国等による環境物品等の調達の推進等に関する法律

つつエネルギーとしての利用の推進（サーマルリサイクル）を行い，最後に発生した廃棄物を適正に処理する，という循環利用の原則を定めている．さらに，リサイクルの実施にあたり国，地方自治体には諸施策の制定と実施，国民には製品の長期間使用，再生品の利用，廃棄物の分別・収集への協力，事業者には製品のライフサイクルの全過程における環境負荷低減の責務（拡大生産者責任：extended producer responsibility）を規定している．この他，循環型社会形成推進基本計画の策定も定めている．

(2) 改正廃棄物処理法（2001年4月完全実施）　改正により循環型社会づくりの思想が盛り込まれ，国に廃棄物の減量と適正処理に関する基本方針の作成を，都道府県に廃棄物処理計画の作成を定めるとともに，排出事業者の責任が強化され，最終処分段階までの適正処理の確認が義務づけられ，不適正処理には原状回復義務を定めている．この他，野外焼却の禁止や罰則強化が盛り込まれている．

(3) 資源有効利用促進法（2001年4月施行）　これまでのリサイクル（廃棄物の原材料としての再利用）だけではなく，使用済み製品の発生抑制（reduce），使用済み物品から取り出した部品の再利用（reuse）まで内容を強化・拡充（1Rから3Rへ）しており，具体的には，特定製品についての廃棄物の発生抑制（自動車，パソコン，大型家具など），部品などの再使用（自動車，パソコン，複写機など），回収・リサイクル（パソコン，小型2次電池など）を義務づけるとともに，特定業種（鉄鋼，紙・パルプ，化学工業など）に対して廃棄物の発生抑制を定めている．

(4) 食品リサイクル法（2001年5月施行）　一定以上の食品廃棄物を排出する食品メーカー，流通，外食などの事業者には，食品廃棄物の減量化と飼料・肥料などへのリサイクルに取り組むよう義務づけている．農林水産省と環境省は，施行後約5年で，年間排出量を実施以前より20%削減させる数値目標を掲げている．

(5) 建設リサイクル法（2002年5月までに完全施行）　現状で問題の多い建設廃棄物に対して，解体工事業者の登録制度を新設し，一定規模以上の解体工事や新築工事では，コンクリート，アスファルト，木材などの分別解体と解体資源のリサイクルを義務づけている．

(6) グリーン購入法（2001年4月施行）　需要面からも循環型社会の形成を目指すもの．政府機関など（国会，各省庁，裁判所，独立行政法人，特殊法人など）

は，物品の購入に当たって，環境配慮商品を優先的に購入することを義務づけた法律．地方自治体に対しても，同様の措置をとる努力義務が盛り込まれている．

(7) 容器包装リサイクル法（2000年4月完全実施）　家庭などから排出される一般廃棄物の中で，再生資源として利用できる容器や包装のリサイクル促進を目指している．消費者による分別排出，市町村による分別収集，事業者による再商品化が定められている．ペットボトルの回収率は，施行前の2.9％（1996年），97年9.8％から2000年34.5％に増加した．

(8) 家電リサイクル法（2001年4月実施）　対象品目はテレビ，冷蔵庫，洗濯機，エアコンの4種．最大の特徴は，製造業者，販売業者，消費者，市町村の役割分担を定めていることである．消費者は一定料金を支払い，販売業者などに廃家電類を引き取ってもらう．市町村は回収した廃家電類を製造業者に引き渡す．製造業者は廃家電類の一定割合を再資源化する義務がある．具体的には各製品の重量に対してエアコン60％以上，テレビ55％以上，冷蔵庫と洗濯機50％以上の再資源化率である．対象となる物質は，アルミニウム，鉄，銅，鉛，スズ，ガラスなどである．

7.3.3　循環型社会と農業

消費生活の基本は食生活にある．わが国における食生活に関連した窒素の循環（図7.9）を例に，循環型社会と農業の関係を考えてみよう．海外から輸入される食飼料中の窒素と，大気から工業的に固定される化学肥料の窒素がわが国の窒素収入である．これらの一部は国内産の食飼料に姿を変えて，人間と家畜に供給される．人間と家畜からの廃棄物の一部はリサイクルによって再び生産系に戻り，その残りが環境へ排出される．その中の主な数量を要約すれば次のようになる．1999年には，国民全体の食生活に供給された窒素（たんぱく質の中の窒素）は64万tであった．これをまかなうために窒素として31万tの食料と58万tの飼料を輸入し，さらに化学肥料として48万tの窒素を大気から固定している．国内産の食料と飼料の窒素は，それぞれ33万tと18万tである．これから計算すると，われわれに供給されたたんぱく質中の窒素の自給率は35％となり，カロリーベースの食料自給率を5ポイントも下回っている．

排出の方は，人間の生活からは供給窒素量の95％ほどが排出され，それにほぼ匹敵する量の窒素が家畜から排出される（表7.2の家畜ふん尿は堆肥化ポテン

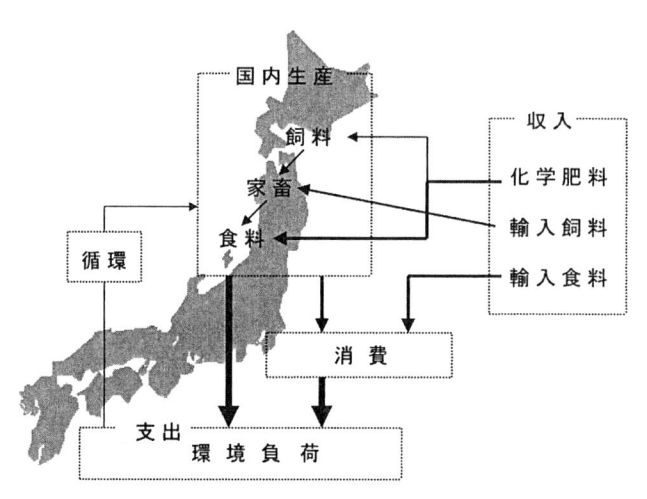

図7.9 わが国における窒素収支

表7.2 食生活を中心としたわが国の窒素収支

項目＼年次	1969	1989	1999
収入	1189	1478	1368
輸入食料	172	216	310
輸入飼料	277	622	583
化学肥料	740	640	476
国内生産	568	613	510
食料	325	408	334
飼料	243	205	176
環境負荷	1189	1478	1368
食生活から	450	603	612
家畜ふん尿	308	597	546
その他	278	168	210
循環再利用	305	304	249
利根川中流窒素濃度	1.0	3.0	2.5

単位：GgN, mg/L

シャル量で示している）．また，それよりやや少量の肥料の溶脱分がある．全体の窒素収支は137万tになり，われわれは，おおよそ60万tの窒素を栄養として摂取するために，その2倍以上の窒素を動かしていることになる．

国全体の窒素収支が最も多かったのは，10年前の1989年で，収支総量は148万tで，食料中の窒素の自給率は46％であった．この10年間で肉の輸入が増えて，その分家畜飼料の輸入が減ったために窒素自給率は低下した．農業も畜産も貿易自由化のあおりで国内生産力を弱めたということである．それはまた，有機性廃棄物（生ごみ，汚泥，家畜ふん尿）のリサイクルの場をせばめ，循環型社会への転換を阻害している．

国から出て行く窒素のアウトプットは大気，土壌，水に負荷されることになるが，その定量的配分は分かっていない．ただ，140万tの窒素がすべて河川水に

負荷されたとすれば，全国の河川の平均 T-N 濃度は 7 mg/L くらいになるはずである．しかし，実際の河川水の全窒素濃度の年平均値が 4 mg/L を超えることは大河川ではほとんどなく，利根川でも現在 2.0～3.0 mg/L の間である．淀川ではそれより 1 mg/L くらい低い．ということは，アウトプットの 1/3 程度が水系に負荷されることになるのであろう．水系の窒素濃度が高くなれば，富栄養化問題だけでなく，健康に有害な硝酸汚染のリスクをも背負い込むことになる．

再利用を増やせば，環境負荷は確実に減る．このモデルから見る限り，そのためには，食飼料の輸入を減らして国内生産を増やすか，廃棄物からの窒素のリサイクルを増やして，化学肥料の使用量を減らすしかない．

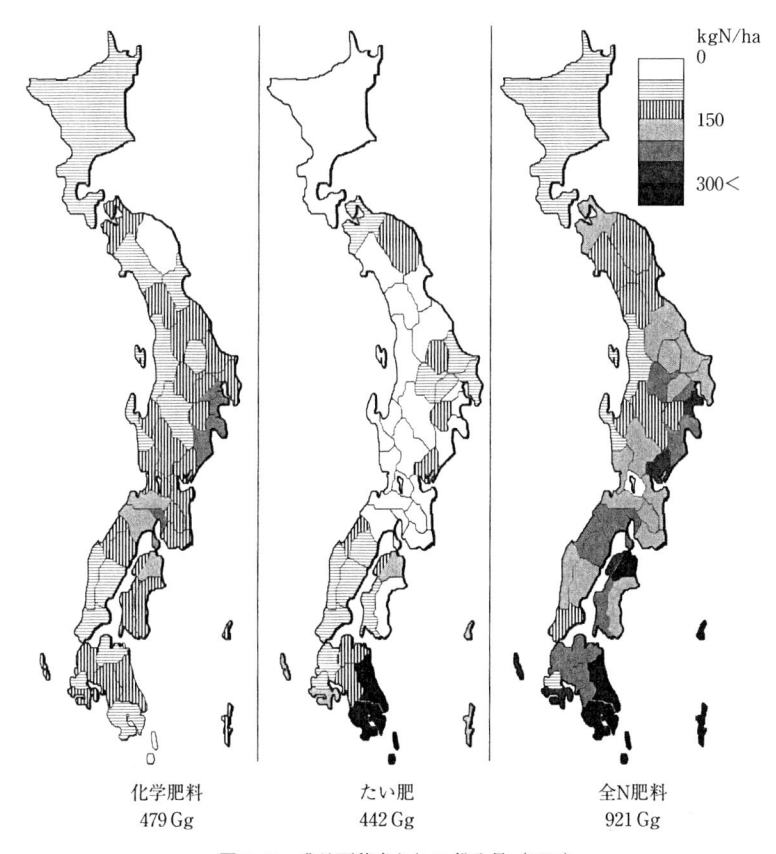

図 7.10 農地面積当たり N 投入量（2000）

作物生育の原理から見て，化学肥料のすべてを有機物で代替することは不可能である．炭素率の高い有機物では窒素飢餓が起こる．作物の生育初期には，無機態の窒素の施用が欠かせない．また，水田の場合は有機質肥料の量を多くすると，イネは生理的な障害を受ける．畑地から浸透する地下水中の硝酸性窒素濃度を，環境基準値である 10 mg/L 以下に保つためには，農地での窒素の施用量は 300 kg/ha 以下におさえるべきと考えられるが（4.4 節参照），安全に有機質肥料でおき換えられるのは，平均してその 1/2（150 kg/ha）程度である．

　有機性廃棄物の発生量は地域差が大きい．図 7.10 は，都道府県別に農地 1 ha 当たりの窒素量を，化学肥料（左），家畜ふんたい肥の年間発生窒素量（中），両者の合量（右）に示したものである．家畜ふんたい肥だけで 150 kg/ha を超える 8 都県では，県内の自己完結的再利用は不可能となる．余剰窒素が発生しないようにするためには有機物資材の流通が必要となるが，輸送コストの問題がある．循環型社会形成は，まず国民生活の基本である食生活をめぐる物質循環の適正化から始めなければならない．

BOX 17

コンパートメント・モデル (compartment model)

コンパートメント・モデルとは，生態系における物質循環を検討する場合によく使われる「定量的流れ図」である．単純な四則演算だけで組み立てられているので理解しやすい．図7.11に示したものは，表7.2のもととなったコンパートメント・モデルである．四角で示したコンパートメントは対象物質が一時滞留する閉鎖空間である．ここでは1999年1年間の積算通過量を示している．コンパートメント間の開放空間での流量も通過量と同じ時間当たりで示す．これをフラックスと呼ぶ．コンパーメント・モデルはパソコンの表計算ソフトを使って作成できる．表計算ソフトでは，複雑なモデルで起きやすい循環参照（三段論法で同じ定義となる変数を別の独立変数として扱ってしまう誤り）が指摘されるので都合がよい．

この図で使用した要素を以下に示す．原データは公表されている統計資料によった．

A1 ＝ Σ((品目別輸入量)×(窒素含有率))
A5 ＝飼料統計の可消化粗たんぱくに窒素含有率0.16を乗じたもの
A9 ＝ A1 + A5（輸入窒素量）
A13 ＝ 1998肥料年度の窒素肥料内需量
A14 ＝ A9 + A13（年間総窒素収入，蓄積窒素取り崩し分は含まない）
B6 ＝ A5 + C5（飼料中窒素量の合計）
C1 ＝ Σ((品目別国内生産量)×(窒素含有率))
C3 ＝国内産肉類，牛乳，鶏卵からの窒素供給量
C5 ＝飼料統計の可消化粗たんぱくに窒素含有率0.16を乗じたもの
C6 ＝ C5/B6（%）（飼料中の窒素自給率）
C9 ＝ C5 + D3（国内産食飼料の原資となった窒素）
C10 ＝ A9/C9（%）（食飼料原資窒素のうちリサイクル由来割合）
C11 ＝ A13×0.25（肥料窒素から国内産食飼料への移行分）
D3 ＝ C1 − C3（国内産食料の原資となった窒素）
E5 ＝ B6 − C3（飼料から食料に移行しなかった窒素）
E9 ＝ C9 − C11（食飼料原資の化学肥料不足分＝リサイクルでまかなわれた分）
E10 ＝ E9/G12（%）（全窒素排出量に対するリサイクル率）
F1 ＝ Σ((品目別純食料)×(窒素含有率))
F2 ＝ (F1中の国内由来窒素量)/F1（%）（食料窒素自給率）
F3 ＝ F1 − G1（人口未摂取窒素＝消費過程でのロス）
F6 ＝ E5 − G5（家畜未摂取窒素＝飼養過程でのロス）
F13 ＝ A13 − C11（肥料窒素の非可食部移行分＋土壌蓄積＋溶脱＋脱窒）
G1 ＝ (人口)×(排出原単位)（廃水処理過程への移行分を含む）

G5 = Σ((畜種別頭羽数)×(排出原単位))（廃水処理過程への移行分を含む）
G9 = F3 + F6（生産〜消費過程でのロス）
G12 = G1 + G5 + G9（固・液・気各態すべてを含む全廃棄窒素量）
G13 = G12 − E9（食生活に関連する総排出量）
G14 = G13 + F13 = A14（大気・水への排出と土壌蓄積，前年までの蓄積量は毎年変わらないものと仮定）（自然の窒素固定量＝脱窒量と仮定）

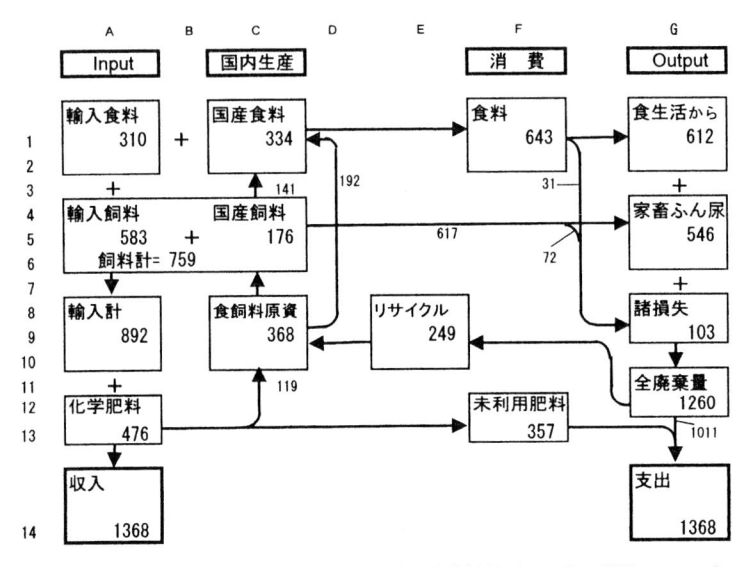

図7.11 わが国における食料需給を中心とする窒素循環（1999年，単位：GgN/y）

付表1 大気の汚染に係る環境基準

物　質	環　境　上　の　条　件
二酸化硫黄	1時間値の1日平均値が0.04 ppm以下であり，かつ，1時間値が0.1 ppm以下であること
一酸化炭素	1時間値の1日平均値が10 ppm以下であり，かつ，1時間値の8時間平均値が20 ppm以下であること
浮遊粒子状物質	1時間値の1日平均値が0.10 mg/m^{3}以下であり，かつ，1時間値が0.20 mg/m^{3}以下であること
二酸化窒素	1時間値の1日平均値が0.04 ppmから0.06 ppmまでのゾーン内またはそれ以下であること
光化学オキシダント	1時間値が0.06 ppm以下であること
ベンゼン	1年平均値が0.003 mg/m^{3}以下であること
トリクロロエチレン	1年平均値が0.2 mg/m^{3}以下であること
テトラクロロエチレン	1年平均値が0.2 mg/m^{3}以下であること
ジクロロメタン	1年平均値が0.15 mg/m^{3}以下であること

(備考)　1. 浮遊粒子状物質とは大気中に浮遊する粒子状物質であってその粒径が10 μm以下のものをいう．
　　　2. 二酸化窒素について，1時間値の1日平均値が0.04 ppm（ppm：体積比で100万分の1のこと）から0.06 ppmまでのゾーン内にある地域にあっては，原則としてこのゾーン内において現状程度の水準を維持し，またはこれを大きく上回ることとならないように努めるものとする．
　　　3. 光化学オキシダントとは，オゾン，パーオキシアセチルナイトレートその他の光化学反応により生成される酸化性物質（中性ヨウ化カリウム溶液からヨウ素を遊離するものに限り，二酸化窒素を除く）をいう．

付表2 水質汚濁に係る人の健康の保護に関する環境基準
(公共用水域及び地下水)（水質環境基準健康項目）

項　目	基準値	項　目	基準値
カドミウム	0.01　mg/l以下	1,1,1-トリクロロエタン	1　mg/l以下
全シアン	検出されないこと	1,1,2-トリクロロエタン	0.006 mg/l以下
鉛	0.01　mg/l以下	トリクロロエチレン	0.03 mg/l以下
六価クロム	0.05　mg/l以下	テトラクロロエチレン	0.01 mg/l以下
砒素	0.01　mg/l以下	1,3-ジクロロプロペン	0.002 mg/l以下
総水銀	0.0005 mg/l以下	チウラム	0.006 mg/l以下
アルキル水銀	検出されないこと	シマジン	0.003 mg/l以下
PCB	検出されないこと	チオベンカルブ	0.02 mg/l以下
ジクロロメタン	0.02　mg/l以下	ベンゼン	0.01 mg/l以下
四塩化炭素	0.002 mg/l以下	セレン	0.01 mg/l以下
1,2-ジクロロエタン	0.004 mg/l以下	硝酸性窒素及び亜硝酸性窒素	10　mg/l以下
1,1-ジクロロエチレン	0.02　mg/l以下	ふっ素	0.8 mg/l以下
シス-1,2-ジクロロエチレン	0.04　mg/l以下	ほう素	1.0 mg/l以下

(注)　1. 基準値は，年間平均値（全シアンのみ最高値）で評価する．
　　　2. 定量限界は全シアン0.1 mg/l，アルキル水銀及びPCB 0.0005 mg/l．

付表3 水質汚濁に係る生活環境の保全に関する環境基準
(水質環境基準生活環境項目)

3.1 河川(湖沼を除く)

項目 類型	利用目的の適用性	基準値				
		水素イオン 濃度 (pH)	生物化学的 酸素要求量 (BOD)	浮遊 物質量 (SS)	溶存 酸素量 (DO)	大腸菌群数
AA	水道1級,自然環境 保全及びA以下の欄 に掲げるもの	6.5以上 8.5以下	1 mg/l 以下	25 mg/l 以下	7.5 mg/l 以上	50 MPN/100 ml 以下
A	水道2級,水産1級, 水浴及びB以下の欄 に掲げるもの	6.5以上 8.5以下	2 mg/l 以下	25 mg/l 以下	7.5 mg/l 以上	1,000 MPN/100 ml 以下
B	水道3級,水産2級 及びC以下の欄に掲 げるもの	6.5以上 8.5以下	3 mg/l 以下	25 mg/l 以下	5 mg/l 以上	5,000 MPN/100 ml 以下
C	水産3級,工業用水 1級及びD以下の欄 に掲げるもの	6.5以上 8.5以下	5 mg/l 以下	50 mg/l 以下	5 mg/l 以上	—
D	工業用水2級,農業 用水及びEの欄に掲 げるもの	6.0以上 8.5以下	8 mg/l 以下	100 mg/l 以下	2 mg/l 以上	—
E	工業用水3級, 環境保全	6.0以上 8.5以下	10 mg/l 以下	ごみ等の浮 遊が認めら れないこと	2 mg/l 以上	—

(備考) 1. 基準値は,日間平均値とする.
　　　 2. 農業用利水点については,水素イオン濃度6.0以上7.5以下,溶存酸素量5 mg/l 以上とする.

(注) 1. 自然環境保全:自然探勝等の環境保全
　　 2. 水道1級:ろ過等による簡易な浄水操作を行うもの
　　　　水道2級:沈殿ろ過等による通常の浄水操作を行うもの
　　　　水道3級:前処理を伴う高度の浄水操作を行うもの
　　 3. 水産1級:ヤマメ,イワナ等貧腐水性水域の水産生物用並びに水産2級及び水産3級の水産
　　　　　　　　生物用
　　　　水産2級:サケ科魚類及びアユ等貧腐水性水域の水産生物用並びに水産3級の水産生物用
　　　　水産3級:コイ,フナ等 β-中腐水性水域の水産生物用
　　 4. 工業用水1級:沈殿等による通常の浄水操作を行うもの
　　　　工業用水2級:薬品注入等による高度の浄水操作を行うもの
　　　　工業用水3級:特殊の浄水操作を行うもの
　　 5. 環境保全:国民の日常生活(沿岸の遊歩等を含む)において不快感を生じない限度

3.2 湖沼（天然湖沼及び貯水量1,000万立方メートル以上の人造湖）

ア

項目 類型	利用目的の適用性	基準値				
		水素イオン濃度 (pH)	化学的酸素要求量 (COD)	浮遊物質量 (SS)	溶存酸素量 (DO)	大腸菌群数
AA	水道1級，水産1級，自然環境保全及びA以下の欄に掲げるもの	6.5以上 8.5以下	1 mg/l 以下	1 mg/l 以下	7.5 mg/l 以上	50 MPN/100 ml 以下
A	水道2,3級，水産2級，水浴及びB以下の欄に掲げるもの	6.5以上 8.5以下	3 mg/l 以下	5 mg/l 以下	7.5 mg/l 以上	1,000 MPN/100 ml 以下
B	水道3級，工業用水1級，農業用水及びCの欄に掲げるもの	6.5以上 8.5以下	5 mg/l 以下	15 mg/l 以下	5 mg/l 以上	—
C	工業用水2級，環境保全	6.0以上 8.5以下	8 mg/l 以下	ごみ等の浮遊が認められないこと	2 mg/l 以上	—

(備考) 1. 日間平均値により評価．
2. 農業用利水点については，水素イオン濃度6.0以上7.5以下，溶存酸素量5 mg/l 以上とする．

(注) 1. 自然環境保全：自然探勝等の環境保全
2. 水道1級：ろ過等による簡易な浄水操作を行うもの
　　水道2,3級：沈殿ろ過等による通常の浄水操作，又は，前処理を伴う高度の浄水操作を行うもの
3. 水産1級：ヒメマス等貧栄養湖型の水域の水産生物用並びに水産2級及び水産3級の水産生物用
　　水産2級：サケ科魚類及びアユ等栄養湖型の水域の水産生物用並びに水産3級の水産生物用
　　水産3級：コイ，フナ等富栄養湖型の水域の水産生物用
4. 工業用水1級：沈殿等による通常の浄水操作を行うもの
　　工業用水2級：薬品注入等による高度の浄水操作及び特殊な浄化操作を行うもの
5. 環境保全：国民の日常生活（沿岸の遊歩等を含む）において不快感を生じない限度

イ

類型	利用目的の適用性	基準値	
		全窒素	全りん
I	自然環境保全及びII以下の欄に掲げるもの	0.1 mg/l 以下	0.005 mg/l 以下
II	水道1, 2, 3級(特殊なものを除く),水産1種,水浴及びIII以下の欄に掲げるもの	0.2 mg/l 以下	0.01 mg/l 以下
III	水道3級(特殊なもの)及びIV以下の欄に掲げるもの	0.4 mg/l 以下	0.03 mg/l 以下
IV	水産2種及びVの欄に掲げるもの	0.6 mg/l 以下	0.05 mg/l 以下
V	水産3種,工業用水,農業用水,環境保全	1 mg/l 以下	0.1 mg/l 以下

(備考) 1. 基準値は,年平均値とする.
　　　 2. 水域類型の指定は,湖沼植物プランクトンの著しい増殖を生ずるおそれがある湖沼について行うものとし,全窒素の項目の基準値は,全窒素が湖沼植物プランクトンの増殖の要因となる湖沼について適用する.
　　　 3. 農業用水については,全燐の項目の基準値は適用しない.

(注) 1. 自然環境保全:自然探勝等の環境保全
　　 2. 水道1級:ろ過等による簡易な浄水操作を行うもの
　　　 水道2級:沈殿ろ過等による通常の浄水操作を行うもの
　　　 水道3級:前処理を伴う高度の浄水操作を行うもの
　　　 (「特殊なもの」とは,臭気成分の除去が可能な特殊な浄水操作を行うものをいう.)
　　 3. 水産1種:サケ科魚類,アユ等の水産生物用並びに水産2種及び水産3種の水産生物用
　　　 水産2種:ワカサギ等の水産生物用並びに水産3種の水産生物用
　　　 水産3種:コイ,フナ等の水産生物用
　　 4. 環境保全:国民の日常生活(沿岸の遊歩等を含む)において不快感を生じない限度

3.3 海域

ア

類型	利用目的の適用性	基準値 水素イオン濃度 (pH)	基準値 化学的酸素要求量 (COD)	基準値 溶存酸素量 (DO)	基準値 大腸菌群数	基準値 n-ヘキサン抽出物質 (油分等)
A	水産1級，水浴，自然環境保全及びB以下の欄に掲げるもの	7.8 以上 8.3 以下	2 mg/l 以下	7.5 mg/l 以上	1,000 MPN /100 ml 以下	検出されないこと
B	水産2級，工業用水及びCの欄に掲げるもの	7.8 以上 8.3 以下	3 mg/l 以下	5 mg/l 以上	—	検出されないこと
C	環境保全	7.0 以上 8.3 以下	8 mg/l 以下	2 mg/l 以上	—	—

(備考) 1. 日間平均値により評価．
2. 水産1級のうち，生食用原料のカキの養殖の利水点については，大腸菌群数 70 MPN/100 ml 以下とする．

(注) 1. 自然環境保全：自然探勝等の環境保全
2. 水産1級：マダイ，ブリ，ヒメマス，ワカメ等の水産生物用並びに水産2級の水産生物用
水産2級：ボラ，ノリ等の水産生物用
水産3級：コイ，フナ等富栄養湖型の水域の水産生物用
3. 環境保全：国民の日常生活（沿岸の遊歩等を含む）において不快感を生じない限度

イ

類型	利用目的の適用性	基準値 全窒素	基準値 全りん
I	自然環境保全及びII以下の欄に掲げるもの（水産2種及び3種を除く）	0.2 mg/l 以下	0.02 mg/l 以下
II	水産1種，水浴及びIII以下の欄に掲げるもの（水産2種及び3種を除く）	0.3 mg/l 以下	0.03 mg/l 以下
III	水道2種及びIV以下の欄に掲げるもの（水産3種を除く）	0.6 mg/l 以下	0.05 mg/l 以下
IV	水産3種，工業用水，生物生息環境保全	1 mg/l 以下	0.09 mg/l 以下

(備考) 1. 基準値は，年平均値とする．
2. 水域類型の指定は，海洋植物プランクトンの著しい増殖を生ずるおそれがある海域について行うものとする．

(注) 1. 自然環境保全：自然探勝等の環境保全
2. 水産1種：底生魚介類を含め多様な水産生物がバランスよく，かつ，安定して漁獲される
水産2種：一部の底生魚介類を除き，魚類を中心とした水産生物が多獲される
水産3種：汚濁に強い特定の水産生物が主に漁獲される
3. 生物生息環境保全：年間を通して底生生物が生息できる限度

付表 4 水産生物を対象とした生活環境項目

	河川		湖沼		海域	
	水産用水基準	環境基準	水産用水基準	環境基準	水産用水基準	環境基準
溶存酸素 (mg/l)	一般 6 サケ・マス・アユ 7	類型 A 7.5 B 5 C 5	一般 6 サケ・マス・アユ 7	類型 AA 7.5 A 7.5 B 5.0	一般 6	類型 A 7.5 B 5
COD (註) BOD (5日, 20℃) (mg/l)	成育 (一般) 5 (サケ・マス) 3 自然繁殖 (一般) 3 (サケ・マス・アユ) 2	類型 A 2 B 3 C 5	成育 (一般) 5 (サケ・マス) 3 自然繁殖 (一般) 4 (サケ・マス・アユ) 2	類型 A 1 A 3 B 5	一般 1 ノリ養殖場 2	類型 A 2 B 3
pH	6.7～7.5	類型 A 6.5～8.5 B 6.5～8.5 C 6.5～8.5	6.7～7.5	類型 AA 6.5～8.5 A 6.5～8.5 B 6.5～8.5	一般 7.6～8.4	類型 A 7.8～8.3 B 7.8～8.3
SS (mg/l)	一般 25 人為的 5	類型 A 25 B 25 C 50	サケ・マス・アユ 1.4 温水性魚類 3.0	類型 A 1 A 5 B 15	人為的 2	
全りん (mg/l)	0.1		サケ・アユ 0.01 ワカサギ 0.05 コイ・フナ 0.1	類型 I 0.01 IV 0.05 V 0.1	水産 1 種 0.03 2 種 0.05 3 種 0.09	類型 II 0.03 III 0.05 IV 0.09
全窒素 (mg/l)	1.0		サケ・アユ 0.2 ワカサギ 0.0 コイ・フナ 1.0	類型 I 0.2 IV 0.6 V 1.0	水産 1 種 0.3 2 種 0.6 3 種 1.0	類型 II 0.3 III 0.6 IV 1.0
大腸菌群数 (MPN/100 ml)	一般 1000	類型 A 1000 B 5000	一般 1000	類型 AA 50 A 1000	一般 1000 生食用カキ 70	類型 A 1000
n-ヘキサン抽出物質 (油分等)	検出されないこと		検出されないこと		検出されないこと	類型 A:検出されないこと B:検出されないこと
底質					COD (mg/g 乾泥) 20 硫化物 (mg/g 乾泥) 0.2 n-ヘキサン油出物質 (%乾泥) 0.1	

(註) 海域における水産用水基準は COD_{OH}, 環境基準は COD_{Mn} の値である。($COD_{OH} ≒ 0.6 \cdot COD_{Mn}$)

付表5 有害物質の水産用水基準値一覧表（環境基準値等との対比）

環境基準（人の健康の保護に関する環境項目）

環境項目	基準値	水産用水基準 海域	水産用水基準 淡水域
総水銀	0.0005	0.0001	0.0002
アルキル水銀	検出されないこと	検出されないこと	検出されないこと
PCB	検出されないこと	—	—
ジクロロメタン	0.02	—	0.02
四塩化炭素	0.002	0.002	0.002
1,2-ジクロロエタン	0.004	0.004	0.004
1,1-ジクロロエチレン	0.02	0.02	0.02
シス-1,2-ジクロロエチレン	0.04	—	—
1,1,1-トリクロロエタン	1	0.5	0.5
1,1,2-トリクロロエタン	0.006	—	0.006
トリクロロエチレン	0.03	0.03	0.03
テトラクロロエチレン	0.01	0.01	0.01
1,3-ジクロロプロペン	0.002	0.002	0.002
チウラム	0.006	—	0.006
シマジン	0.003	—	0.003
チオベンカルブ	0.02	0.02	0.02
ベンゼン	0.01	0.01	0.01
カドミウム	0.01	0.0001	0.0001
全シアン	検出されないこと	検出されないこと	検出されないこと
鉛	0.01	0.001	0.001
六価クロム	0.05	0.003	0.003
砒素	0.01	0.01	0.01
セレン	0.01	0.01	0.002

環境基準（要監視項目）

要監視項目	指針値	水産用水基準 海域	水産用水基準 淡水域
クロロホルム	0.06	0.06	0.01
トランス1,2-ジクロロエチレン	0.04	—	—
1,2-ジクロロプロパン	0.06	0.06	0.06
p-ジクロロベンゼン	0.3	0.1	0.1
イソキサチオン	0.008	0.00003	0.00002
ダイアジノン	0.005	0.0001	0.00004
フェニトロチオン (MEP)	0.003	0.00001	0.00001
イソプロチオラン	0.04	0.04	0.01
オキシン銅（有機銅）	0.04	—	0.008
クロロタロニル (TPN)	0.04	—	0.002
プロピザミド	0.008	—	0.008
EPN	0.006	0.0002	0.00001
ジクロルボス (DDVP)	0.01	0.0004	0.00003
フェノブカルブ (BPMC)	0.02	0.003	0.0003
イプロベンホス (IBP)	0.008	0.008	0.0001
クロルニトロフェン (CNP)	0.005	0.005	0.005
トルエン	0.6	0.4	0.6
キシレン	0.4	—	0.4
フタル酸ジエチルヘキシル	0.06	0.06	0.001
ホウ素	0.2	4.5	0.01
フッ素	0.8	1.4	0.8
ニッケル	0.01	0.01	0.01
モリブデン	0.07	0.07	0.07
アンチモン	0.002	0.002	0.002
硝酸態窒素	10	10	10
亜硝酸態窒素	10	0.06	0.03

水産用水基準

物質名	海域	淡水域
非解離アンモニア態窒素	0.002	0.006
残留塩素（残留オキシダント）	検出されないこと	検出されないこと
硫化水素	0.001	0.001
銅	0.005	0.001
亜鉛	0.01	0.002
アルミニウム	0.1	1
マンガン	0.6	0.1
鉄	2	—
界面活性剤 LAS	0.002	0.002
界面活性剤 AE	0.01	0.01
界面活性剤 AOS	0.05	0.05
オゾン（残留オキシダント）	0.004	0.002
ベンゾ(a)ピレン	0.01 (μg/l)	0.01 (μg/l)
トリブチルスズ化合物	0.002 (μg/l)	0.1 (μg/l)
ダイオキシン類	—	0.001 (μg/l)

(単位：mg/l)

(注) —は、検討資料が見出せなかったので値を示さなかった.

付表6 要監視項目と指針値

項目名	指針値 (mg/l)	項目名	指針値 (mg/l)
クロロホルム	0.06	EPN	0.006
トランス-1,2-ジクロロエチレン	0.04	ジクロルボス	0.008
1,2-ジクロロプロパン	0.06	フェノブカルブ	0.03
p-ジクロロベンゼン	0.3	イプロベンホス	0.008
イソキサチオン	0.008	クロルニトロフェン	—
ダイアジノン	0.005	トルエン	0.6
フェニトロチオン	0.003	キシレン	0.4
イソプロチオラン	0.04	フタル酸ジエチルヘキシル	0.06
オキシン銅	0.04	ニッケル	—
クロロタロニル	0.05	モリブデン	0.07
プロピザミド	0.008	アンチモン	—

(備考)　1. 年間平均値により評価.
　　　　2. クロルニトロフェン，ニッケル，アンチモンについては，指針値は設けないが，引き続き要監視項目とする.

付表7　一律排水基準

7.1　健康項目

有害物質の種類	許容限度
カドミウム及びその化合物	0.1　mg/l
シアン化合物	1　mg/l
有機燐化合物（パラチオン，メチルパラチオン，メチルジメトン及びEPNに限る）	1　mg/l
鉛及びその化合物	0.1　mg/l
六価クロム化合物	0.5　mg/l
砒素及びその化合物	0.1　mg/l
水銀及びアルキル水銀及びその水銀化合物	0.005 mg/l
アルキル水銀化合物	検出されないこと
ポリ塩化ビフェニル	0.003 mg/l
トリクロロエチレン	0.3　mg/l
テトラクロロエチレン	0.1　mg/l
ジクロロメタン	0.2　mg/l
四塩化炭素	0.02 mg/l
1,2-ジクロロエタン	0.04 mg/l
1,1-ジクロロエタン	0.2　mg/l
シス-1,2-ジクロロエチレン	0.4　mg/l
1,1,1-トリクロロエタン	3　mg/l
1,1,2-トリクロロエタン	0.06 mg/l
1,3-ジクロロプロペン	0.02 mg/l
チウラム	0.06 mg/l
シマジン	0.03 mg/l
チオベンカルブ	0.2　mg/l
ベンゼン	0.1　mg/l
セレン及びその化合物	0.1　mg/l
ほう素及びその化合物	海域外 10 mg/l 海域　230 mg/l
ふっ素及びその化合物	海域外　8 mg/l 海域　15 mg/l
アンモニア，アンモニウム化合物，亜硝酸化合物及び硝酸化合物	100　mg/l

注1）海域外：海域以外の公共用水域に排出されるもの
　2）海域：海域に排出されるもの
　3）アンモニア，アンモニウム化合物，亜硝酸化合物及び硝酸化合物：アンモニア性窒素に0.4を乗じたもの，亜硝酸性窒素及び硝酸性窒素の合計量

7.2 生活環境項目

項　目	許容限度
水素イオン濃度（pH）	海域外 5.8 〜 8.6 海　域 5.0 〜 9.0
生物化学的酸素要求量	160 mg/l（日間平均 120 mg/l）
化学的酸素要求量	160 mg/l（日間平均 120 mg/l）
浮遊物質量	200 mg/l（日間平均 150 mg/l）
ノルマルヘキサン抽出物質含有量（鉱油類含有量）	5 mg/l
ノルマルヘキサン抽出物質含有量（動植物油脂類含有量）	30 mg/l
フェノール類含有量	5 mg/l
銅含有量	3 mg/l
亜鉛含有量	5 mg/l
溶解性鉄含有量	10 mg/l
溶解性マンガン含有量	10 mg/l
クロム含有量	2 mg/l
大腸菌群数	日間平均 3,000/cm^3
窒素含有量	120 mg/l（日間平均 60 mg/l）
燐含有量	16 mg/l（日間平均　8 mg/l）

注 1）海域外：海域以外の公共用水域に排出されるもの
　 2）海域：海域に排出されるもの

付表 9　ダイオキシン類に係る環境基準

	基準値
大　気	0.6 pg-TEQ/m^3 以下（年平均値）
水　質	1 pg-TEQ/l 以下（年平均値）
土　壌	1000 pg-TEQ/g 以下

注）土壌については，周辺の発生源の立地状況やダイオキシン類の状況等について必要な調査を開始する基準（調査指標）が定められており，その値は 250 pg-TEQ/g 以上である．

付表8 土壌環境基準

項目名	土壌環境基準 溶出基準 (mg/l)	備考欄[1] (mg/l)	農用地 (mg/kg)	指針溶出量値Ⅱ[2] (mg/l)	含有量参考値[3] (mg/kg)
カドミウム	0.01	0.03	1 (コメ)	0.3	9
全シアン	N.D.[4]			1	
有機燐	N.D.				
鉛	0.01	0.03		0.3	600
六価クロム	0.05	0.15		1.5	
砒素	0.01	0.03	15	0.3	50
総水銀	0.0005	0.0015		0.005	3
アルキル水銀	N.D.			N.D.	
PCB	N.D.			0.003	
銅			125		
ジクロロメタン	0.02				
四塩化炭素	0.002				
1,2-ジクロロエタン	0.004				
1,1-ジクロロエチレン	0.02				
シス-1,2-ジクロロエチレン	0.04				
1,1,1-トリクロロエタン	1				
1,1,2-トリクロロエタン	0.006				
トリクロロエチレン	0.03				
テトラクロロエチレン	0.01				
1,3-ジクロロプロペン	0.002				
チウラム	0.006				
シマジン	0.003				
チオベンカルブ	0.02				
ベンゼン	0.01				
セレン	0.01	0.03		0.3	
硝酸性窒素及び亜硝酸性窒素					
ふっ素	0.8	2.4			
ほう素	1	3			

備考
1) 汚染土壌が地下水面から離れており,かつ,原状において地下水濃度が環境基準を超えない場合に適用される.3倍値基準=溶出基準の3倍の値.具体的には,カドミウム,六価クロム,砒素,総水銀,セレン,ふっ素及びほう素に適用される.
2) 「重金属等に係る土壌汚染調査・対策指針及び有機塩素系化合物等に係る土壌汚染・地下水汚染調査・対策指針」(平成6年1月,環境庁水質保全局)に示されている値で,この値を超える重金属等を含む汚染土壌については遮断工による封じ込めを求めている.
3) 同調査・対策指針に示されている値で,この値を超える重金属等を含む汚染土壌については覆土・植栽工を求めている.
4) N.D.:検出されないこと

付表10 ダイオキシン類の排出の規制

10.1 排出ガスに係る特定施設及び排出基準値

種類	施設規模（焼却能力）	新設施設基準	既設施設基準 平成13年1月〜平成14年11月	既設施設基準 平成14年12月〜
廃棄物焼却炉（焼却能力 50 kg/時以上）	4 t/時以上	0.1	80	1
	2 t/時―4 t/時	1		5
	2 t/時未満	5		10
製鋼用電気炉		0.5	20	5
鉄鋼業焼結施設		0.1	2	1
亜鉛回収施設		1	40	10
アルミニウム合金製造施設		1	20	5

（単位：ng-TEQ/m³N）

10.2 排水に係る特定施設及び排出基準値

特定施設の種類	新設施設排出基準	既設施設排出基準
・硫酸塩パルプ（クラフトパルプ）又は亜硫酸パルプ（サルファイトパルプ）の製造の用に供する塩素又は塩素化合物による漂白施設 ・硫酸カリウムの製造の用に供する施設のうち、廃ガス洗浄施設※ ・カプロラクタムの製造（塩化ニトロシルを使用するものに限る）の用に供する施設のうち、硫酸濃縮施設、シクロヘキサン分離施設及び廃ガス洗浄施設※ ・クロロベンゼン又はジクロロベンゼンの製造の用に供する施設のうち、水洗施設及び廃ガス洗浄施設※ ・廃PCB等又はPCB処理物の分解施設 ・PCB汚染物又はPCB処理物の洗浄施設又は分離施設	10	10
・塩化ビニルモノマーの製造の用に供する二塩化エチレン洗浄施設 ・アルミニウム又はその合金の製造の用に供する焙焼炉、溶解炉又は乾燥炉に係る廃ガス洗浄施設、湿式集じん施設		10 (20)
・廃棄物焼却炉（火床面積0.5 m²以上又は燃焼能力50 kg/時以上）に係る廃ガス洗浄施設、湿式集じん施設及び灰の貯留施設であって汚水又は排液を排出するもの		10 (50)
・上記の施設から排出される下水を処理する下水道終末処理施設 ・上記の施設を設置する工場又は事業場から排出される水の処理施設		10

（単位：pg-TEQ/l）
注1：既設施設については、平成13年1月から排出基準適用
 2：（ ）内は、法の施行後3年間適用する暫定的な水質排出基準
 3：廃棄物の最終処分場からの放流水に係る基準については、最終処分場の維持管理基準を定める命令により10 pg-TEQ/lと規定
※ 平成13年12月1日の追加施設

付表 11　騒音に係る環境基準

11.1　道路に面する地域以外の地域

地域の類型	基準値	
	昼　間	夜　間
AA	50 デシベル以下	40 デシベル以下
A 及び B	55 デシベル以下	45 デシベル以下
C	60 デシベル以下	50 デシベル以下

(注) 1. 地域の類型
　　　　AA：療養施設，社会福祉施設等が設置されている地域等，特に静穏を要する地域
　　　　A：専ら住居の用に供される地域
　　　　B：主として住居の用に供される地域
　　　　C：相当数の住居と併せて商業，工業等の用に供される地域
　　2. 時間の区分
　　　　昼間：午前6時～午後10時までの間
　　　　夜間：午後10時～翌日の午前6時までの間

11.2　道路に面する地域

地域の類型	基準値	
	昼　間	夜　間
A 地域のうち 2 車線以上の車線を有する道路に面する地域	60 デシベル以下	55 デシベル以下
B 地域のうち 2 車線以上の車線を有する道路に面する地域及び C 地域のうち車線を有する道路に面する地域	65 デシベル以下	60 デシベル以下

　なお，この場合において，幹線交通を担う道路に近接する空間については，上表にかかわらず，特例として次表の基準値の欄に掲げるとおりとする。

基準値	
昼　間	夜　間
70 デシベル以下	65 デシベル以下

備考　個別の住居等において騒音の影響を受けやすい面の窓を主として閉めた生活が営まれていると認められるときは，屋内へ透過する騒音に係る基準（昼間にあっては，45 デシベル以下，夜間にあっては 40 デシベル以下）によることができる。

11.3　新幹線鉄道に係る環境基準
（1975 年 7 月 29 日環境庁告示第 46 号）

主として住居の用に供される地域	70 デシベル以下
通常の生活を保全する必要のある地域	75 デシベル以下

(注) 基準値は，連続して通過する 20 本の列車について，列車ごとの騒音のピークレベルの上位半数をパワー平均することにより評価する。

11.4　航空機騒音に係る環境基準
（1973 年 12 月 27 日環境庁告示第 154 号）

専ら住居の用に供される地域	70 WECPNL 以下
通常の生活を保全する必要のある地域	75 WECPNL 以下

(注) WECPNL は航空機騒音の評価量であり，1 機ごとの騒音レベルに時間帯ごとの飛行回数を重み付けしたもので次式で算定する。
$$\text{WECPNL} = \text{dB(A)} + 10 \log_{10}(N_1 + 3N_2 + 10N_3) - 27$$
dB(A)：1 機ごとの騒音のピークレベルの 1 日パワー平均
N_i：$(7 \sim 19$ 時$)$，N_2：$(19 \sim 22$ 時$)$，N_3：$(22 \sim 7$ 時$)$：それぞれの時間帯ごとの飛行時間

参考図書

第1章
酒井　均：地球と生命の起源，講談社ブルーバックス B1248, 1999
木村資生：生物進化を考える，岩波新書（新赤版19），1992
安成哲三，柏谷健二編：地球環境変動とミランコヴィッチ・サイクル，古今書院，1992
松井孝典：恐竜絶滅のメッセージ，ワック，1997

第2章
河村　武，岩城英夫：環境科学Ⅰ 自然環境系，朝倉書店，1988
岩城英夫：生態学概論，放送大学教育振興会，1986
市川定夫：環境学，藤原書店，1993
伊勢村壽三：水の話，培風館，1984
松永勝彦：森が消えれば海も死ぬ，講談社ブルーバックス B977, 1993
池内俊彦：タンパク質の生命科学，中公新書1618, 2001
木村真人ほか：土壌生化学，朝倉書店，1994
西山　孝：資源経済学のすすめ，中公新書1154, 1993
C.A.ブラック（原田登五郎訳）：作物と土壌，朝倉書店，1960
藤原彰夫，岸本菊夫：燐の工学と工業技術，博友社，1993
K.S.ポーター（松坂泰明，鈴木福松監訳）：環境保全と窒素・リン，農林統計協会，1978
桜井　弘：元素111の新知識，講談社ブルーバックス B1192, 1997

第3章
秋元　肇ほか：対流圏大気の化学と地球環境，学会出版センター，2002
内嶋善兵衛：地球温暖化とその影響，裳華房，1996
気象庁編：異常気象レポート'99，大蔵省印刷局，1999
不破敬一郎編著：地球環境ハンドブック，朝倉書店，1995
IPCC：Climate Change 2001, Cambridge University Press, 2001
内嶋善兵衛：地球大気の歴史，朝倉書店，1992
環境庁編：地球温暖化を防ぐ，日本放送出版協会，1993
宮地重遠編：光合成Ⅱ（植物生理学2），朝倉書店，1981
陽　捷行：地球環境変動と農林業，朝倉書店，1995
島崎達夫：成層圏オゾン，東京大学出版会，1989

環境庁編：オゾン層を守る，日本放送出版協会，1990
溝口次夫：酸性雨の科学と対策，丸善，1994
大喜多敏一編著：新版酸性雨―複合作用と生態系に与える影響，博友社，1996
環境庁監修：酸性雨，土壌・植生への影響，公害研究対策センター，1990
広瀬弘忠：酸性化する地球，日本放送出版協会，1993
平山令明：実践量子化学入門，講談社ブルーバックス B1375，2002

第4章
環境庁編：地下水の水質保全，土壌環境センター，1997
上田　壽監修：図解雑学水の科学，ナツメ社，2001
大場英樹：現代の博物誌・水　水はめぐる，社会思想社，1976
津田松苗：汚水生物学第5版，北隆館，1971
宗宮　功，津野　洋：環境水質学，コロナ社，1999
環境庁編：公害と防止対策，水質汚濁（上），白亜書房，1973
渡辺　信：アオコ（環境情報科学センター編：図説環境科学），朝倉書店，1994
藤巻　宏ら編：豊かな日本の生物環境資源，農文協，1991
環境省，国土交通省編：川の生きものを調べよう―水生生物による水質判定―，日本水環境学会，2001

第5章
礒野謙治：大気汚染物質の動態（大気環境の科学2），東京大学出版会，1979
千葉県：農林公害ハンドブック（改訂版），1989
太田久雄，長尾　隆：公害と気象，観測と調査の実際，地人書館，1974
松島二良：園芸大気環境論，養賢堂，1989
松浦新之助，国分信英：フッ素の研究，東京大学出版会，1973
松中昭一ほか：図説環境汚染と指標生物，朝倉書店，1974
門司正三，内嶋善兵衛：大気環境の変化と植物（大気環境の科学5），東京大学出版会，1979
大平俊男：光化学スモッグ，講談社，1973
環境庁編：改訂地下水の水質保全―地下水汚染防止対策のすべて―，土壌環境センター，1997
日本水質汚濁研究協会編：湖沼環境調査指針，公害対策技術同友会，1984
福代康夫：赤潮（環境情報科学センター編：図説環境科学），朝倉書店，1994
日本環境管理学会編：水道水質基準ガイドブック改訂2版，丸善，2000
藤井國博ほか：農村地域における地下水の水質に関する調査データ（1986～1993年），農業環境技術研究所資料（20），1997
平田健正編：土壌・地下水汚染と対策，日本環境測定分析協会，1996
関係省庁共通パンフレット：ダイオキシン類，1999

吉田昌史：2時間でわかる図解「環境ホルモン」を正しく知る本，中経出版，1998

第6章
L. T. プライド（岡本　剛監訳）：新しい化学，培風館，1976
近藤宗平：人は放射線になぜ弱いか，講談社ブルーバックス B1238，1998
北村行孝，三島　勇：日本の原子力施設全データ，講談社ブルーバックス B1345，2001
住田健二：原子力とどうつきあうか，ちくまプリマーブックス 140，2000

第7章
三橋規宏：環境経済入門＜新版＞，日経文庫，日本経済新聞社，2002
中杉修身：リスク・アセスメント（環境情報科学センター編：図説環境科学），朝倉書店，1994
日本農業研究所：環境保全型農業関係用語集（改訂版），日本農業研究所，2000
鈴木敏央：新・よくわかる ISO 環境法— ISO14001 と環境関連法規—，ダイヤモンド社，1999
EMS ジャパン，価値総合研究所編著：新図解よくわかる ISO14001，日刊工業新聞社，1999

共　通
Colin Baird ： Environmental Chemistry, W.H. Freeman and Company, 1998
I. アシモフ（小山慶太・輪湖　博訳）：科学と発見の年表，丸善，1996
国立天文台編：理科年表平成 14 年版，丸善，2002
環境省編：環境白書各年次版，ぎょうせい
環境法令研究会編：環境基本法，最新環境キーワード第 3 版，経済調査会，2000
日本水環境学会編：日本の水環境行政，ぎょうせい，1999
朝日新聞社：朝日現代用語知恵蔵，2002

索　引

欧　文

α中腐水性水域　93
β中腐水性水域　93

BOD　88
C_3植物　49
C_4植物　49
CAM植物　49
CO_2濃度　35, 48
CO_2補償点　49
Co-PCBs　142
COD　88
Codex委員会　136
DDT　148
DNA　19
ISO　173
ISO14001　173
IT産業　142
K/T境界　6
LCA　175
MCS　154
Millerの実験　3
PAN　117
PCDDs　142
PCDFs　142
PRTR　163
RNA　4
TEF　143
TEQ　143
UV-A　58
UV-B　58
UV-C　58

ア　行

アオコ　89, 99
青潮　102
赤潮　89, 101
亜硝酸化反応　91
亜硝酸性窒素　102
アポトーシス　158
アルベド　38
アンモニア・ストリッピング　27

硫黄の循環　30
異化型亜硝酸還元酵素　25
いき値　113, 158, 167
一次生産　11
一酸化二窒素　44
遺伝子暗号表　20

雨水の化学組成　64
『奪われし未来』　148

栄養階級区分　98
壊死斑点　111, 114
エチレン　121
塩化水素　121
塩素　121
エントロピー　13

汚染機構　106
オゾン層破壊　52
オゾン層破壊物質　53
オゾンホール　54
温室効果　38
温室効果ガス　38
　　──の種類　38

カ 行

ガイア仮説　2
外因性内分泌かく乱化学物質　147
改正廃棄物処理法　180
化学独立栄養生物　17
化学物質の審査及び製造等の規制に関する
　法律　168
各務原台地　107
核分裂　156
核融合炉　156
化石燃料　31
家電リサイクル法　181
カナート　109
環境アセスメント　169
環境影響評価法　169
環境汚染物質排出・移動登録制度　163
環境管理　162
環境基準　124, 164
環境基準化　103
環境基本計画　164
環境基本法　162
環境と貿易　174
環境放射線　155
環境ホルモン　147
環境ホルモン戦略計画 SPEED '98　152
環境マネジメントシステム　173

気温の上昇　49
疑似鉄細菌　91
旧人　8
共生的窒素固定　23
強腐水性水域　93
金属イオンの循環　32

クラスター　80
グリーン購入法　180
クロルデン　148
クロロシス　112

原位置処理法　132
健康項目　124
原子力発電　159
原人　8
原生動物　92
建設リサイクル法　180

光化学オキシダント　117
光化学系 I　17
光化学系 II　17
公共用水域　125
光合成　60
高速中性子　156
国際標準化機構　173
湖沼水質保全計画　127
湖沼水質保全特別措置法　127
コプラナーポリ塩化ビフェニル　142
個別指標　88
コンパートメント・モデル　185

サ 行

魚付き林　15
酸性雨　62
酸性降下物　62
酸性降下物原因物質　65
3倍値基準　135

市街地などの土壌汚染　136
資源有効利用促進法　180
糸状性藍藻類　99
指数関数的耐用年数　29
指定湖沼　127
指定地域　127
指定要件　136
指標生物　94
重金属類　139
従属栄養生物　10
循環型社会　176, 181
循環型社会形成推進基本法　178
循環参照　185

純生産量　16
硝化抑制剤　26
硝酸化成作用　23
硝酸化反応　91
硝酸性窒素　102
蒸発熱　86
消費者　10
上偏生長　121
食品リサイクル法　180
食物連鎖　11
真菌類　92
新人　9
真正鉄細菌　92
森林衰退　74

水質　87
水質汚濁　124
水質汚濁防止法　126
水質区分　93
水質指標　88
水質総量規制制度　128
水生生物　87
水生生物調査　95
水文環境　50
ストロマトライト　7

生活環境項目　124
生活環境の保全に関する環境基準　124
生活排水対策　130
生活排水対策重点地域　131
生元素　27
生産者　10
静的耐用年数　29
生物の起源　3
赤外線吸収　40
瀬戸内海環境保全特別措置法　129

総括指標　88
総量規制地域　131

タ行

ダイオキシン類　136, 142
ダイオキシン類対策基本指針　146
ダイオキシン類対策特別措置法　146
大気汚染　110
大気汚染物質　111
対称伸縮　40
代替フロン　55
対流圏オゾン　45
滞留時間　13
脱窒　25
脱窒作用　23
淡水赤潮　89, 100
炭素の循環　16

地下水　103, 106
地下水汚染　131
地球温暖化　35
　――と炭素循環　46
　――のメカニズム　37
地球型惑星　1
地球環境問題　35
地球生化学的循環　10
窒素固定　23
窒素酸化物　121
窒素施肥量　108
窒素の循環　19, 91
超臨界水　87

毒性等価係数　143
毒性等量　143
独立栄養生物　10
土壌環境基準　135, 136, 139
土壌管理基準　137
土壌の汚染　134

ナ行

二酸化硫黄　113
二酸化炭素　39

ニトロゲナーゼ　24

ネクロシス　111
熱中性子　157

農用地基準　135
農用地土壌汚染対策地域　136
農用地の土壌汚染　137
ノニルフェノール　148

ハ　行

バイオレメディエーション　132
廃棄物問題　177
排出基準　126
バックグラウンド　45, 122
発電炉　155
ハロカーボン類　45

非意図的生成化学物質　143
光独立栄養生物　17
非共生的窒素固定　23
微小後生動物　93
非対称伸縮　40
非特定汚染源対策　128
人の健康の保護に関する環境基準　124
氷期　7
表面張力　85
貧腐水性水域　93

富栄養化　89, 98
富栄養化防止対策　102
富栄養化レベル　95
フッ化水素　116
物質循環　10
フロン　55
分解者　11

閉鎖性水域　125

放射強制力　41

放射線　155
放射線障害　157
ポリ塩化ジベンゾ-パラ-ジオキシン　142
ポリ塩化ジベンゾフラン　142
本態性多種化学物質過敏状態　154

マ　行

マンボ　109

ミクロシスチン　99
水の循環　13
水の特性　78
水分子の構造　78
みなし指定地域　127
水俣病　34

無機化　21

メタン　42
メタンハイドレート　81
メタン発酵　91
メトヘモグロビン血症　102

ヤ　行

融解熱　86

容器包装リサイクル法　181
葉重比　60
溶出基準　135
葉面積　60
四大公害病　110

ラ　行

ライフサイクル・アセスメント　175
ラミダス猿人　8

リスク・アセスメント　166
臨界量　156
リンの循環　28

著者略歴

増島 博（ますじま ひろし）
- 1931年　東京都に生まれる
- 1953年　東京農業大学農学部卒業
　　　　　農林水産省農業研究センター，農業環境技術研究所などを経て，
- 1995年　東京農業大学応用生物科学部教授
- 現　在　同客員教授
　　　　　農学博士

藤井 國博（ふじい くにひろ）
- 1941年　広島県に生まれる
- 1970年　京都大学大学院農学研究科博士課程修了
　　　　　農林水産省農業技術研究所，環境庁国立公害研究所，農林水産省農業環境技術研究所などを経て，
- 現　在　東京農業大学応用生物科学部教授
　　　　　農学博士

松丸 恒夫（まつまる つねお）
- 1950年　千葉県に生まれる
- 1973年　千葉大学園芸学部卒業
　　　　　千葉県農業試験場公害研究室，同生産環境研究室室長などを経て，
- 現　在　千葉県農業総合研究センター生産環境部環境機能研究室室長
　　　　　千葉大学園芸学部非常勤講師
　　　　　農学博士

環境化学概論

定価はカバーに表示

2003年2月20日　初版第1刷
2018年1月25日　　　　第10刷

著　者	増　島　　　博
	藤　井　國　博
	松　丸　恒　夫
発行者	朝　倉　誠　造
発行所	株式会社　朝倉書店

東京都新宿区新小川町6-29
郵便番号　162-8707
電話　03（3260）0141
FAX　03（3260）0180
http://www.asakura.co.jp

〈検印省略〉

© 2003〈無断複写・転載を禁ず〉　　　　　教文堂・渡辺製本

ISBN 978-4-254-40012-0　C 3061　　　　Printed in Japan

JCOPY　〈(社)出版者著作権管理機構　委託出版物〉
本書の無断複写は著作権法上での例外を除き禁じられています．複写される場合は，そのつど事前に，(社)出版者著作権管理機構（電話 03-3513-6969，FAX 03-3513-6979，e-mail: info@jcopy.or.jp）の許諾を得てください．

好評の事典・辞典・ハンドブック

火山の事典（第2版）	下鶴大輔ほか 編	B5判 592頁
津波の事典	首藤伸夫ほか 編	A5判 368頁
気象ハンドブック（第3版）	新田 尚ほか 編	B5判 1032頁
恐竜イラスト百科事典	小畠郁生 監訳	A4判 260頁
古生物学事典（第2版）	日本古生物学会 編	B5判 584頁
地理情報技術ハンドブック	高阪宏行 著	A5判 512頁
地理情報科学事典	地理情報システム学会 編	A5判 548頁
微生物の事典	渡邉 信ほか 編	B5判 752頁
植物の百科事典	石井龍一ほか 編	B5判 560頁
生物の事典	石原勝敏ほか 編	B5判 560頁
環境緑化の事典	日本緑化工学会 編	B5判 496頁
環境化学の事典	指宿堯嗣ほか 編	A5判 468頁
野生動物保護の事典	野生生物保護学会 編	B5判 792頁
昆虫学大事典	三橋 淳 編	B5判 1220頁
植物栄養・肥料の事典	植物栄養・肥料の事典編集委員会 編	A5判 720頁
農芸化学の事典	鈴木昭憲ほか 編	B5判 904頁
木の大百科 [解説編]・[写真編]	平井信二 著	B5判 1208頁
果実の事典	杉浦 明ほか 編	A5判 636頁
きのこハンドブック	衣川堅二郎ほか 編	A5判 472頁
森林の百科	鈴木和夫ほか 編	A5判 756頁
水産大百科事典	水産総合研究センター 編	B5判 808頁

価格・概要等は小社ホームページをご覧ください．

単 位 表

1 本書で用いた単位

量	SI単位	非SI単位
長さ	m	
面積	m^2	ha
体積	m^3	L
時間	s	min, d, y
平面角	rad	
振動数	Hz	
質量	kg	
圧力	Pa	気圧 (atm)
仕事, エネルギー	J	cal, eV
工率, 仕事率	W	
熱力学温度	K	
セルシウス温度	℃	
物質量	mol	
照度	lux	
放射能	Bq	
吸収線量	Gy	
線量当量	Sv	

本書では、分母となる単位に負のべき乗を用いず, /を使用した (mg/L, kg/ha など).

2 基本単位につける10の整数倍を表すSI接頭語

名称	記号	大きさ	名称	記号	大きさ
ヨタ (yotta)	Y	10^{24}	デシ (deci)	d	10^{-1}
ゼタ (zetta)	Z	10^{21}	センチ (centi)	c	10^{-2}
エクサ (exa)	E	10^{18}	ミリ (milli)	m	10^{-3}
ペタ (peta)	P	10^{15}	マイクロ (micro)	μ	10^{-6}
テラ (tera)	T	10^{12}	ナノ (nano)	n	10^{-9}
ギガ (giga)	G	10^{9}	ピコ (pico)	p	10^{-12}
メガ (mega)	M	10^{6}	フェムト (femto)	f	10^{-15}
キロ (kilo)	k	10^{3}	アト (atto)	a	10^{-18}
ヘクト (hecto)	h	10^{2}	ゼプト (zepto)	z	10^{-21}
デカ (deca)	da	10	ヨクト (yocto)	y	10^{-24}

接頭語を2個以上つないで合成した接頭語は用いない.

3 濃度の表記

ppm	mg/kg, mg/L
ppb	μg/kg, μg/L
ppt	ng/kg, ng/L
ppmv	cm^3/m^3